基礎から覚える、深く理解できる。

Webデザイン

の
新しい教科書

改訂3版

こもりまさあき　赤間公太郎　共著

エムディエヌコーポレーション

はじめに

　インターネットの世界はスマートデバイスの登場により一変しました。これまでデスクトップやノート型のPCでの閲覧を基本としていたものが、見る場所・使う場所を問わずさまざまな画面サイズでの閲覧スタイルへと変化しています。WebサイトをWebブラウザで表示できるようにすること、その基本であるHTMLという言語や配信の仕組みに変わりはありませんが、広い意味での「Webデザイン」という行為は、その時々に合わせて変化し続けています。

　これからWebデザインの仕事をしてみたいと考えている方の中には、Webデザインを「PhotoshopなどのグラフィックエディタでWebサイトの視覚的なデザインを作ること」だと考えている方もいるかもしれません。しかし、Webデザインとはそのような視覚的な表現だけを指すものではありません。WWWというメディアを通して、アクセスする人たちの目的を叶えたり、情報を配信したいクライアントのビジネス目的を実現したりすることが求められます。そのためには視覚的な美しさに加えて、情報がうまく伝達できるようなWebサイトを作り上げなければなりません。WWWが本来持っている意味をちゃんと考え、昨今のデバイスの多様化時代に対応し、かつ未知のデバイスへの対応も視野に入れ、できる限り多くの環境で情報が取得できるようにWebサイトを作ることが理想と言えるでしょう。

　本書は、2013年2月に発行された『基礎から覚える、深く理解できる。Webデザインの新しい教科書』の改訂3版となるものです。WWWの基礎知識から現在のWeb制作のワークフローを皮切りに、HTMLとCSSの技術的な解説を中心としながら、「今どきのWebサイト制作で押さえておきたい」基礎知識を幅広く解説しています。また、変化する技術仕様をアップデートし、未来のWebサイト制作にも応用できるような考え方、より最新のCSS仕様を盛り込んだサンプルサイトの制作手法を解説するパートなども織り込んでいます。本書が、これからWebデザインを始めたいと考えている方はもちろん、Webデザインの知識を再度覚え直したい方など、今とこれからのWebデザイン・Webサイト制作の基本を押さえるための一助になれば幸いです。

2021年4月
こもりまさあき　赤間公太郎

CONTENTS _目次

4 / Lesson
CSSの役割とできること ································· 119

5 Lesson — Webサイトを構成する素材 ⋯⋯ 205

6 Lesson — Webサイトを表現する色 ⋯⋯⋯⋯ 225

本書の使い方

本書はWebデザインに関する基礎知識をまとめた、Webデザインの入門書です。見開き2ページ～6ページでひとつの項目を解説しています。
基本的な内容を本文と図版で解説し、要点の詳細な解説や補足的な説明を加えています。本書の構成は以下のようになっています。

....

Why?:
記事解説の中で核となる重要な部分を、「背景」や「理由」に触れながら掘り下げて説明しています。
本文中の黄色の部分に対応しています。

Word
本文に出てくる語句の一般的な意味や、Webデザインで使われる場合の意味を解説しています。
本文中の色付き文字に対応しています。

Point_
記事解説に関連した事柄を、補足的に解説しています。本文中のアンダーラインに対応しています。

Memo_
記事テーマとは直接的には関連しない、Webデザインを行う上で有用な内容を載せています。
本文中のアンダーラインに対応しています。

Check_
関連事項を解説している場合の参照先ページや、参照先のURLを示しています。
本文中のアンダーラインに対応しています。

テーマ
記事解説を通じて学んでいく課題を、
「テーマ」として冒頭にまとめています。

まとめ
記事の中で解説した大切なポイントをまとめています。
冒頭のテーマに対する「答え」になります。

本書では、Lesson9で制作するサイトのサンプルデータをダウンロードできます。
ダウンロードURL: https://books.mdn.co.jp/down/3220303043/

※本書は2021年4月現在の情報を元に執筆されたものです。これ以降の仕様等の変更によっては、記載された内容（技術情報、固有名詞、URL、参考書籍など）と事実が異なる場合があります。

1

Lesson

Webデザインの
世界を知る

Webデザインについて学ぶ前に、
インターネットが生まれた背景や、
WebサイトがWebブラウザに表示されるまでの
仕組みを理解しましょう。

01 インターネットとWWWの歴史

これから、Webサイト制作を学ぶ前に覚えておきたいインターネットとWWWの始まりから、ここまでの歴史を解説します。WWWが生まれた背景を押さえておくことも基本を知る意味では非常に大切です。

THEME テーマ	▶ インターネットが生まれた背景を知る
	▶ WWWの登場とその基本理念
	▶ HTMLの発展とこれからの未来

▶ **インターネットとWWWが登場した背景**

「インターネット」は、「インターネットワーク」に語源を持つネットワーク同士を相互に結びつけたネットワークのことです。コンピューター同士を直接接続するものだった古い時代から技術は進歩し、やがてネットワーク同士を相互に接続することで今日のネットワーク接続社会ができました。このインターネットの起源は、軍事学術研究の目的で設置された米国の「ARPANET」というネットワークにあり、やがて世界的な規模で相互接続されます。その商用利用が解禁されるや否や、プロバイダ同士が相互に接続し爆発的に拡がりました。今みなさんが日常生活で利用しているWWW（World Wide Web）やEメール、その他のサービスもこのインターネットを土台に世界中とつながっているのです。

ネットワーク接続がない世界を想像してみましょう。仮に遠隔地にあるコンピューター内の文書を参照しようと考えても、ネットワーク接続されていない場合は直接データを閲覧するか、物理的に転送する以外はそれを参照することができません。しかし、ネットワークを介せば遠隔地にあるデータにアクセスすることが容易になります 図1 。この遠隔地同士の文書を相互に参照しやすくする仕組みとして、「ハイパーリンク」を含んだ「ハイパーテキスト」のシステムが用いられました ❶ 。

WWWは、インターネットを介して世界規模でつながるハイパーテキストシステムであり、今日もなおそのハイパーテキストを用いた「HTML」（HyperText Markup Language）を技術基盤にしています。CERNのティム・バーナーズ=リーらによって作られたHTML 1.0が登場したのは1993年です。現在のHTMLの

Word プロバイダ
インターネットへの接続を提供する事業者、組織のこと。

❗ POINT
経験豊富な人間であればテキストを見ることである程度の意味は想像できますが、コンピューターはテキストだけでは想像できません。そのためHTMLを用いて文書の内容に意味を与えるという作業が非常に重要になるのです。

Word ハイパーリンク
ハイパーテキストにおける位置情報。特定の場所を指定することで、その場所への参照を意味する。

Word ハイパーテキスト
同一の文書書間または異なる文書間に情報の印をつけることで、文書内の用語や文書同士を結びつける仕組みのこと。

Word HTML
HyperText Markup Languageの略。ハイパーテキストを用いて文書の内容に意味を与えることで、その内容をコンピューターにも理解させることが可能になる。WWWの基本技術のひとつ（詳しくは57ページ～、Lesson3で解説）。

最新版はHTML5であり、Webの標準技術を推進する団体であるW3C（World Wide Web Consortium）によってその仕様が公開されています。

▶ HTMLの発展とこれからのWebデザイン

　ティム・バーナーズ＝リーによって生み出されたHTMLの進化の過程では本来HTMLに必要ではない文書のデザインやレイアウトといった装飾要素が追加されたり、ブラウザベンダーのシェア争いのためにベンダー独自の仕様が加えられる、サードパーティのプラグインを使うことで特定の環境のみで閲覧可能なコンテンツが存在してしまう、といった問題もありました。本来WWWというものは、接続する環境を問わず公平に情報を取得できるものとされています。2000年代に入り、そのような特定のベンダーの意向に振り回されることなく、WWWの標準仕様に則った形でHTMLやその他の技術を使う、Web標準の制作技法を採用することが現在のWeb制作のスタンダードになっています。

　Webを取り巻く環境は日進月歩で変化しています。PCや携帯電話だけではなく、新しいデバイスの登場など、インターネットに接続しWWWを閲覧する環境もまた変化しています。これまでは「見る」という性格が強かったWebサイトは、次第に「使う」という性格を強めています。これからのWebサイトは、多様な環境からもアクセシブルでコンテンツが取得できるという、WWWの本質を忘れることなく制作し配信することがこれまで以上に求められるでしょう。

Word W3C

略称はダブリュースリーシー。W3Cはティム・バーナーズ＝リーが創設した団体で、企業や団体が会員として加入し、WWW（World Wide Web）の標準策定を行っている。

Word ブラウザベンダー

Webブラウザの開発・提供を行う会社または組織のこと。米国Microsoft社（Internet Explorer）、米国Apple社（Safari）などが代表的。

✍ *MEMO*

特定のベンダーの技術を用いることは、閲覧環境を限定してしまう可能性が出てきてしまいます。特定の技術でしか配信できないこともありますが、その場合はあらかじめ代替コンテンツを用意するなどの配慮が必要です。

Word デバイス

PCや携帯電話、スマートフォンなどの端末のこと。

WHY?: Webサイトの内容は変化する

WWWが登場し発展していく過程では、従来の紙をWebとして置き換えるという傾向が強いものでした。しかし、今日のWebサイトのように多様な情報が1つのページで展開され、Webサービスやアプリケーションのように生活の一部となってきてしまうと、見るだけではなく使うという目的になることも考えられます。Webサイトはもはや内容によっては、見るだけのものから使うものへと進化しているのです。

図1 ネットワークを介することで遠隔地にあるデータにもアクセスできる

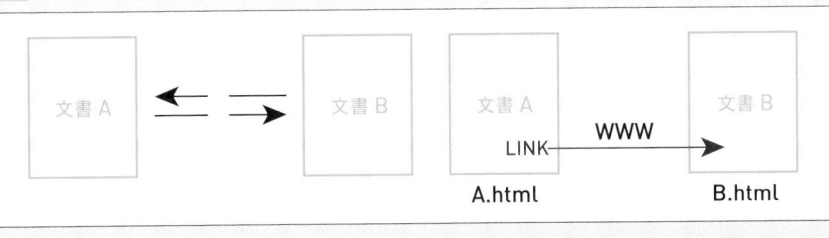

ネットワークが接続されていなければ遠隔地の文書を閲覧することが困難だが、インターネットがあればハイパーリンクで文書を参照することができる

SUMMARY
まとめ

〔1〕遠隔地にある文書同士がハイパーテキストでつながった
〔2〕環境に左右されずに情報が閲覧できるメディアである
〔3〕見るものから使うものへ変化している

02 WebページがWebブラウザに 表示されるまでの仕組み

普段みなさんが閲覧しているWebページがWebブラウザに表示されるまでの仕組みを確かめておきましょう。
この仕組みは、Webサイトを制作・運用する上で、必ず知っておかなければならない前提の知識となります。

THEME テーマ	▶ DNSによる名前解決の仕組みを知る ▶ WebブラウザからWebサーバーへのリクエスト ▶ Webページとして表示されるまでの流れ

▶ Webページが表示されるまでの流れを覚えよう

　Web制作を始める前に普段閲覧しているWebページがWebブラウザに表示されるまでの流れを覚えましょう。Webサイト制作はPCの画面の中でページのデザインを作れば終わりではありません❶。閲覧者のWebブラウザに表示されるまでにどのような仕組みで届いているか、そこまでを考えておかなければならないのです。

　まず、接続先のドメイン名を含んだURI (Uniform Resource Identifier: 一般的にはそのサブセットであるURLともいう)をブラウザのアドレスバーに入力することから、すべては始まります。入力されたURIは、そのままでは英数字といくつかの記号で表されたもので、コンピューターからすれば、ただの規定におさまった文字列にしか過ぎません。この「http://example.com」というドメイン名は、コンピューターが理解しやすいIPアドレスに変換しなければなりません。このドメイン名とIPアドレスの対比をするのが「DNS (ドメイン・ネーム・システム)」という仕組みです。

　DNSは、ブラウザに入力されたドメイン名を自身のネットワークのネームサーバーに問い合わせして、行き先のIPアドレスを取得します。相手先のIPアドレスがわかったあと、その接続先のサーバーにネットワークを通ってアクセスしているのです。世界中に分散管理されたDNSの仕組みのおかげで、インターネットを介してWebサイトに接続できるのです。

▶ Webサーバーに接続し、データを要求してダウンロード

　DNSによる名前解決が終わって相手先のWebサーバーに接

Word　Webブラウザ

入力されたURIを元にWebサーバーに接続し、提供されたHTMLを解析し人間が読みやすい形のWebページとして表示するクライアントの総称。Webブラウザは、世界中のさまざまなベンダーによって提供されており、その種類は非常に多い。

❶ POINT_

Webページが実際に表示されるまでの仕組みを知ることは非常に大事です。Webサイト制作を行うと考えると、ページとしての見た目を作ることに意識が向かいがちですが、なかなか表示されずにWebブラウザを閉じられたら終わりなのです。

Word　ドメイン

コンピューターネットワーク上のネットワークの管理単位、または個々のネットワークを識別するための名称。階層管理されるため、「example.com」は「comに属するexampleというマシン、またはネットワーク」の意味になる。

Word　IPアドレス

インターネットなどのIPネットワークに接続された端末に割り当てられる識別番号のこと。IPアドレスの重複は認められないため、IPアドレスはNIC(ネットワーク・インフォメーション・センター)によって管理されている。

Word　DNS

Domain Name System (ドメイン・ネーム・システム)の略。ドメイン名とIPアドレスの対比を解決するサーバー、サービス。ネットワークが相互接続されたインターネットではその根幹にある大事な仕組み。

Word　サーバー

ネットワーク環境において、データを保管しクライアントからのリクエストを処理するといった仕組みを持つコンピューター全般のこと。WWWの場合は、Webサーバーがそれに該当する。サーバーに対するクライアントはWebブラウザなど。

Word リクエスト／レスポンス

ファイルを要求することをリクエスト、その要求に応えることをレスポンスと呼ぶ。WWWを介したデータ通信の仕組みは、サーバーとクライアント間のリクエストとレスポンスで成り立っている。

Word CSS

Cascading Style Sheets（カスケーディング・スタイル・シート）の略。HTMLには情報のみを記述し、Webブラウザでの表示といった見た目のデザインやレイアウトはこのCSSを用いて指定するのが、現在のWebデザイン手法。

Word HTTP

HyperText Transfer Protocol（ハイパーテキスト・トランスファー・プロトコル）の略。ハイパーテキストであるHTMLを転送するためのプロトコル（通信規約）のこと。

WHY?: Webサイトの表示時間について

かつてはインターネットへの接続速度も遅く、Webページの表示が完成するまでに8秒〜10秒以内だと大丈夫ともいわれていました。しかし、最近ではブロードバンド回線の普及もあり、3秒以内に表示が完成しないと遅いとされています。この表示時間は当然環境によって変わるものですが、表示に時間がかかるようではせっかくの訪問者がブラウザを閉じてしまうかもしれません。それでは、せっかくのWebサイトを見てもらうこともできません。

続し、必要なファイルをリクエストします。一般的なWebページであれば、「index.html」などHTMLファイルを最初にリクエストすることになるでしょう。Webサーバーは要求されたリクエストに応えなければなりません。これを「レスポンス」といいます。つまり、サーバーとクライアント（Webブラウザ）という関係の中で、ネットワークを通して必要なファイルのリクエストとレスポンスが繰り返されているのです 図1 。

HTMLファイルには、単なるテキストだけではなく、写真などの画像ファイルへのリンクなど、さまざまな内容が記述されています。ブラウザはダウンロードしたHTMLを解析し、画像が必要であればそのファイルをリクエスト、ページのデザインやレイアウトが指定されているCSS（カスケーディング・スタイルシート）が必要であれば、それもまたリクエストするのです。このやり取りを数回から数十回、ときには数百回と繰り返してはじめて、ブラウザの中にWebページが表示されます。

例えばブロードバンド回線では転送速度が速いため、このHTTPを通じたデータのやり取りは高速に実行されますが、スマートフォンのような電話回線を経由したアクセスではネットワーク帯域が不安定であったり、転送速度が遅いため表示までに時間がかかることになります。Webサイトの表示に時間がかかりすぎると、目的を持ってアクセスしてきた閲覧者が途中でブラウザを閉じてしまう、といった問題も起こります。魅力的なWebサイト制作を行うには、ブラウザでの見え方だけではなく、表示にいたるまでの裏側の転送の仕組みも考えなければなりません。

図1 Webページが表示されるまでの仕組み

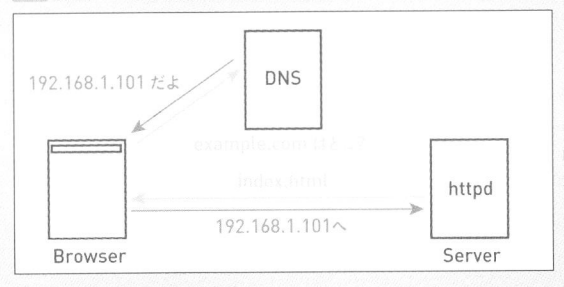

ブラウザに入力されたURIから接続先のホスト名をIPアドレスに変換し、目的地のサーバーに接続してファイルのリクエスト、レスポンスが返される

SUMMARY
まとめ

〔1〕 ドメイン名をIPアドレスに変換する仕組みがDNS
〔2〕 サーバーとWebブラウザ間ではリクエストとレスポンスが繰り返され、Webサイトが表示される

03 多様化する Webブラウザのことを知ろう

Webサイトの閲覧に必要なWebブラウザは多種多様なものが公開されています。閲覧者は、それぞれが好みのWebブラウザを利用しています。Webブラウザの種類や特徴を見ていきましょう。

THEME テーマ	▶ PC向けのWebブラウザの種類を確認する
	▶ Webブラウザのバージョンが引き起こす問題
	▶ スマートデバイス向けのWebブラウザを知る

▷ Webブラウザの種類とバージョンによる問題

Webサイトの閲覧には、HTMLやCSSを解釈して表示する「Webブラウザ」が必要です。Webブラウザは、いろいろなブラウザベンダーがリリースしています。なかには、米国のApple社やMicrosoft社のようにOSといっしょに標準のWebブラウザを提供しているところもありますが、独立系のブラウザベンダーから提供されるものも多く存在します。有名なWebブラウザには「Microsoft Edge」、「Internet Explorer」(IE)、「Safari」、「Firefox」、「Google Chrome」などがあります ❷ 図1 図2 。

Webブラウザは、それぞれがHTMLやCSSを解析して表示するレンダリングエンジン、JavaScriptのようなスクリプトを実行するためのエンジンに違いがあります。レンダリングエンジンは、ブラウザごとに使用するものが異なります。それぞれの仕組みを詳しく知る必要はありませんが、表示される仕組みに違いがあることをまずは覚えておきましょう。

さらにWebブラウザには、それがリリースされた時代によってバージョンの相違があります。例えば、かつてWindows環境での標準ブラウザであったIEは、今でも古いバージョンが利用されているケースもあります。バージョン番号が低いものはそれだけリリース(公開)時期が古いため、その解釈や表示において問題を持っていることが知られています。その他のWebブラウザはバージョンアップ周期が速く多様なバージョンが混在していますが、W3Cの仕様に則っているので、表示にはさほど問題がないことが知られています(多少のバグなどはあります)。

このWebブラウザの種類だけでなく古いバージョンが混在し

MEMO
これらのWebブラウザはWindows、macOSの両方に対応したものがリリースされています。日本国内では米Microsoft社のInternet Explorerの利用者が多かった時代もありましたが、現在では世界・日本国内ともにGoogle Chromeの利用比率が高くなっています。

Word JavaScript
HTMLは単なるテキストでWebブラウザに表示しても静的に表示される。JavaScriptはそれに動きをつけたり、状態を動的にコントロールするといった目的で生まれたスクリプト言語。

Word バグ
機能上の設計・実装ミスによる不具合や欠陥のこと。

WHY?: Webブラウザのバージョンが混在すると起こる問題

古いWebブラウザのバージョンは、W3Cによって公開されているHTMLやCSSの仕様を満たさないものがあります。このことが、例え正しくHTMLやCSSを使っていたとしても、そのほかのWebブラウザと表示が異なるといった問題を引き起こす要因です。古いバージョンのWebブラウザでの見た目の再現性や、スクリプトの実行をどこまでサポートするのか、といったことは制作の前に決めておきましょう。

POINT_

Webブラウザの種類とバージョンの混在は、ときにWebデザインの障害になることがあります。トラブルを避けるためにも、サイト制作に入る前に、実際のサイトのアクセス状況などから対象とするバージョンを判断し、決定するほうがよいでしょう。

WHY?: ブラウザのバージョンアップは必要なのか?

Webブラウザのアップデートは頻繁に行われています。サポートの対象から外れた古いブラウザは、不具合の修正やセキュリティホールへの対応などが行われません。古いバージョンのWebブラウザを利用し続けることは、自分たちの組織だけでなく第三者にも迷惑をかけてしまう可能性があるので気をつけたいものです。一般利用者やクライアントのブラウザ環境を変更することは困難ですが、そういった問題があることを周知するなどの啓蒙活動もまた制作者としては必要なことではないでしょうか。

ていることが、Webデザインを難しくする要素のひとつでもあります。Webサイトの閲覧対象に古いブラウザが含まれるときはそのバージョンでの確認が必要ですが、最新の仕様のブラウザを基準としてWebデザインを行い必要に応じて対象ブラウザをサポートするのが良く、過去バージョンのブラウザを基準にして確認することは避けたほうが無難です。

▶ スマートデバイス向けのブラウザの特徴

PC用のWebブラウザだけでなく、現代のWebはスマートフォンやタブレットにインストールされたWebブラウザのことも考えなくてはなりません。幸い、スマートデバイス向けのWebブラウザは、最新版の仕様をサポートしているものがほとんどです。ただし、iOSもAndroid OSにおいてもそれぞれのOSのバージョンや発売時期、端末のベンダーによって微妙なバグや挙動の違いがあることはわかっています。

今後ますます新しいデバイスやWebブラウザのバージョンがリリースされていくことが予想されます。日本市場の場合は2年という通信キャリアの契約期間などもあり端末の切り替えやアップデートが進まないという問題もあります。ただ、こちらも現在主流のバージョンを基準にして、必要に応じていくつか前のバージョンのブラウザでの確認を行うといった対応が基本です。あまりに複雑なデザインにすると表示上のバグなどに遭遇する確率も高くなるため、最新の技術仕様を使うことは控えめにするなど注意が必要です。

図1 米Microsoft社のEdge

図2 米Google社のChrome

SUMMARY まとめ

〔1〕 PC向けブラウザはEdge、IE、Safari、Chromeなど複数の種類があり、それぞれ新旧のバージョンが混在している

〔2〕 今後も加速度的に新しいデバイスやブラウザの新バージョンがリリースされることが予想される

04 Webデザインって何をすること?

Webデザインの定義は難しいものです。ひとついえるのは、Webデザインは決してWebブラウザでの見た目を作るだけのものではないということです。ここでは、Webデザインの指すところを広く考えてみましょう。

THEME テーマ	▶ Webデザインという言葉の指す意味
	▶ Webデザインに含まれるものを知ろう
	▶ これからのWebデザインに必要なこと

▶ Webデザインという言葉の意味を知ろう

「Webデザイン」という言葉の定義は非常に難しいものです。ある人にとってはPhotoshopなどのグラフィックエディタを使って見た目を作り、それをHTMLやCSSにすることと考えるケースもあります。またある人にとっては、コンテンツ全体の構造からページの情報構造までを考え、Webサイト全体をプログラムまで含めて設計し実装することを指す場合もあります。

「Webサイトをデザインする」というのは、実に大きな意味合いを持っています。プロジェクトの規模が大きくなれば、そこに関わる人たちも増え、それぞれの職域で1つのWebサイトを作り上げるというレベルになります。そこはもう見た目だけの話ではなくなるのです。Webサイトを訪問してくる閲覧者の目的やサイトの持ち主であるクライアントのビジネス的な目的、サイトを使って何をしたいのか、といったところから戦略的に考えていかなければなりません。

もしみなさんが今、Webデザインを「Webブラウザで見たときのデザインやレイアウトだけを作るもの」と考えているのであれば、ちょっと考え方を改めておく必要があるでしょう ❶。この先Webデザインを仕事として行うならば、それだけでは足りません。その裏にあるWebサイトを構成するさまざまな要素にまで頭を働かせて、サイト全体をデザインすることが求められます。コンテンツの情報設計やプログラムの介在するシステム開発については本書では触れませんが、そういった部分を作ることも含めてサイトをデザインすることがWebデザインなのです。

Word **Photoshop**

米Adobe社から発売されているグラフィックエディタ。Webサイトのデザインカンプ（デザインラフの精度を高めて作り込んだもの）やパーツ作りなどに利用される。同じような機能を持ったソフトには、Illustratorなどがある。

WHY?: 誰のためにデザインするのか

Webデザイナーのお客様は、クライアントだけでなく画面の向こうにいる閲覧者も含まれます。つまり、「自分がこうしたいからこうしました」という世界ではありません。クライアントのビジネス目的やサイトの目的、閲覧者の目的をうまく叶えること、その手助けをするのがWebデザインの持つ役割ともいえるでしょう。みなさんが知らなければならないことは、その作り方だけではないのです。

❶ *POINT_*

Webデザインというとすぐに見た目の装飾や演出に目がいきがちですが、実際には人の目に触れない部分にも気を配る必要があります。見た目と機能性を兼ね備えたWebサイトを作ることを心がけたいものです。

WHY?: Webデザインのあり方

検索エンジンやソーシャルメディアが普及して、Webサイトへの訪問も必ずしもトップページになるとは限りません。モバイルデバイスによるアクセスが増えているような世の中で、果たしてスマートフォンで閲覧できないコンテンツを用意していてもよいのかなどの面も考える必要があるでしょう。より多くの人が安心して閲覧できる、使えるようなWebサイトにするにはどうしたらよいかを考えなければなりません。

BOOK GUIDE

情報アーキテクチャ 第4版
―見つけやすく理解しやすい情報設計

情報を使いやすく、見つけやすく、理解しやすくする「情報アーキテクチャ」の解説書。情報アーキテクチャへの理解を深めながら、実装への取り組みなどを実践的に学ぶことができる。

DATA：Louis Rosenfeld、Peter Morville、Jorge Arango（著）、篠原稔和（監訳）、岡真由美（訳）
定価 3,960 円
ISBN978-4-87311-772-0
オライリー・ジャパン

▶ これからのWebデザインに必要なこと

インターネットが日本に普及してから、Webデザインはいろいろな変化を遂げています。Webデザインというものは視覚的な部分に目がいってしまう傾向が比較的強く、その傾向は今も続いています。決してそういうものがよくないというわけではありませんが、これからのWebサイトは多様なデバイスやWebブラウザで閲覧される時代になってきます。Webサイトに訪れる人たちの目的を叶えること、何かを探そうとしている人に情報を適切に届けることが求められているのです。

これからWebデザインについて学ぶ方は、まずは基礎となるWebデザインの手法をマスターして、次のステップへ移っていきましょう。HTMLは、HTML5や最新技術の登場で新たなステージへと入りました。これからのWebデザインはこれまでのWebデザインの延長にあります。基礎ができていなければ、新しい技術が出てきたときの応用にも結びつきません。WWWの仕組みそのものは昔から変わっていないのです。今現在、また当面の間はそのベースとなるのは、ハイパーテキストで書かれたHTMLなのですから 図1 。

図1 世界に数限りなくあるWebサイト

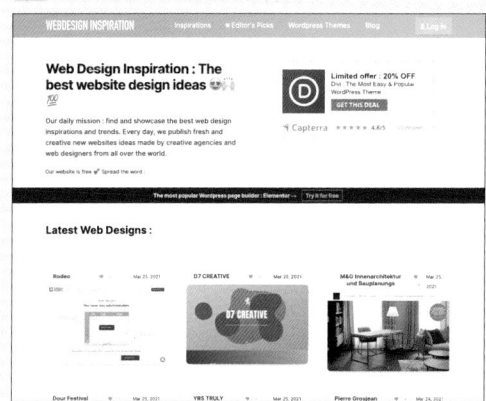
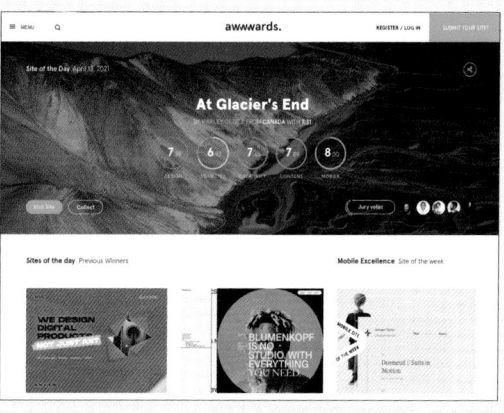

見た目も華やかで美しいものが多く存在している。ギャラリーサイトで時代の流れやデザインセンスを読み取ることも必要だ。いろいろなサイトを見比べながら、見た目の美しさだけでなく、HTMLのコードの内容や使いやすさなどもチェック項目として加えてみるとよいだろう
左図：Web Design Inspiration（https://www.webdesign-inspiration.com/）　右図：Awwwards（https://www.awwwards.com/）

SUMMARY
まとめ

〔1〕 Webブラウザに表示される見た目を作ることだけがWebデザインではない

〔2〕 人の目には触れない裏側にも配慮して、見た目と機能を兼ね備えたものにすることが重要

05 実際のWebサイトができるまで

では、ここで実際のWebサイトができるまでの流れを確認しておきましょう。Webサイト制作は、サイトの規模や取り扱う内容にもよりますが、大まかにここで紹介するようなワークフローで行われることが多いでしょう。

THEME
テーマ
▶ Webサイトができるまでに必要なことを確認する
▶ 実際のWebサイト制作のワークフローを知る
▶ Webサイトに合わせたワークフローの変化

▶Webサイトを作る一般的な流れ

Webサイト制作には「必ずこの流れで作る」という決まりはありません ❶。サイトの規模や内容により、作業の流れも多少変わってきます。ここでは一般的なワークフローを紹介します 図1 。

サイト制作のスタートはクライアント（依頼主）からの打診です。クライアントが「Webでこういうことをやってみたい」など、何かしらの目的を持ったとき、制作会社やフリーランスのデザイナーに打診があることがほとんどです。そこで初めて「どういうサイトを作るのか」といった、クライアントの要望などをヒアリングする（聞き出す）ステップに移ります。ヒアリングを通してサイトの内容や目的を確認できたら、サイトの仕様を決めて予算やスケジュールなどを割り出し、見積書などを提出していよいよ実際の制作がスタートとなります。

制作の過程では、まずサイトの中に入るコンテンツを決めなければなりません。サイト全体、ページ単位の情報構造を考えるステップです。新規サイト制作の場合はコンテンツ自体をどうするかを考えなければなりませんし、既存サイトのリニューアルの場合は現状のコンテンツの洗い出しが必要でしょう。サイトの全体像ともいえる「サイトマップ」を考え、Webページの骨組みのような「ワイヤーフレーム」を作成します。全体設計ができたら詳細なページデザインを作って、クライアントがチェックを行います ❷。

デザインのチェックが終わったら、それをもとにしてHTMLやCSSによるコーディングや、プログラムの開発工程のスタートです（システム部分は先行する場合もあります）。ここで実際に

❶ **POINT_**
Webサイトの制作ワークフローは、必ずしもこうでなければならないというものではありません。クライアントとの関係やサイトの規模、プロジェクト全体で関わる人や会社によって変化するものです。

Word サイトマップ
Webサイト全体の構造をまとめたファイルのこと。サイトマップという言葉は、制作過程から実際のWebサイト内で扱われるものまでいろいろな意味合いで使われる。制作時に用いるサイトマップ、Webサイト内の全体のコンテンツ構造を表すサイトマップページ、検索エンジン向けのサイトマップファイルなどがある。

Word ワイヤーフレーム
Webサイトの簡単な構成を骨組みのような簡単な線画で表したもの。線画レベルのローファイ・ワイヤーフレーム、よりデザイン性をつけ加えたハイファイ・ワイヤーフレームなどがある。

❷ **MEMO_**
基本的にクライアントの確認は、一連のワークフローの中で作業内容が替わるタイミングで入る、と考えるとよいでしょう。

Word コーディング
デザインラフをもとに、コンテンツを実際にHTML、CSSで書くこと、JavaScriptのプログラムを書くことなどを一般的にコーディングと呼んでいる。HTMLのコーディングはマークアップするともいう。

英語ではLaunch。サイトを立ち上げる、オープンさせることをローンチと呼ぶことが多い。そのほか、最初のミーティングをキックオフと呼ぶなど、横文字が使われることが多いのもWeb業界の特徴。

上から下に流れ落ちる滝のように、作業を段階に分けて順番で進めていくことをウォーターフォール型と呼んでいる。ウォーターフォール以外に、アジャイルやスクラムといった開発手法もある。

WHY?: 設計工程の重要性

従来のようにPCのみを対象とした場合は、いくつかの対象ブラウザでの動作確認で済んでいたかもしれません。しかし、これからのWebサイト制作では、確認対象となるデバイスが極端に増えることが予想されるため、従来までのワークフローでは最終段階のチェックの結果次第で、最悪の場合には一番はじめの設計にまで遡らなければならないかもしれません。そのような問題を避ける意味でも設計工程が非常に大事であり、作業の途中途中で、ある程度確認をしたほうがよいと考えられています。

デザインラフが静的なデザインを表したものであるのに対し、簡単でも実際に動作するページのサンプルのこと。静的なファイルで確認しづらい動きのあるサイトなどの確認で用いられる。

Webブラウザで閲覧できる状態に仕上げていきます。複雑な動きが入る場合などは都度チェックが必要ですが、サイトがある程度形になった段階でテストや検証を行います。特に商取引などのシステムではミスは許されませんので、入念なチェックが必要です。

実装とテスト・検証の工程が終われば、晴れてサイトのローンチです。制作の受注の仕方次第では納品して作業は完了ですが、Webサイトは作ってからがスタート、実はここからが本番です。サイトを運用しながら問題点がないか、目的はきちんと達成できているかを確認し、問題があればそれを改修して、さらによくするといった作業を続けていくことになるのです。

▶ Webサイト制作のワークフローは変化する

まだまだ一般には前述したような区切りやすい行程が上から下に流れていくようなウォーターフォール型のワークフローが採用されることが多いようです。しかし、現代のWebサイトは多様なデバイスやアクセス環境への対応が必要であり、Webアプリケーションとしての性格を強めたものが増えています。多くの環境に対して意図したような表示や動作になるかの確認を最後に行っていては、問題発覚時の修正が大変困難なケースが出てきています。そのような背景もあり、最近は静止画でのデザインを作り込まず、比較的早い段階で実動作するモックアップを作って検証を行いながら、修正をして作り上げるようなワークフローを採用するケースも出てきています。

図1 一般的なWeb制作のワークフロー

```
企画・情報構造設計    デザインラフ作成・確認    コーディング        テスト・検証
ワイヤーフレーム作成                        プログラム開発
```

ヒアリングが終わって、サイトの設計や要件定義からワイヤーフレームの制作、デザインラフの制作・確認を経て、実装作業へと進んでいくウォーターフォール型の典型例

SUMMARY まとめ

[1] Webサイトの規模や内容によってワークフローもさまざま
[2] ウォーターフォール型のワークフローが一般的
[3] Webサイトの変化に応じてワークフローも変わる

06 Webサイト制作には どんな人たちが関わるのか？

Webサイト制作ではプロジェクトの規模によって、関わる人員構成も変わってきます。規模が壮大なものになれば、1つの会社だけでは完結せず、それぞれの分野が得意な会社が参加することもあるのです。

THEME テーマ	▶ Webサイト制作プロジェクトの規模感
	▶ 1つの制作会社で分業体制をとる場合
	▶ 複数の会社で1つのサイトを作る場合

▶ Webサイト制作の規模感を知ろう

本書の読者のみなさんの中には、将来的に独立してひとりでWeb制作を行ったり会社を設立したいと考える方もいるかもしれません。Webサイトを作るためには、一体どれほどの人（職業）が関わっているのでしょうか。制作するサイトの規模で関わる人たちの構成も変わってきます❶。

例えば、10ページ程度のWebサイトで予算も多くはかけられないような場合は、フリーランスのWebデザイナーや少人数の制作会社でも十分に対応可能です。ただし、その場合は前節で紹介したさまざまなワークフローをひとり、もしくは少人数でこなさなければなりません。その分、幅広い知識と技術を兼ね備えておく必要があるともいえます。仮に自分ですべてできないときは、外部の同業者に一部を依頼するスタイルでもサイトのローンチは可能です。

しかし、サイトの規模が大きいケースでは、少人数でまかなうことは量から考えても大変な作業になるため、兼務は現実的ではありません。前節で説明した実際のサイト制作工程を、各工程を専門にする職種とともにもっと細かく見てみましょう。サイトの企画や要件定義と交渉（ディレクター）、サイトの情報設計（インフォメーション・アーキテクト）、コンテンツの用意やコピーライティング（コピーライター）、ヴィジュアルデザイン（デザイナー）、コーディング（コーダー、マークアップ・エンジニア）、プログラミング（プログラマー）、サーバーや回線などのバックエンドのインフラ・システム設計（システム・エンジニア）といったところまで、多くの人の力が必要になるでしょう 図1 。

❶ POINT_

Webサイト制作プロジェクトは、ひとりで完結することもできますし、複数の会社が協力してはじめて成功への道が開けることもあります。プロジェクトの内容や規模に合わせて最適な進め方があるのです。

WHY?: 都市部と地方での 制作スタイルの違い

都市部では、Webサイトを作りたい人や会社の数も多く、1件あたりの仕事の報酬も大きいものになるかもしれません。しかし、都市部であっても個人経営の商店などではWebサイトの構築に予算をかけられないこともありますし、地方では1件あたりの報酬が少ないという話も耳にします。そうなるとなかなか得意分野だけで仕事をしていくというのも困難です。小規模のサイト制作を請け負う場合は、そのすべてをひとりでまかなう人も少なくありません。

Word ディレクター

Webサイトの企画や進行管理、クライアントの交渉などWebサイト制作のプロジェクト全体を管理する立場の人。幅広い知識とコミュニケーション能力が必要。

Word インフォメーション・アーキテクト

主にサイトの情報設計を担当する人。ページ単位での情報設計はもちろん、デザインの方向性やユーザビリティのチェック、コーディングの詳細な指示まで、幅広い範囲でサイト制作に関わることもある。

Word バックエンド

Webサイトの見た目や表向きに見える部分をフロントエンド、表向きは見えることのない裏側のシステムなどをバックエンドとして区別することが多い。

これらの工程をひとりでさばけるようなスーパーマンはなかなかいませんし、個々の工程のクオリティを上げるためにも専業の人をアサイン（割り当て）して、分業体制をとることが多くなってくるのです。

▶ Webサイト制作の実際は？

前述したようにサイトの規模によって、プロジェクト達成のために関わる人たちは変化します。少人数の制作会社であっても、複数の工程を兼務しこなすことが可能であれば、中小規模のWebサイト構築は可能です。もちろん少人数の制作会社で何かに特化していれば、ほかの会社やフリーランスと協力して作業を進めることもあります。制作会社でも従業員数が多くなれば、サイト制作のワークフローにそれぞれの分野の専門家をアサインすることが可能になるため、大規模なサイト制作プロジェクトも1社で完結させることができるといえます。

世の中には、情報設計に特化した会社、デザインやコーディングが得意な会社、システム設計と構築が専門の会社など、各分野を専業としているところも多いものです。「餅は餅屋」という言葉もあるぐらいですから、品質をより高めるためにもそのような会社で協力体制を敷いて、1つのプロジェクトの立ち上げに尽力するケースもあります。このようなプロジェクトは、広告媒体などのサイト制作などではよく見られるスタイルです。

図1 Webサイトの制作の工程ごとに関わってくる職種

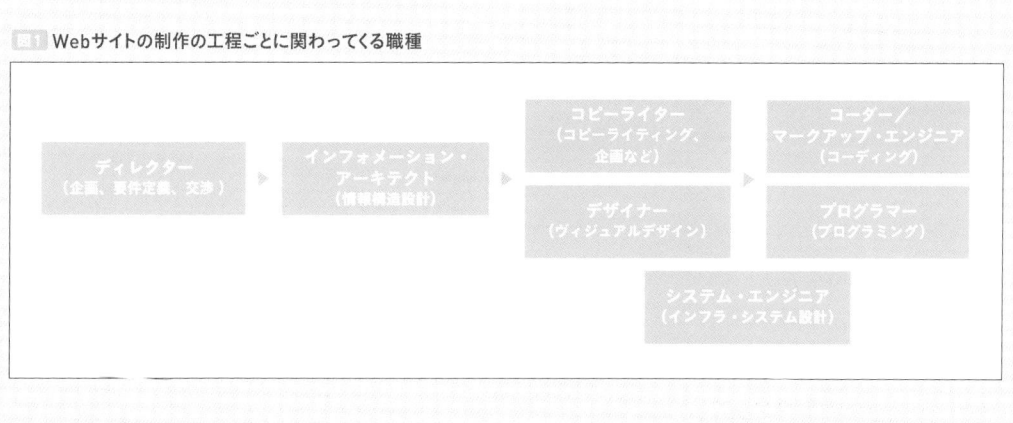

SUMMARY
まとめ

〔1〕 サイトの規模や予算で関わる人の構成も変わる
〔2〕 規模が小さいサイトはひとり～少人数でも制作できる
〔3〕 大規模サイトは各工程を専門家が分業することが多い

Lesson 1

07 Webサイト制作のために
必要な技術

Webサイトは、さまざまな技術を組み合わせて形作られるものです。Webサイトの基盤となるHTMLだけではありません。ここでは、Webサイト制作で一般的に利用される技術をいくつか紹介しましょう。

THEME
テーマ

▶ Webサイトを形作る技術を知ろう
▶ フロントエンドの技術はどういうもの？
▶ バックエンドの技術はどういうもの？

▶ Webサイトを形作るさまざまな技術

Webサイト制作では、技術基盤としてハイパーテキストシステムであるHTMLを使ってコンテンツを配信することが一般的です。しかし、HTMLは基本的にコンテンツの情報構造を記した文書ですから、単体では文書内に含まれる情報をブラウザに表示したり、コンピューターに意味を伝えることしかできません（詳しくは60ページ、Lesson3-02 で解説）。情報をより効果的に伝えるため、ほかのメディアを組み込む、プログラムを介してデータのやり取りをするなど、あらゆる技術を駆使して現代のWebサイトはできています。

静的なテキストであるHTMLには画像を表示できますが、それだけでは絵が貼り込まれただけに過ぎません。情報を適切にレイアウトし、見出しや本文、その他の要素をデザインするためにCSSが用いられます。また、ボタンを押したときに反応を返す、動的に表示内容を切り替えるようなインタラクションを与えるなどといった目的で用いられるのがJavaScriptです。

HTMLが静的なもので記述された内容しか表示できないことは、実際のWebサイトでは不都合な場合もあります。例えばページ内に常に今日の日付を表示したい場合、HTMLでは毎日該当箇所を書き換えてファイルをサーバーに入れなければなりません。HTMLにはない動的な処理を加えるための技術としてPHPが生まれ、今日ではWebサイトのメジャーな実装技術のひとつになりました 図1。さらに、HTMLのフォーム要素を介してデータをやり取りするには、その内容を処理する仕組みが必要です。ときにはデータベースと接続して、その内容を保存することも求

WHY?: Webサイトのコンテンツ管理を容易にするために

静的な文書だけを配信していた時代とは違い、今日のWebサイトは多くの情報を保持し、コンテンツを配信しています。情報に適切な意味を与えるにはHTMLの力が必要ですが、例えばサイトの更新を簡単にするためには専用の入力・管理画面を持った仕組みがあると便利です。そのような仕組みが自動的にコンテンツを生成してくれれば、HTMLをその都度作っていくというルーチンワークは必要ではなくなり、基本構造を作っておくだけで済むのです。

Word PHP（ピー・エイチ・ピー）
「PHP：Hypertext Preprocessor」が正式名称のスクリプト言語。Perlとは異なり、Webサーバーを拡張する形で動的にWebページを生成するといった目的で生まれたもの。静的な言語であるHTMLの弱点を補う。

Word Perl（パール）
ラリー・ウォール氏が開発したプログラミング言語。プログラムはコンパイルという生成作業を必要とせず、記述すればすぐに動くことからWebサイトで広く用いられている。

Word Python（パイソン）
グイド・ヴァン・ロッサム氏が1991年に発表したプログラミング言語。他言語と比較して文法が比較的シンプルという特徴を持つ。人工知能や機械学習の開発分野で、Pythonが使われているケースが増えている。

Word Ruby（ルビー）
まつもとゆきひろ氏によって開発されたプログラミング言語。近年、Webアプリケーションを構築する際に、このRubyを使った「Ruby on Rails」というフレームワークを用いるところも増えている。

BOOK GUIDE

JavaScript 第6版

通称 "サイ本" と呼ばれるJavaScript
のバイブル的書籍。最新版の第6
版では、HTML5のAPI（Application
Programing Interface）の解説も
含まれている。

DATA：David Flanagan（著）、
村上 列（訳）
定価 4,620 円
ISBN978-4-87311-573-3
オライリー・ジャパン

BOOK GUIDE

プログラミングPerl 第3版 VOLUME 1

プログラミング言語「Perl」の解説
書。通称 "ラクダ本"。Perlを覚え
るためのバイブル的な書籍である。

DATA：Larry Wall（著）、
近藤嘉雪（訳）
定価 5,830 円
ISBN978-487311-096-3
オライリー・ジャパン

POINT

近年のWebサイト制作では、HTMLの知識に加えて
CSSやJavaScriptといったフロントエンドの周辺技
術の知識が必要となっています。それに加えてPHP
のようなスクリプト言語もマスターできればWebデザイ
ンの幅が広がります。

められます。そのようなプログラムを構築するためのプログラミング言語として前述のPHPだけでなくPerlやPython、Rubyなどが有名です 図2 。

このようにWebサイトとひと口にいっても、決してHTMLとCSSだけでできているわけではありません。HTMLによるWebページをより魅力的にする周辺技術や、HTMLの内容を自動で処理するような仕組みといっしょになってWebサイトはできているのです。

▶ Webサイトの裏側で起きていることを知る

前述のように現代のWebサイトは、裏側でいろいろな技術を用いた仕組みが動いています。サイトのコンテンツを配信するWebサーバーもそのひとつです（詳しくは235ページ〜、Lesson7で解説）。一般的な名称としてWebサーバーと呼ばれていますが、本当の名前は「HTTPD（HyperText Transfer Protocol Daemon）」という名前のプログラムです。そのHTTPDと連携して、PerlやPython、Rubyで書かれたプログラムがHTMLから渡されたデータを処理したり、動的にコンテンツを生成したりする仕事をしています。また、データを保存するデータベースサーバーとしてはMySQLやPostgreSQLなどが有名で、これらも同様にバックグラウンドで常時起動する形で動作しています。このように表向きはなかなか見えない処理の部分も知ると、より魅力的なWebサイトがデザインできるようになるでしょう。

図1 PHPの公式サイト

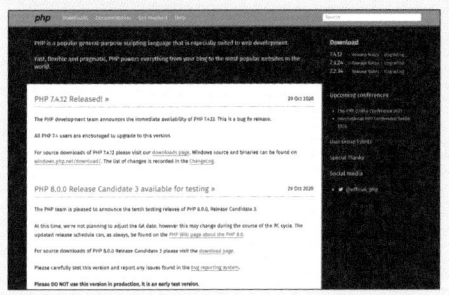

https://www.php.net/

図2 Rubyのフレームワーク「Ruby on Rails」の公式サイト

https://rubyonrails.org/

SUMMARY まとめ

〔1〕 情報をより効果的に伝えるため、HTMLとCSS以外の技術が多数使われている

〔2〕 バックエンドで行われている処理を知ることが、Webサイトの魅力的なデザインにつながる

08 Webサイト制作に必要なツール

Webサイト制作は、最小限必要なツールとしてテキストエディタひとつあれば、今すぐにでも始めることができます。
そのほか写真や画像を編集するツール、プロトタイピングツールがあるとよいでしょう。

THEME
テーマ
▶ Webサイト制作に必要なテキストエディタ
▶ Webサイト制作時にあると便利なグラフィックエディタ
▶ 日々の作業を効率化するためのツールやプラグイン

▶ Webサイト制作に必須のツールはテキストエディタ

Webサイト制作には高価な専用ツールが必要だと考える方も多いようですが、最低限テキストエディタがひとつあればすぐに始められます❶。HTMLもCSSもJavaScriptも、そのすべてはただのテキストファイルです。本書で紹介している内容のほとんどは、今みなさんが使っているPCにインストールされているであろう「ワードパッド（Windows）」や「テキストエディット（macOS）」を使えば、すぐに試すことができます。

ただ、いわゆるテキストエディタは文書を書くことに特化したものであり、HTMLやCSS、JavaScriptを書くために作られているわけではありませんし、Webサイトを丸ごと管理する機能はありません。プロのWebデザイナーたちは、そういった面からWebサイト制作に必要な機能を搭載した、米Adobe社の「Dreamweaver」のようなGUIで操作できる統合オーサリングツールを利用することもあります 図1。これらのツールを用いれば、HTMLやCSSを楽に入力する、サイト内で使う画像を管理する、サーバーにファイルをアップロードするといった作業を1つの環境から実行できて便利です。

HTMLやCSS、JavaScriptだけでなく、その他のプログラミング言語やサーバーサイドの開発まで、すべてこなしてしまうような人たちは、専用のテキストエディタとしてカスタマイズのしやすい「Vim」や「秀丸」、「Visual Studio Code」、「Sublime Text」、「Atom」などのツールを好んで使う傾向にあるようです。

❶ **POINT_**
制作時に必要とされるツールは多くはありませんが、例えばオーサリングツールひとつだけがあればよいというわけでもありません。Web制作環境は日進月歩で進化しているため、ツールをいろいろ駆使するほうが作業時間の短縮になることもあります。

Word テキストエディタ
文章入力を行うためのアプリケーションの総称。シンプルなものから高機能なものまで、さまざまなアプリケーションがある。

WHY?: Webサイト制作に必要な機能
Webサイトの構成要素のほとんどがテキスト形式のファイルであっても、作業そのものは多岐に渡ります。HTMLやCSSも直接テキストエディタで記述することができますが、GUIの画面でプレビューしながら作業するほうが効率がよいこともあります。また、必要な画像はどこか適当なディレクトリにまとめておいてアプリケーション側で一元管理するほうが、制作時だけでなくサイトを公開するときにも楽になりますね。

Word GUI
グラフィカル・ユーザー・インターフェース（Graphical User Interface）の略。一般的なPCの画面インターフェースのようなグラフィカルな画面のインターフェースのことを指す。文字を使ったコマンド操作を行うCUI（キャラクター・ユーザー・インターフェース）もある。

単純なテキストエディタの機能だけでなく、サイト全体を管理・編集することができる統合的なツールのこと。

Webブラウザや専用アプリケーションの機能を拡張する目的で公開されている小さなプログラムのこと。

▶ **テキスト以外のメディアを編集するには？**

Webサイトを構成する要素のほとんどはテキスト形式のファイルですが、Webページの中には画像や映像といった、そのほかのメディアを挿入することもあります。専用のグラフィックエディタをひとつ用意しておけば、写真などのグラフィック要素の編集だけでなく、サイト設計の初期段階のワイヤーフレームやデザインラフの作成にも利用できます。グラフィックエディタでは、米Adobe社の「Photoshop」や「Illustrator」が有名です 図2 。PhotoshopやIllustratorは、拡張機能を別途追加することで機能を拡充することができます。サイト制作時に便利な拡張機能が有償・無償を問わず、世界中で公開されています。

また、最近では映像コンテンツをページ内に貼り込む機会も増えてきました。映像コンテンツを編集するには「Premiere」のような映像編集アプリケーションがあるほうが便利です。プロのクリエイター並みの編集は行わない場合は、「iMovie」のようなOS標準の映像編集ソフトやスマートデバイスのアプリなどで編集してしまうこともあります。YouTubeなどの外部サイトを利用すれば、映像ファイル形式などの細かいことを気にせず、Webサイトのページ内に簡単に映像を付け加えることもできるでしょう。

▶ **プロトタイピングツールを利用する**

前述したPhotoshopやIllustratorでもWebサイトのワイヤー

図1 米Adobe社の「Dreamweaver」

Dreamweaverは、多くのWebデザイナーや制作会社で導入されている統合オーサリングツール。Web制作に必要な機能を多く搭載しているため、これひとつでPC向けのサイトからスマートフォン向けのサイトまで作ることができる

図2 米Adobe社の「Illustrator」

Webページ中のグラフィックを作ったり、ワイヤーフレームやデザインラフを作るならPhotoshopやIllustratorのようなツールを手元にひとつはおいておきたい

フレームやデザインを作ることができますが、もともとは写真の編集や紙媒体のデザイン・編集に特化したアプリケーションであるため高機能すぎたり動作が重いという欠点があります。最近では、多様化していく閲覧環境への対応を考えて、同じコンテンツのデータを取り扱いながら、画面のサイズはスマートフォンやタブレット、PC向けといったいくつかのサイズを同時に考える必要も出てきています。そこで、この数年で一気に脚光を浴びているのが、プロトタイピングのできるグラフィックエディタです。

プロトタイピングツールと括られるこうしたアプリケーションやWebサービスは、Webサイトやアプリなどのユーザーインターフェース制作に特化したツールで構成されており、その分動作も軽快で共同編集機能やコメント機能などを有している場合が多く、クライアントも交えた共同作業に向いているという利点があります。代表的なものとして、「Adobe XD」、「Figma」、「Sketch」などがあります 図3 図4 。これらは必要最低限の機能を有しているだけで、場合に応じてそれぞれで公開されている機能拡張を使うことを前提としています。それぞれに異なる特徴を持ってはいますが、どれかひとつが使えるとほかのアプリケーションも同じように使えるでしょう。

▶ **Webページの確認には開発者ツール**

HTMLやCSS、JavaScriptを使ってWebサイト（Webページ）を仕上げていく過程においては、Webブラウザで表示した際にコードとして記述したものが意図しない表示になっていたりすることもあります。そのような場合には、元のソースコードだけ見ていてもなかなか問題に気付けないことも多いため、Webブラウザに搭載された開発者ツール（Developer Tools）も併せて利用する❶ようにしましょう。

開発者ツールは、Edge、Chrome、Firefox、Safariといった最新のブラウザには標準で搭載されており、新たに別のソフトウェアをインストールする必要はありません。Safariの場合は「設定」の「拡張」から開発者ツールのメニューを有効化します。それ以外のブラウザはメニュー内にあらかじめ用意されているので、そこから画面を表示しましょう 図5 。

どの開発者ツールも確認できる内容は似ています。HTMLのソースの状態や該当箇所に適用されているCSSの指定を見るだ

Word プロトタイピングツール

Photoshopなどのグラフィックツールを用いて描かれた絵は、Webブラウザで操作する画面遷移などができない。Webのように動作をともなうものは、実際の画面サイズなどで動いていたほうがイメージも湧きやすい。こうした画面遷移などをつけたプロトタイプを作るツールのことを、一般的にプロトタイピングツールと呼ぶ。

Word 開発者ツール（Developer Tools）

Webページの閲覧時の情報をいろいろな側面から確認・編集できるツールで、現在主要なブラウザにはほとんど搭載されている。

❶ **POINT**

Webページを閲覧する際、Webブラウザでは「ソース表示」を行うことで、HTMLの中身を確認できる。しかし、現在主流のWebサイトのようにJavaScriptが主体となっている場合、その中身をソース表示で閲覧することはできません。開発者ツールを用いると、実際にどのようなコードが動いているのか、Webページ内にはどのような構成要素が存在しているのか、ダウンロードされているデータはどれぐらいの秒数がかかっているのかなど、Web開発に必要な情報をまとめて確認することが可能です。

けでなく一時的に内容を変更することもできます。また、ネットワークを流れてくるデータ確認やJavaScriptのエラーなどもこのツール内に表示することができるので、Web制作に携わるのであればこのツールは必要不可欠のものとなっています。

図3 米Adobe社の「XD」の公式サイト

図4 Webブラウザでも利用可能な「Figma」の公式サイト
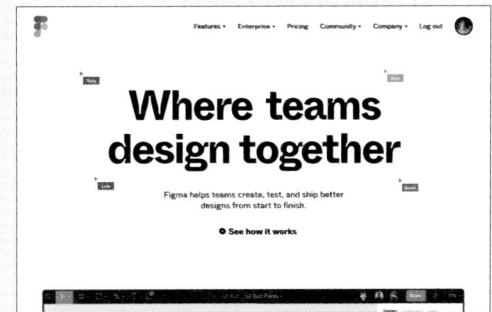

図5 Safariの開発者ツール
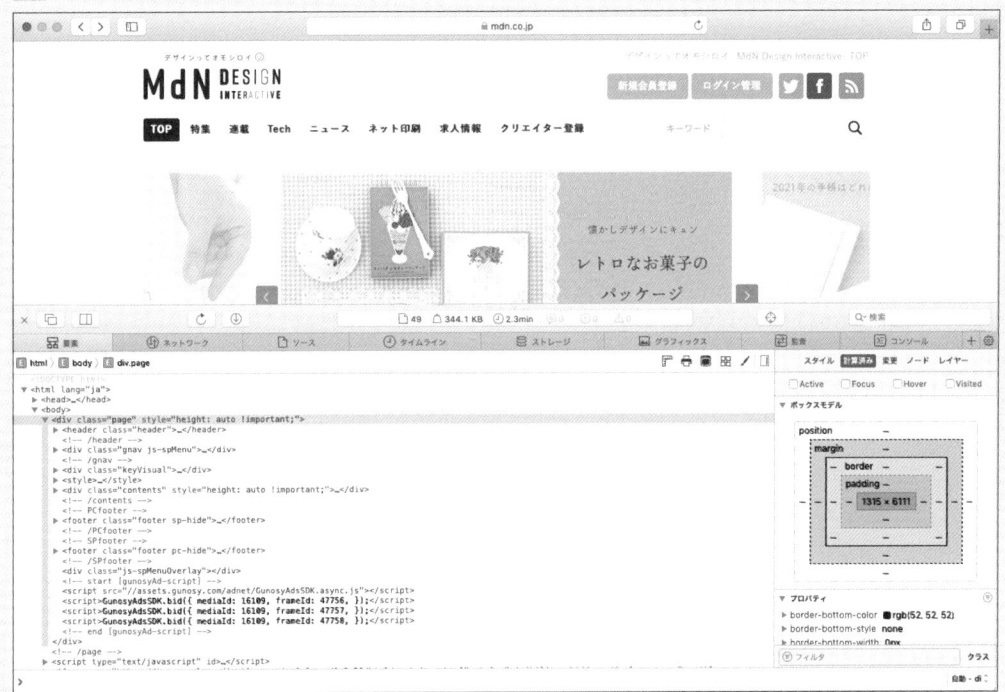

開発者ツールにはさまざまな機能が用意されているが、図の機能はSafariのアプリケーションメニューで「開発」→「Webインスペクタを表示」を選ぶと表示される

SUMMARY
まとめ

〔1〕 テキストエディタ機能とサイト全体の管理・編集機能を一元化したものがオーサリングツール

〔2〕 オーサリングツールやグラフィックエディタをうまく活用することで、サイト制作作業を効率化できる

09 これからのWebデザイン

Webデザインの世界は日進月歩です。それまでよしとされてきた考え方や制作技法も、世の中の変化に合わせてどんどん変わっていきます。はたして、これからのWebデザインは一体どのようになっていくのでしょうか。

THEME テーマ	▶ Webデザインの歴史を振り返る
	▶ 利用者の閲覧環境の変化から考える
	▶ 理想的な情報提供のカタチを想像する

▶ Webデザインの過去と未来

Webデザインの世界は常に変化しています。HTMLやCSSといった技術的な仕様はそう大きく変わりませんが、かつてWebサイトが「見る」ことを前提としていた時代が長く続いたあと、今やWebサイトは「使う」ことを前提とするようになったのを肌で感じています。紙の置き換えだったものから、Webブラウザを通して使うアプリケーションへ。そこにはWWWを閲覧する環境の変化というものも大きく影響しています。

インターネットやWWWが日常のインフラとなった今、多くの人はPCだけでなくスマートフォンなどのデバイスを通じて、常にインターネットに接続しているような状況です。Webブラウザやアプリを使い、必要な情報を入手する。その光景はもはや一般的なものになりました。そういう時代にあって、これまでのようなPCでの閲覧を前提としたWebサイトを作ることだけに注力するわけにはいきません。

利用者の閲覧環境、利用シーンの変化という世の中の流れ🔵もあり、これからのWebはPC主体ではなくモバイルをはじめとしたさまざまな環境になると考えられています。情報は既にリアルタイムに更新され提供されるような時代になっています。もちろん大事なのは、提供するコンテンツである🔵ことに変わりはありません。コンテンツをいろいろな環境で閲覧しやすくする、そうしたWebデザインを今後は考えなければならないのです。

▶ 固定サイズのデザインからの脱却

これまでのWebデザインは、PC主体でWebサイトを設計す

🔵 POINT_
閲覧環境の変化は今後ますます加速するものと考えられています。スマートフォンのように常時持ち歩くもの、タブレットのように家庭用PCの置き換えになるもの、それぞれの利用シーンを想定できるかどうかが鍵になるでしょう。

Word リアルタイムコンテンツ
Web上、またはアプリで提供されるコンテンツは既にリアルタイムに変化し、利用者の手元に届けられ始めている。

🔵 POINT_
スマートフォンやタブレットなどのモバイルデバイスでの利用を前提として、Webサイトを設計・デザインしていく考え方を「モバイルファースト」といいます。同じように、コンテンツ（内容）を中心にする場合は「コンテンツファースト」、利用者の置かれた状況や文脈を中心にする場合は「コンテキストファースト」といいます。

WHY?: 固定サイズに依存しない Webデザイン

2012年頃からディスプレイのサイズや高解像度化がWebデザインに影響を与えています。これは「px」というこれまでのWebデザインのベースとなっていた単位の存在すら脅かします（1pxの扱いが端末で異なるため）。そのような世の中の流れから、今後はpxに依存しないようなWebデザインの手法として、CSSの最新バージョンであるCSS3やベクターベースの画像を使う機会が増えていくものと考えられています。

Word px（ピクセル）

コンピューターで情報を扱う際の最小単位。ディスプレイの1つの点（ドット）のこと。320pxであれば、320個の点が並んでいることになる。

Word CSS3

現在のCSSの最新バージョン。CSSのバージョンについては120ページ、Lesson4-01で解説している。近年の新しいバージョンのWebブラウザの多くは、CSS3の仕様に対応している。

Word ベクター

ドットの集合であるビットマップ画像に対し、座標を用いた計算による描画を行う画像形式。拡大縮小しても劣化しないという特徴を持つため、印刷物などのデザインでもよく用いられている。

る考え方が中心でした。しかし、これからの時代、インターネットに接続してサイトを閲覧するデバイスのディスプレイサイズは、一定のサイズではなくなり、どんどん多様化していくでしょう。その中にあって、従来の固定サイズのWebデザインが通用するでしょうか。

時代の変化に合わせて、Webデザインの制作手法そのものも変わらざるを得ないのです。どのようなデバイスで見てもコンテンツがきちんと閲覧できる、操作がしやすい、そういったことを常に考えなければいけません 図1 図2 。PCサイズのWebサイトをスマートフォンで見ると、文字が小さい、ボタンが押しにくいなどの問題が出てきます。そうしたことを回避するには前述したような、モバイルをベースにコンテンツやデザインを設計するほうが簡単です。

固定サイズではなく、解像度に依存しないWebデザインの考え方や手法を身につけることが、今後必要になってくるかもしれません。

図1 Media Queries

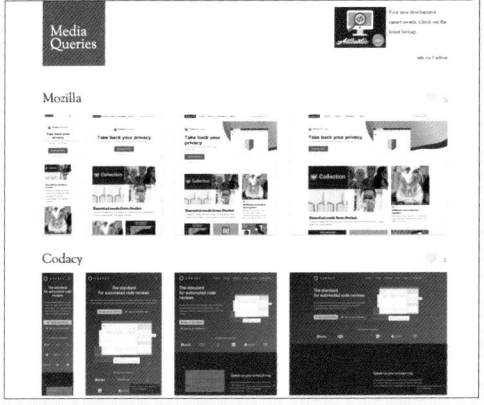

「Media Queries」は、レスポンシブWebデザインで作られたサイトをギャラリー形式で紹介しているサイト。2011年頃から話題の「レスポンシブWebデザイン」は、デバイスが多様化していく時代を見据えたWebデザイン手法のひとつ
https://mediaqueri.es/

図2 Illustratorの操作画面

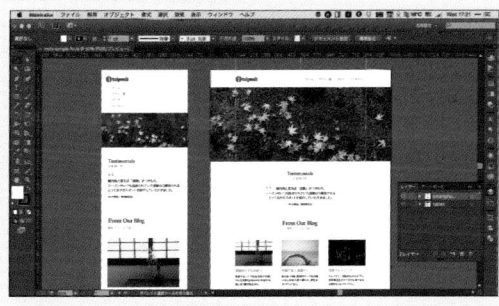

複数のデバイスサイズでの閲覧を考慮するのであれば、PhotoshopやIllustratorなどのアートボード機能を使うとよい

SUMMARY まとめ
〔1〕Webサイトは見るものから使うものへ変化している
〔2〕PCでの閲覧ではない世界に対応しなければならない
〔3〕環境変化や制作技法の変化に注目する

29

これからのWebデザイナーに求められること

Webデザインの世界が日進月歩で進み、これまで手間がかかっていた作業も、コンピューターやアプリケーションの進化にともなって自動化される流れになってきています。これまでは、HTMLやCSSの知識が必要とはいえ、多少Photoshopが使えてDreamweaverが使えれば、Webサイトを作ることはできました。しかし、Webサイトが見るものから使うものへ変わり、デバイスの多様化によって、Webサイトに接する環境がPCよりもスマートデバイスなどへ変化している時代です。

Webサイトが静的な情報を掲示するものから、内容が動的に切り替わるものや使うものへと進化しているため、Webサイトの作り方やHTMLやCSSのコーディングの仕方ひとつとっても新しい手法が出てきています。作業を効率化する術を知り、それを実践しなければいつまで経っても仕事が終わらないかもしれません 図1。

デバイスの多様化だけを考えても、従来のワークフローでは、これからのWebサイト制作が問題なくスピーディに行えないこともわかっています。これまで以上にスピーディにサイト制作を行うためには、従来のような分業化された体制ではなかなか実現できません。WebデザイナーもこれまでのHTMLとCSSの知識だけではなく、JavaScriptの理解も多少なりとも必要となってきています。また、プログラマーなどとの協業も考えれば、サーバー側の知識など、より広範な知識が必要になってきているのを実感しています。

Webデザインが視覚的な表現だけを考えていればよい時代は終わっています。Webサイトの見た目は大事な要素のひとつですが、その本質であるコンテンツのことはもちろん、人の目には触れないHTMLのコーディングやWebサイトの表示時間のことなどにまで気を配らなければいけません。コンピューターやアプリケーションで自動化される未来が訪れる前に、Webデザイナーはより広範な知識や技術を身につけて、置き換えのできない人へと進化し続けなければならないのです。

図1 NuxtJS

HTMLとCSSで構成されるような静的なWebサイトであっても、近年JavaScriptを使った作業の効率化やフレームワークを使った制作が増えている印象だ。CMS（コンテンツ管理システム）での制作も多いが、テンプレートをもとにして中のデータはMarkdownなどのテキストを読み込んで、自動的にサイトを生成してしまうような技術もよく使われている。「NuxtJS」は、JavaScriptのフレームワークである「VueJS」をベースにし、静的なサイトの開発や運用を効率化できるものとして公開されている。似たようなフレームワークはいくつか存在しているので興味があれば調べてみよう
https://ja.nuxtjs.org/

2

Lesson

Webサイトを
設計する

Webサイトをデザインするには、
サイト全体の設計図が必要不可欠です。
WebサイトやWebページが
どんな構造になっているかを見ていきます。

01 Webサイトは何のためにあるのか?

世の中には星の数ほどたくさんのWebサイトが公開されています。これらのWebサイトは一体何のためにあるのでしょう? ここではWebサイトが作られ、公開される目的などをおさらいしておきましょう。

THEME テーマ	▶ なぜ、Webサイトが作られるのか?
	▶ Webサイトを作ることで得られるものは何?
	▶ 利用者から見たWebサイトの存在は?

▶ なぜWebサイトを作って公開するのか

これからWebデザインを勉強し仕事に活かそうと考えている読者のみなさんは、いずれ制作会社の一員もしくはフリーランスの立場でWebサイトを作っていくことになるでしょう。多くの企業をはじめとした組織や個人は、なぜWebサイトを作って公開するのでしょうか?

Webサイトを作って公開する裏にはやはり何かしらの意図があります。会社や商品の存在を知ってもらったり、ブランドのイメージを伝える、Eコマースで商品を販売したい、顧客とのコミュニケーションの窓口として、はたまた就職活動の学生さんや投資家のための情報提供として。それらをインターネットを通じて行おうと考えるからこそ、Webサイトを作って公開しようということになります。

このような提供側の目的があってはじめてWebサイトが作られて公開されます。当然そこにあるのは先に挙げたクライアントのビジネス目的があります。それを叶えることがWebデザイナーとしてあなたに与えられる使命のひとつです。Webサイトがうまく機能すれば、商品の認知度が上がったり、ブランドイメージが伝わるでしょう。Eコマースで商品が多く売れるかもしれません。ビジネス目的はいろいろ考えられますが、Webサイトを作って公開するということはそういう意図があるわけです。

Word Eコマース
Webサイトを使った商取引のこと。決済などの手続きもあるので、専用のサービスなども広く公開されている。

▶ 利用者の気持ちになってWebサイトを考える

ここで見方を少し変えてみましょう。あなたは一般の利用者だとしましょう。あなたがテレビや雑誌、ソーシャルメディアで何

Word ソーシャルメディア
TwitterやFacebookなどに代表される、人同士のつながりをベースとしたサービスやメディアの総称。

か新しい商品の存在を知ったときには、いまどきWebサイトを探せばそこに情報があることを期待します。検索エンジンでキーワードで検索し、目的のサイトが見つかったらそこに訪問し、必要な情報を取得しようと考えるわけです。このように一般の利用者の立場に立って見れば、また別の意味でWebサイトの存在意義が見えてきます 図1 。

クライアントのビジネス目的を叶えることも大事ですが、これからWebサイトに期待して訪問してくる人たちに対して、わかりやすく情報を提示すること、そして目的地へ連れて行くこともWebデザイナーの仕事のひとつです。どのようにすれば、迷わずに目的にたどり着いてもらえるか、それ以前にどうやったら検索エンジンにリストされるか、そういったことも考えてWebデザインをしなければならないといえます。

クライアントが「これを売りたい」といった内容を全面に押し出したとしても、その情報を欲しない人にはまったく響くことはない❗でしょう。クライアントの意図と訪問者の目的と、その双方のバランスをとりながらWebサイトをデザインするということは大変な作業であるともいえます。

WHY?: 相手の立場で考えることの大切さ

Webサイトを作って公開することは、配信側の意図だけが全面に出てくる場合が多く見られます。しかし、Webサイトを訪れる人たちの目的はさまざまです。会社訪問をしたい人からすれば住所がわかればいいだけですし、サポートに問い合わせしたいときは電話番号などの連絡先がわかればいいのです。一方的に何かを押しつけても、それが目的や興味の対象でなければ関係のないものとしか映りません。Webサイトを作るときは、人間の心理なども考慮したほうがよいのです。

❗ POINT_

クライアントの意向だけに偏重すると、サイトのコンテンツやそこにたどり着くためのナビゲーションなどもそれを全面に押し出した形になりがちです。あらゆる可能性を考慮して、バランスのよいWebサイトを作ることが大事です。

図1 Webサイトに期待されるさまざまな目的

アフターサポートなどは、企業イメージにもつながる。サポートが必要な読者の存在も無視はできない

一般的なユーザーとは異なる取引先や広告主に向けた情報も掲載されている

ユーザーが探している商品の情報がトップページにない場合、検索機能を使って調べられるようにしている

配信側からの最新情報や新商品のお知らせなどは、完全にビジネス的な目的と考えられる

Webサイトはさまざまな目的で作られる。配信側のビジネス目的だけでなく、訪問する人たちの目的も考えなければ一方的な情報配信で終わってしまう

SUMMARY まとめ

〔1〕 Webサイトは多様な目的を持って公開される
〔2〕 顧客との関係構築、ブランドイメージの確立などが主な目的
〔3〕 利用者は何かしらの目的を持って訪れている

02 Webサイト全体の構成を 見てみよう

ここでWebサイト全体を見て、そこにどのような要素が含まれているのかを確認してみましょう。サイトの目的 や内容にもよりますが、多くのWebサイトではここで紹介する要素が含まれています。

THEME テーマ	▶ Webサイト全体を見て要素を確認する
	▶ それぞれの要素の意味や目的を知る
	▶ 最低限必要な要素を自分なりに考えてみる

▶ Webサイトを構成するさまざまな要素

　Webサイトに必要な情報はサイトの目的や内容によって変わっ てきますが、一般的なWebサイトを例に挙げてその構成要素を 確認してみましょう。

　図1 は米国TIME誌のWebサイトですが、この中には配信側 の目的が強い要素はもちろんのこと、訪問者の目的を叶えるた めの手助けとなる要素が含まれていることがわかります。もちろ ん、Webサイトはひとつとして同じものが存在しません❶。した がって、すべてのWebサイトに必ずしもこれらの要素が必要とい うわけではありませんが、ロゴやナビゲーションに始まり、主た るコンテンツといった基本的な要素は含まれているものです。

　Webサイトの多くは、このようにサイトのロゴをスタート地点 として、サイト全体を横断的に移動可能なメインのナビゲーショ ンメニュー（グローバルナビゲーション）や、カテゴリ別や記事別 に細分化されたナビゲーションメニュー（ローカルナビゲーショ ン）がついています。さらに、記事本文中に含まれるリンクテキ スト、フッターエリアに含まれるさまざまな付加情報へのリンク などで構成されることが多いでしょう。

WHY?: Webサイトの構成の基本は ナビゲーション

図を見ていくと、Webサイトは基本的にリンク で構成されていることがわかるでしょう。ペー ジには主たるコンテンツが含まれるものですが、 それ以外の部分はそのほとんどがどこか別の ページやサイトへつながるナビゲーションで構 成されています。WWWの基本であるハイパー リンクによって、このような文書間の移動がス ムーズになることで情報へのアクセスが容易に なったのです。

❶ POINT_
Webサイトを作る目的はそれぞれで異なります。サイ トの形として似たような構成になることはあっても、そ こに含まれる内容までが必ずしも同じになることはない でしょう。いろいろなWebサイトを見て内容や構成を チェックしてみましょう。

Word ナビゲーション
訪問者がサイト内で迷わないようにページ内には、カ テゴリで分類したナビゲーションや機能に直結するナ ビゲーションなどがリンクとして、いたるところに配置 される。

Word コンテンツ
直訳すると「中身」、「内容」。Webの世界では主にペー ジの内容のことを指す。

図1 Webサイトの構成要素

動画チャンネルや
メールマガジンの
リンク

カテゴリ別の
メインナビゲーション
（クリックで開閉）

広告

取り上げたい
メイン要素

最新の記事への
リンク

ソーシャルメディアの
アカウントリンク

フッターメニューの
ナビゲーション

自社広告

ロゴ

検索機能

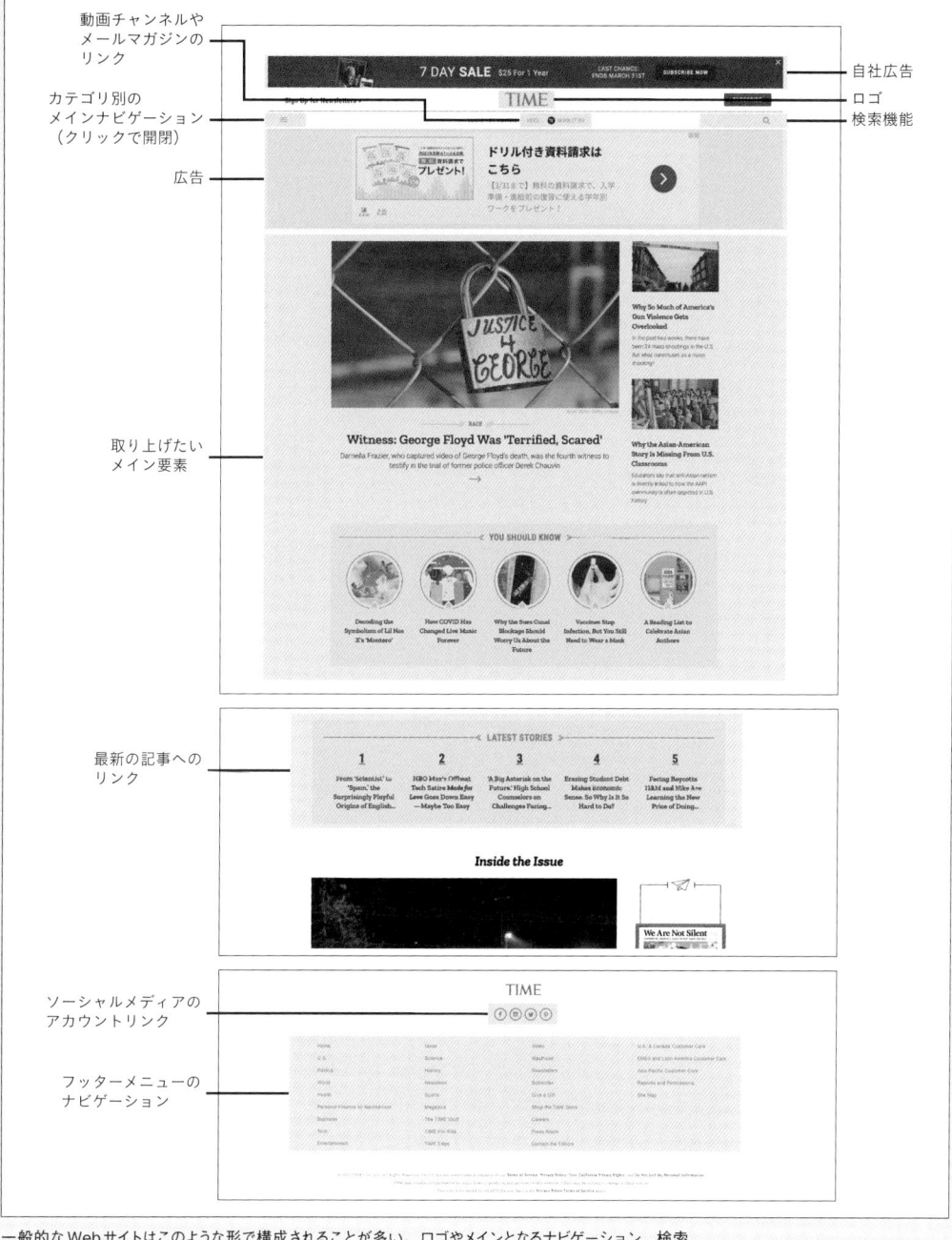

一般的なWebサイトはこのような形で構成されることが多い。ロゴやメインとなるナビゲーション、検索
などの機能は固定で常に表示され、それ以降のコンテンツがページによって変化する。トップページの
場合は、サイト内の各コンテンツへの入り口となるナビゲーションリンクが多く含まれる構成になるだろう。
米国TIME誌のWebサイト（https://www.time.com/）

SUMMARY
まとめ
〔1〕 Webサイトに含まれる要素はサイトによって異なる
〔2〕 サイト内の要素にはそれぞれの意味がある
〔3〕 ロゴやメインナビゲーション、機能的なものは固定される

03 Webページの構造を分析してみよう

ここでは簡単なWebページを見ながら、そこに含まれるコンテンツの情報構造を分析してみましょう。ページの情報が構造上どのようになっているかを分析すると、Webサイトをどのように形作ればよいかがわかります。

THEME
テーマ

▶ **Webページを見ながら情報構造を確認**
▶ **情報ブロックの用途をきちんと理解する**
▶ **ページ全体のブロックの意味を把握する**

▶ Webページを要素別に分解し構造を確認

簡単なブログスタイルのWebページをもとにして、その中に含まれる構成要素を分析し、各要素の意味を考えることから始めてみましょう。サンプルで用意したWebページは、大きく分けると「サイトのタイトル」、「ナビゲーションメニュー」、「メインの記事コンテンツ」、「検索機能」、「その他の記事へのリンク」、「コピーライト表記」というブロック（情報の役割ごとのまとまり・グループ）に分解することができます 図1 。

分解してみると、Webサイト全体で常に表示されていたほうがよいもの（どこからでもアクセスできたほうがよいもの）としては、サイトのタイトル、ナビゲーションメニュー、検索機能、コピーライト表記が該当することがわかります。

また、メインの記事コンテンツ部分も右側のほかの記事のリンク部分も、そのサイトのコンテンツの一部ですが、そこにある内容はサイト内のどこにいるかで変わってきます。

このように考えると、Webページは内容が変化しないブロックと内容が変化するブロックが含まれるものだと理解できます。あとは、内容が変化するブロックにどのようなコンテンツが入るのかを考え、またそれらのコンテンツをわかりやすく伝えるにはどのような構造を作るのが適切か❶、といったことを改めて考えればよいのです。

また、最近ではスマートフォンに代表されるスマートデバイスでの閲覧も考慮しなければなりません。幅の広いPCの画面だけでなく、画面幅が狭く回線も不安定な端末でストレスなく閲覧するにはどうすべきか、合わせて考える必要があるのです。

WHY?: 常に表示されていたほうがよい要素とは？

自分自身がお客様になったつもりでWebサイトを考えてみましょう。例えば、Eコマースのサイトに訪問した場合、必ず表示されていたほうがよいと考えられるのはなんでしょうか？「サイト内のナビゲーション」、「販売者の情報」、「ショッピングカート」、「支払いの方法」など、これらはどのページにいても必ず表示されていなければ不便を感じるものです。このように「絶対にあったほうがよい要素」というものを一度考えてみましょう。

❶ POINT_
Webページのコンテンツはそのサイトの個々の要素に該当するものです。サイト全体に共通する構造と切り離し、その部分だけを取り出して考えれば、内容にどのようなものが入ったとしても意味の伝わる情報構造を考えやすいはずです。

図1 Webサイトの構造

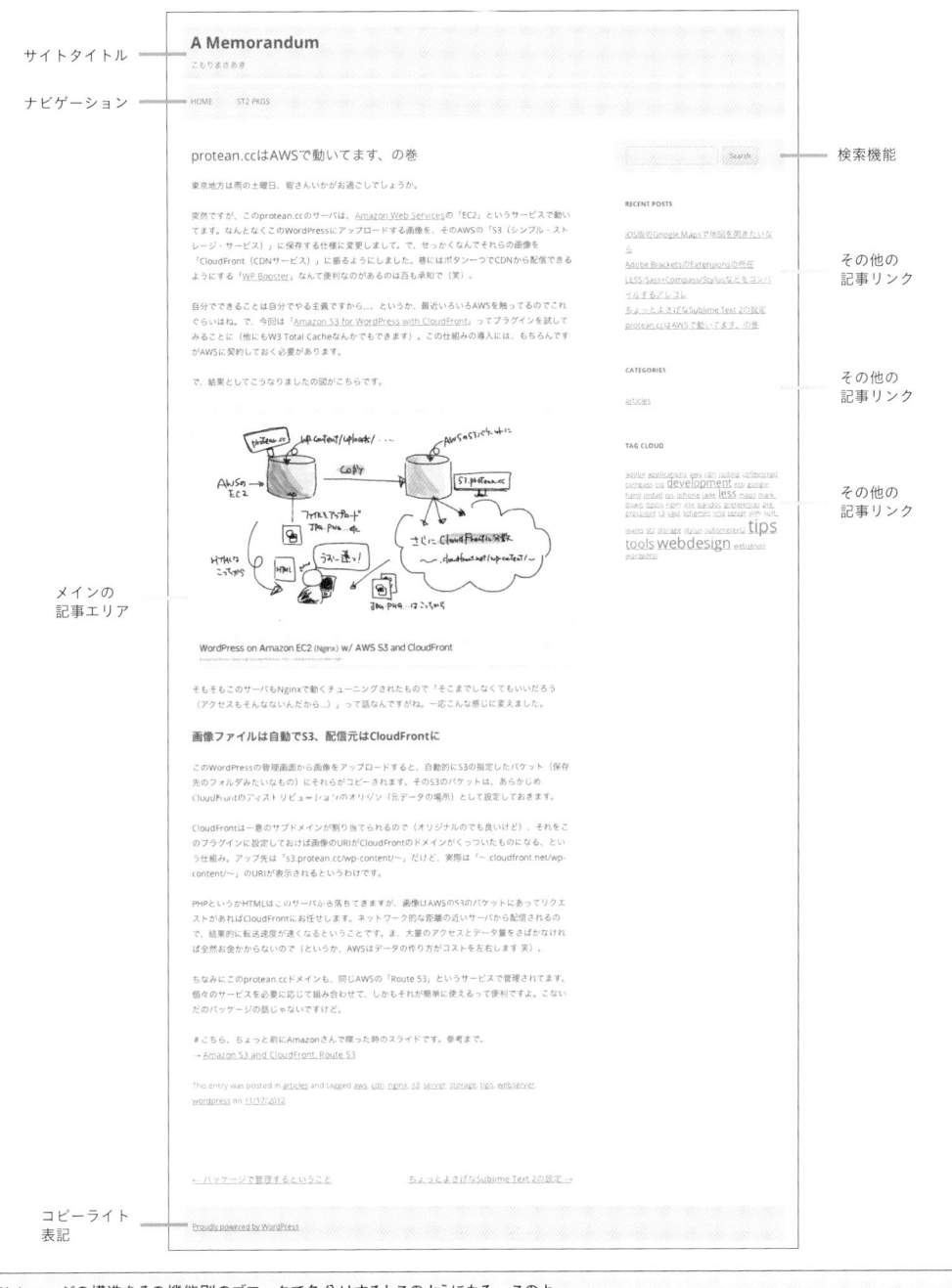

サイトタイトル

ナビゲーション

検索機能

その他の
記事リンク

その他の
記事リンク

その他の
記事リンク

メインの
記事エリア

コピーライト
表記

Webページの構造をその機能別のブロックで色分けするとこのようになる。このように見てみると、Webページに必ずあったほうがよい要素（ピンクの部分）と、ページによって内容が変化するエリア（水色の部分）に分けられるのが理解できる

**SUMMARY
まとめ**

〔1〕 Webページには固定される内容、変化する内容がある

〔2〕 どこからでもアクセスできたほうがよい要素がある

〔3〕 全体の構造とブロック単位での構造を分けて考える

04 Webページを一般的な文書に置き換えてみよう

前節のサンプルWebページを一般的な文書に置き換えて、その構造を改めて確認します。普段目にしている文書の形に落とし込むと、Webページの構造がどのように形作られているかが理解しやすいでしょう。

THEME
テーマ
- ▶ Webページをテキスト文書に落とし込む
- ▶ それぞれの要素の意味を考える
- ▶ 1つの文書として構成してみよう

▶ Webページを一般的な文書にしてみよう

　インターネット上でWebが開始された背景には、データとしてのテキストに意味を与えてコンピューターが理解できるようにすること、そして遠隔地にある文書同士を参照可能にするといった目的がありました。HTMLの始まりは、大学や研究機関にある文書に印をつけることで、それぞれの文書をつなげるという目的で生まれたといっても過言ではありません。単純なテキストファイルは書かれている内容を見ても、どこが見出しでどこが本文であるかの区別はつきません。また、外部の文書を参照するとしても、その目印がどこにある文書なのかを指し示していなければ意味は伝わりません。このような欠点を補うものが、HTMLの仕組みなのです。今日のWebはかなり複雑化してしまいましたが、同じようなレポートスタイルの文書にしてみることでWebページがどのような構造になっているかが理解できるはずです。

　まずは、簡単なWebページを見ながら、普段みなさんがレポートや報告書を作るときのように、「この部分は大見出し」、「この部分は段落」、「この部分は中見出し」というようにして文書を作ってみましょう❶。Webページをブラウザで開きながらWordなどのアプリケーションを使って新規文書を作成し、サイトのタイトルを「見出し1」、本文を「段落」といった感じでその情報構造をコピー＆ペーストで作ってみたものが次のページの図です 図1 。このようにして考えれば、世の中にある一見すると複雑そうなWebサイトもその構造を理解しやすくなるのではないでしょうか。

WHY?: レポートスタイルの文書にする

みなさんがこれから学習することになるHTMLは、レポートスタイルの文書に意味を与えるというところに起源があります。現在のWebページは複雑化していますが、HTMLの基本となる考え方がわかれば、多少複雑化したWebページでも同じように考えていくことができます。HTMLの現在の最新バージョンであるHTML5は旧バージョンのものと比較して、HTMLをベースとした文書構造をより柔軟に作ることができる仕様になっています。

❶ POINT_

ここではWebページ全体を1つの文書として考えてみます。サイトのタイトルを大見出し、記事のタイトルを中見出し、そのように考えて内容を見ながら情報ブロック（内容ごとのまとまり）を見出しで区切っていけば簡単でしょう。

図1 Webページをレポートスタイルに変換

大見出し	# A Memorandum

こもりまさあき

ナビゲーション	・ HOME ・ ST2 PKGS

中見出し	**protean.cc は AWS で動いてます、の巻**

本文

東京地方は雨の土曜日、皆さんいかがお過ごしでしょうか。

突然ですが、この protean.cc のサーバは、Amazon Web Services の「EC2」というサービスで動いてます。なんとなくこの WordPress にアップロードする画像を、その AWS の「S3（シンプル・ストレージ・サービス）」に保存する仕様に変更しまして。で、せっかくなんでそれらの画像を「CloudFront（CDN サービス）」に振るようにしました。巷にはボタン一つで CDN から配信できるようにする「WP Booster」なんて便利なのがあるのは百も承知で（笑）。

自分でできることは自分でやる主義ですから…、というか、最近いろいろ AWS を触ってるのでこれぐらいはね。で、今回は「Amazon S3 for WordPress with CloudFront」ってプラグインを試してみることに（他にも W3 Total Cache なんかでもできます）。この仕組みの導入には、もちろんですが AWS に契約しておく必要があります。

で、結果としてこうなりましたの図がこちらです。

【画像省略】

そもそもこのサーバも Nginx で動くチューニングされたもので「そこまでしなくてもいいだろう（アクセスもそんなないんだから…）」って話なんですがね。一応こんな感じに変えました。

小見出し	**画像ファイルは自動で S3、配信元は CloudFront に**

本文

この WordPress の管理画面から画像をアップロードすると、自動的に S3 の指定したバケット（保存先のフォルダみたいなもの）にそれらがコピーされます。その S3 のバケットは、あらかじめ CloudFront のディストリビューションのオリジン（元データの場所）として設定しておきます。

CloudFront は一意のサブドメインが割り当てられるので（オリジナルのでも良いけど）、それをこのプラグインに設定しておけば画像の URI が CloudFront のドメインがくっついたものになる、という仕組み。アップ先は「s3.protean.cc/wp-content/〜」だけど、実際は「〜.cloudfront.net/wp-content/〜」の URI が表示されるというわけです。

PHP というか HTML はこのサーバから落ちてきますが、画像は AWS の S3 のバケットにあってリクエストがあれば CloudFront にお任せします。ネットワーク的な距離の近いサーバから配信されるので、結果的に転送速度が速くなるということです。ま、大量のアクセスとデータ量をさばかなければ全然お金がかからないので（というか、AWS はデータの作り方がコストを左右します 笑）。

ちなみにこの protean.cc ドメインも、同じ AWS の「Route 53」というサービスで管理されてます。個々のサービスを必要に応じて組み合わせて、しかもそれが簡単に使えるって便利ですよ。こないだのパッケージの話じゃないですけど。

＃こちら、ちょっと前に Amazon さんで喋った時のスライドです。参考まで。
！ Amazon S3 and CloudFront, Route 53

中見出し	【検索機能入る】

中見出し	**RECENT POSTS**

中見出し	**CATEGORIES**

中見出し	**TAG CLOUD**

コピーライト表記	Proudly powered by WordPress

前節でも見た Web ページをワードプロセッサを使って一般的な文書にしてみたものがこれだ。サイトタイトルを大見出しと考えて、ページ内の要素を文書として適切な形に見出しで区切っている。検索機能やその他の記事のリンクはメインの記事とは内容が異なるので、ここでは中見出しとして内容を区別している

SUMMARY
まとめ

〔1〕 ワードプロセッサでテキストを整形する
〔2〕 大見出しと中見出し、本文の区切りを明確にする
〔3〕 サイト全体の構造を見出しで区切ってみる

05 文書のアウトラインを考えてみよう

前節で作成したテキストをもとにして、サイトのタイトルから始まって1ページがどのような構成になるかアウトラインを作ってみます。Webページとして情報を構造化する際は内容の関係性を把握することが大事です。

THEME テーマ	▶ タイトルを大見出しとして文書を構造化する
	▶ 中見出しと段落の関係を明確に
	▶ メイン記事とそのほかの記事の関係を明確に

▶ 情報構造を明確にするためにアウトラインを作る

前節でWebページの内容を一般的なレポートスタイルの文書として書き出しました。大見出しや中見出し、段落本文として個々の要素を視覚的に差別化したことで、人間の目から見て文書の大まかな構造は把握できたと思います。今度は先ほど作成した文書をもとにして、ページ全体に含まれる情報の関係性を明確にしてみましょう。

サイトタイトルを大見出しとして、そこからスタートした文書は、 図1 のような情報構造として表すことができます。大見出しの下の段落はサイトの説明文と仮定し、ナビゲーションのブロック、中見出しから始まるメインの記事コンテンツ、検索機能、その他の記事へのリンクブロック、そしてフッターです。これらのブロックが情報の1つのまとまりとして、それぞれが独立しています。

さらに中見出しから始まるメイン記事部分は、本文の段落、小見出し、本文の段落で構成されたブロックです。当然のことながら中見出しに紐づいた内容になりますので、情報の構造（内容の関係性）的にはこの図のようになるでしょう。その他の記事へのリンクもそれぞれの見出しに付随する形でリスト項目が配置されます。

このように情報の種別や内容を区別してアウトラインを作ることで、文書の情報構造が明確になってきます。あとは、これをHTMLのタグでマークアップすれば、Webページの土台が完成します。

WHY?: 情報の関係性を明確にする

現在のWebページには、多種多様の情報が複雑に挿入されたものがほとんどです。一つひとつの情報ブロックの内容を区別して、その関係性を明確にすることで見えてくるものがあるでしょう。例としているWebページではサイトタイトルに紐づく情報として、それぞれのブロックが独立して並んでいます。いくつかのブロックはさらにその中に具体的な情報を内包している、そう考えるとわかりやすいでしょうか。

Word アウトライン
文書などの骨組み。文書中の情報の見出しなどを用いて階層構造を明確にする。

POINT_
HTMLの最新バージョンであるHTML5では、見出しのタグだけでなくブロックの区切りとしてのタグも用意されており、これまで以上に文書内の情報の区切りを明確にしたアウトラインが作成できるようになるでしょう（108ページ、Lesson3-22参照。）。

Word タグ
英語ではHTML Elementsと呼ぶことがあり、要素と訳されることもある。HTMLでは、タグを使って文書中の任意の内容に印をつける。これにより、各内容が情報構造上どういう意味があるかがわかる。タグには「属性」というオプション的な指示をつけ加えることもある（詳しくは57ページ〜、Lesson3で解説）。

Word マークアップ
印をつけること。WebページはHTMLを用いて、文書の要素に対して情報構造の意味を与えていく。その意味を与えるためにHTMLタグがあり、HTMLタグを使って内容に印をつけていく。

図1 文書のアウトライン化

（大見出し）A Memorandum

（段落）こもりまさあき

（ナビゲーション）
HOME
ST2 PKGS

（中見出し）protean.cc は AWS で動いてます、の巻

（段落）東京地方は雨の土曜日、皆さんいかがお過ごしでしょうか。
（段落）突然ですが、この protean.cc のサーバは、Amazon Web Services の「EC2」というサービスで動いてます。なんとなくこの WordPress にアップロードする画像を、その AWS の「S3（シンプル・ストレージ・サービス）」に保存する仕様に変更しまして。で、せっかくなんでそれらの画像を「CloudFront（CDN サービス）」に振るようにしました。巷にはボタン一つで CDN から配信できるようにする「WP Booster」なんて便利なのがあるのは百も承知で（笑）。
（以下、本文略）

（小見出し）画像ファイルは自動で S3、配信元は CloudFront に

（段落）この WordPress の管理画面から画像をアップロードすると、自動的に S3 の指定したバケット（保存先のフォルダみたいなもの）にそれらがコピーされます。その S3 のバケットは、あらかじめ CloudFront のディストリビューションのオリジン（元データの場所）として設定しておきます。
（以下、本文略）

（中見出し）【検索機能入る】

（中見出し）RECENT POSTS

リスト項目

（中見出し）CATEGORIES

リスト項目

（中見出し）TAG CLOUD

リスト項目

（フッター）Proudly powered by WordPress

大見出しから始まる文書の内容をその種類別に枠で囲って関係性を明示するとこのようになる。メインの記事部分とその他の記事部分は、見出し以降の内容が細分化されて区別されていると考えればよいだろう

SUMMARY
まとめ
〔1〕 大見出し以下の内容は同列に並んでいる
〔2〕 中見出しから始まる内容がさらに細分化される
〔3〕 見出し以降で内容が細かく分類できる場合がある

06 情報を多様な環境で取得しやすくすることの大切さ

WWWの根本にある考え方はこれまで何度か説明してきました。Webサイトで公開する情報が多くの環境で閲覧できるように、そして理解できるようにすることはWebデザイナーの仕事のひとつです。

THEME
テーマ

▶ 情報へのアクセスのしやすさを考える
▶ Webサイトの使い勝手をよくするには
▶ 人間とコンピューターの双方にわかりやすく

▶情報を取得しやすくするとは？

Webデザインは、見た目だけが美しければよいわけではありません。接続する環境や利用者の状態に関係なく、公平に情報が取得できるべきです。では、現在数多あるWebサイトはどうでしょうか？　一部のWebサイトは多様な環境での閲覧を想定した作りになっていますが、多くは未だに古き時代によしとされていたデザインのまま、特定の環境でしかコンテンツが閲覧できない状態であることも珍しくありません。

2011年の震災時、災害に遭われた方や帰宅困難者が携帯電話などを使って緊急時の情報を取得しようとしたのは当たり前の行動です。しかし、多くのWebサイトでは携帯電話で情報を入手することが困難な状態でした。いくつかの会社や個人によって、さまざまな環境からの情報の閲覧が可能な災害情報のサイトが立てられましたが、本来多くの方を対象とするはずのWebサイトがその役目をほとんどなしていなかったのです。

社会のインフラになりつつあるインターネットやWWWにあって、そのようなことで大丈夫でしょうか？　誰もがPCの前にいるわけでもなく、誰もが健常であるとも限りません。いま多くのWebサイトに求められているのは、見た目や技術を競うことではありません。WWWの根本にある誰もが公平に情報にアクセスできること、アクセシビリティが求められています 図1 図2 。

▶Webサイトは、わかりやすく、使いやすく

Webサイトに求められているのはアクセシビリティだけではありません。アクセスする人たちにとってのわかりやすさ、使いや

WHY?: **本来のWWWの姿を考えよう**

WWWの商用利用が解禁されてから、Webサイトは紙の置き換えであったり、動くものが楽しいといった考え方を偏重する傾向がありました。商品の告知やブランドの認知度を上げるには、見た目が美しかったり、おもしろさが求められることもあるでしょう。しかし、多くの人が利用する環境にあって、一部の利用者しか閲覧できないのは問題になることもあります。利用する人にとって大事なのは、そこにある情報であるということを認識しましょう。

Word アクセシビリティ

アクセスのしやすさ。狭義では障害などを持った方や高齢者にとっても使いやすいように、と考えられることも多いが、広義の意味でのアクセシビリティは接続環境やデバイスの差異に関係なくアクセスできるようにといった面も含まれる。

Word ユーザビリティ

使いやすさのこと。利用者が迷うことなくWebサイトを使えるようにすることも大事な要素のひとつである。

POINT_

Webサイトはいろいろな人が利用すると考えられます。Webサイトには、業界用語や略語などの難しい言葉やアルファベットなどが含まれることもありますが、訪問するすべての人が理解できると考えてはいけません。

Word クローラー

検索エンジンに蓄積するデータを収集するロボットのこと。リンクをたどって世界中の情報を収集し、検索エンジンのデータベースに蓄積している。

すさ（ユーザビリティ）も求められます。誰もが高度な教育を受けているわけではありません。言葉ひとつとっても、漢字やアルファベットを読むことが困難な方もいる❶でしょう。また、文字が小さすぎれば視力が衰えた高齢の方にとっては、文字が読みにくいということも起こりえます。

必ずしもマウスが使われるわけではなく、またデバイスをうまく扱えない人もいることを想像しましょう。リンクのテキストをわかりやすく、ボタンを大きくするなどの配慮も必要なのです。サイトの訪問者は人間だけではありません。検索エンジンのクローラーなどもアクセスしてきます。さまざまな環境から情報へアクセスしやすくあるべきなのです。

図1 ウェブアクセシビリティ基盤委員会(WAIC)のサイト

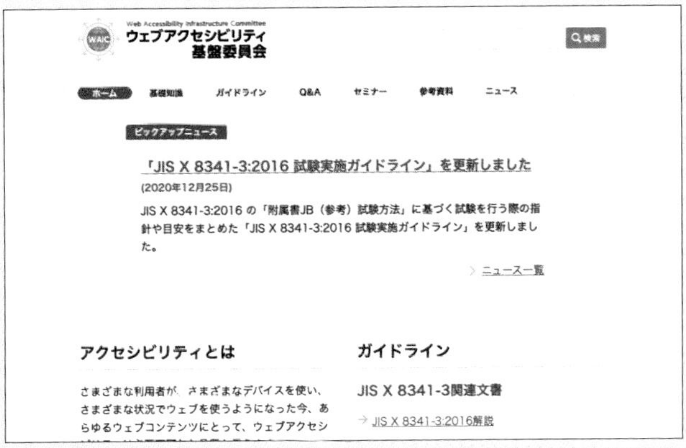

日本語によるアクセシビリティに関しては、「ウェブアクセシビリティ基盤委員会（WAIC）」を一読してみよう
https://waic.jp/

図2 Webアクセシビリティのガイドライン

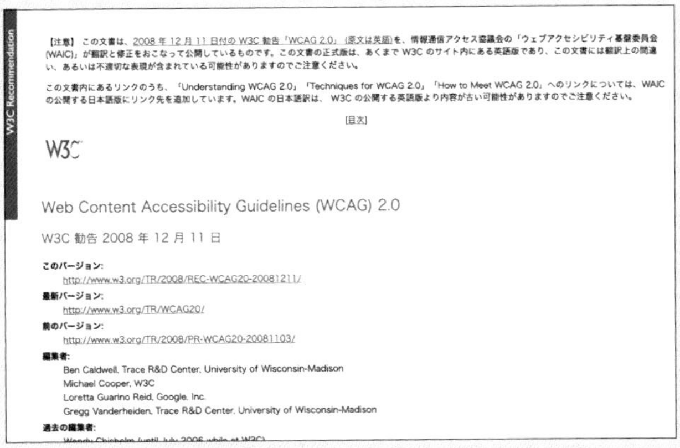

W3CのWAIが策定しているアクセシビリティ指針である「WCAG 2.0」も日本語訳が公開されている
「ウェブ・コンテンツ・アクセシビリティ・ガイドライン（WCAG）2.0」
https://waic.jp/docs/WCAG20/Overview.html

SUMMARY まとめ

(1) さまざまな状況からアクセスされることを考えよう
(2) 制作者の都合だけでなく、使いやすさを考える
(3) アクセスしてくるのは人間だけではないことを理解する

07 情報の意味を伝えるために必要なHTML

Webページをデザインすることは、そこに記載される情報を人間やコンピューターにわかりやすく伝えることでもあります。そのために、情報に意味を与えるために用いるハイパーテキストを正しく理解することが重要です。

THEME
テーマ

▶ ブラウザにきれいに表示できればよいのか？
▶ Webページに意味を与えるとはどういうこと？
▶ HTMLで情報構造上の意味を与えるには

▶ Webサイトに情報の価値を与えるのはHTML

みなさんが普段目にしているWebサイトの多くは、見た目にも華やかなものが多いでしょう。これからWeb制作の仕事をしたい方の中には、視覚的にわかりやすくデザイン・レイアウトされていればそれでよいと考える人が多いかもしれません。しかし、実際のところは見えない部分こそが大事なのです。

例えば、何かしらの身体的事由によってサイトを視覚的に閲覧することが困難だとしたら、きれいな装飾を目にすることがない❶かもしれません。視覚的な表現のみに頼ると、そういった訪問者に対して適切に情報提供できていない可能性が高くなります。残念ながらコンピューターも絵柄の内容を完全に理解するところまでは進化しているとはいえません。画像が1枚だけ置かれたものは、そこに画像があるということしかわからないのです。

これまで何度も説明してきたようにWebサイトは、誰もが環境に左右されることなく情報にアクセスすることができるメディアです。それを可能にするのがHTML（HyperText Markup Language）、ハイパーテキストとハイパーリンクの仕組みなのです。Webサイトの情報がテキストで記述されていれば、HTMLを使ってWebサイトやWebページの情報構造を示すことも、その中の内容に対して情報構造上の役目（意味）を与えることもできるというわけです 図1 。

▶ Webページのコンテンツに適切な意味を与えるとは？

HTMLには、見出し（Heading）や段落（Paragraph）といった情報の種別を示すタグ（要素ともいわれる）があり、これを用

❶ POINT_

誰もが視覚的にWebサイトを閲覧しているとは限りません。健常ではなく、視力が弱いなどの何かしらの理由でスクリーンリーダーなどを用いてアクセスしている訪問者もいるということ忘れてはいけません。色についても必ずしも健常な人が見えてるものと同じに見えない環境があることも理解しておきましょう。

WHY?: ハイパーテキストとハイパーリンク

任意のテキストにHTMLで印をつければ（マークアップすれば）そこに情報構造上の意味が生まれます。HTMLを解析して表示するWebブラウザがそれらを適切な状態で表示するため、人間にも何となく差別化した状態で意味が伝わるのです。リンクも同様。AからBという文書を参照したければ、ハイパーリンクを設定すればその文書同士に関係性が生まれます。WWWの創世記からあるハイパーテキストとハイパーリンクの存在は偉大ですね。

Word タグ

40ページ、Lesson2 05参照。詳しくは57ページ〜、Lesson3で解説。

いてテキスト文書の個々の内容に対して適切な意味を与えます。例えば「<h1> ～ </h1>」のように<h1>というタグで囲めば、その内容が大見出しであることがわかります。大見出し以外にも、テキスト中には「段落」、「箇条書き（とその項目）」、「引用文」など、さまざまな内容が含まれるでしょう。それぞれの内容に適切なタグを割り当てることで、より多くのさまざまな環境下の人、そしてコンピューターにとっても意味がわかるものになるのです。

　HTML文書は、上から順番に解析されWebブラウザに表示されます。普段は意識することがないと思いますが、視覚的なデザインやレイアウトを抜き取った状態でも、内容がわかりやすく伝わるような文書にしておかなければ、視覚的な状態を閲覧できる人以外は文書を理解できないということにもなりかねません。

図1 個々の内容に意味づけするHTML文書

```
<body class="">
  <div id="page" class="hfeed site">
    <header id="masthead" class="site-header"
role="banner">
      <hgroup>
        <h1 class="site-title"><a href="http://protean.cc/"
title="A Memorandum" rel="home">A Memorandum</a></
h1>
        <h2 class="site-description">こもりまさあき</h2>
      </hgroup>

      <nav id="site-navigation" class="main-navigation"
role="navigation">
        <h3 class="menu-toggle">Menu</h3>
        <ul>
          <li><a href="http://protean.cc/"
title="Home">Home</a></li>
          <li class="page_item page-item-2"><a href="http://
protean.cc/st2pkgs">ST2 pkgs</a></li>
        </ul>
      </nav><!-- #site-navigation -->
    </header><!-- #masthead -->

    <article id="post-98" class="">
      <header class="entry-header">
        <h1 class="entry-title">protean.ccはAWSで動いてます、
の巻</h1>
      </header><!-- .entry-header -->

      <div class="entry-content">
        <p>東京地方は雨の土曜日、皆さんいかがお過ごしでしょうか。
</p>
```

```
～（省略）～

        <h2>画像ファイルは自動でS3、配信元はCloudFrontに</h2>
        <p>このWordPressの管理画面から画像をアップロードする
と、自動的にS3の指定したバケット（保存先のフォルダみたいなも
の）にそれらがコピーされます。そのS3のバケットは、あらかじめ
CloudFrontのディストリビューションのオリジン（元データの場所）
として設定しておきます。</p>

～（省略）～

      </div><!-- .entry-content -->

    </article><!-- #post -->

～（省略）～

  </div><!-- #main .wrapper -->

  <footer id="colophon" role="contentinfo">
    <a href="http://wordpress.org/" title="Semantic
Personal Publishing Platform" rel="generator">Proudly
powered by WordPress</a>
  </footer><!-- #colophon -->

</div><!-- #page -->

<script type="text/javascript" src="http://ajax.googleapis.
com/ajax/libs/jquery/1.7.2/jquery.min.js"></script>
</script>
</body>
</html>
```

Lesson2-05 の 図1 （41 ページ）で用いたサンプルをHTMLで記述するとこのようになる（一部抜粋）。Webブラウザでの見た目上はわからないと思うが、実際にはこのようにHTMLを使って各々の内容に意味が割り当てられているのがわかるだろう

SUMMARY
まとめ

〔1〕 健常な人間ばかりがアクセスするわけではない
〔2〕 HTMLを使って任意の内容にマークアップする
〔3〕 HTMLのタグを適切に使うことで意味が与えられる

08 ワイヤーフレームを使って情報を視覚的に配置する

実際のところ単にタグでマークアップしただけではHTML文書はわかりやすいものとはいえません。ここでは、その情報を視覚的にわかりやすく伝えるための第一歩として、ワイヤーフレームを用いて情報を配置してみます。

THEME
テーマ

▶ HTMLの情報をわかりやすく伝えるためには
▶ ワイヤーフレームを使って情報の配置を決める
▶ これからの時代に必要なワイヤーフレームとは

▶ ワイヤーフレームを使って情報を配置してみる

WebページをHTMLで適切にマークアップしたとしても、視覚的なWebブラウザで表示した場合📝、それだけではお世辞にもわかりやすいとはいえません。情報は、視覚的にわかりやすくデザイン・レイアウトされることで、より意味が伝わりやすくなるともいえます。HTMLで記述された内容を視覚的にデザイン・レイアウトするにはCSSを用いますが、その前にHTML文書に含まれる情報を大まかにレイアウトしてみましょう。

Webサイトの制作過程で、あらかじめ情報のブロックの配置を決めるために「ワイヤーフレーム」と呼ばれる線画イメージを作ることがあります。ノートに落書きする程度のものから、個々の要素が整理されて描かれるものなど、人や会社によってワイヤーフレームの描き方は違います 図1。最近ではある程度色をつけてみたり、実際のサイトに含まれる内容を記載して、より詳細に描き上げる「Hi-Fiワイヤーフレーム」もあります。

ワイヤーフレームを描くための道具にも決まりはありません。それこそメモ帳のようなノートでもかまいませんし、ドットや方眼の線が入っているノートのほうが描きやすいこともあるでしょう。人によっては、iPhoneやiPadのようなスマートデバイスで描くこともありますし、デスクトップPC用のアプリケーションを利用することもあります 図2。

▶ ワイヤーフレームはどこまで描くのか

ワイヤーフレームの記述はどこまで描くものなのか?と質問されることがあります。これは前述したように、その人や会社の方

📝 **MEMO_**

Webブラウザは、視覚的に表示閲覧できるブラウザばかりではありません。音声による読み上げが可能なブラウザ、テキストだけで閲覧可能なブラウザなどがあり、利用者の環境に応じて使われるものが違うということを覚えておきましょう。

WHY?: より意味が伝わりやすくするために

視覚的なWebブラウザを使っている場合に限っていうと、Webブラウザに標準的に指定されているCSSでは情報の区切りや見出しが大きく表示されるだけで、お世辞にも情報がわかりやすく取得できるとはいえません。世の中の多くの人が視覚的なWebブラウザを使っているような現状では、その情報はCSSを使って綺麗にデザイン・レイアウトしたほうが意味も伝わりやすくなるでしょう。

Word **ワイヤーフレーム**
18ページ、Lesson1-05参照。

Word **Hi-Fiワイヤーフレーム**
従来の線画調の大ざっぱなワイヤーフレームを「Lo-Fiワイヤーフレーム」、実際のサイトの内容を入れたり色をつけたりして、クライアントにもイメージしやすくしたものを「Hi-Fiワイヤーフレーム」として区別することもある。

スマートフォン専用に最適化されたコンテンツを別に
用意するのではなく、1つのHTMLソースをベースに
しながらさまざまな技術を組み合わせて多様な環境で
の閲覧に対応できるようにする制作手法のひとつ（54
ページ、Lesson2-12 参照）。

🔔 POINT_
多様なデバイスに対してコンテンツをどのように配信す
るかで、ワイヤーフレームの数は変わります。デバイス
ごとに最適化するにしても、単一のHTMLを使ってレ
イアウトを切り替えるにしても、これまでのように1つ
の画面サイズを考えるだけでは無理があります。

針などによっても変わります。例えば、HTMLに含まれる情報の
意味やタグの名前までを書き込んで、それがどういう意味を持っ
ているかを指定しなければ作業を進められない場合もあるで
しょう。逆に、まったくその必要はなく、大まかなレイアウトだ
けで済む場合もあります。

また、今後はいろいろなデバイスを対象としたWebサイトを作
る必要が出てくるかもしれません。それがデバイスに最適化された
ものであれ、話題のレスポンシブWebデザインであれ、複数の
画面サイズを対象にしたり、固定のレイアウトでは困難な状況🔔
は現に起き始めています。こういった場合は、単一のワイヤーフレー
ムではなく、複数のワイヤーフレームを作る必要もあるでしょう。

図1 ワイヤーフレームの事例

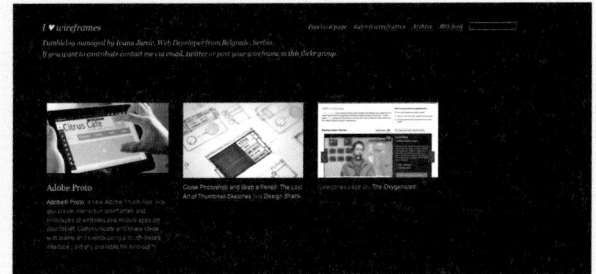

ワイヤーフレームは担当する人や会
社の仕様などで描き方はさまざま
だ。「I ♥ wireframes（https://
wireframes.tumblr.com/）」では、
そんなワイヤーフレームのサンプル
が閲覧できる

図2 さまざまなワイヤーフレーム作成ツール

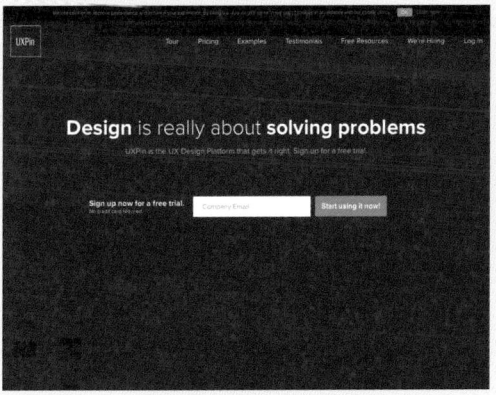
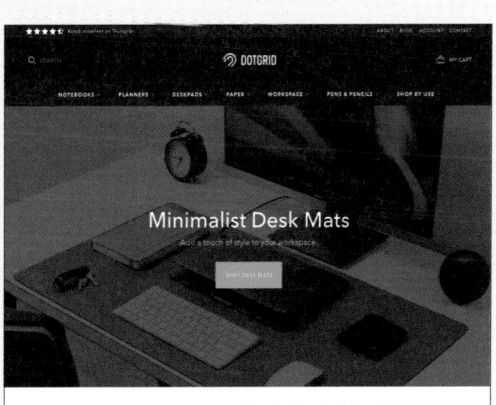

ワイヤーフレームを作成するツールは、ノートでもアプリケーションでも何でもかまわない。
そのワイヤーフレームの用途に合わせて使う道具も変わってくる
（左図は「UXPin」、右図は「Dot Grid」というツールのWebサイト）

SUMMARY
まとめ
〔1〕 情報は視覚的にうまく配置して意味をわかりやすくする
〔2〕 手描きでもアプリケーションでも好きなものを使おう
〔3〕 これからは複数のデバイスのことを考慮する

Lesson 2

09 HTMLをデザイン・レイアウトするCSS

HTMLの情報を視覚的なWebブラウザで閲覧する場合は、わかりやすくデザイン・レイアウトされた状態で表示されるに越したことはありません。HTMLの情報を装飾するには、CSSを利用します。

THEME
テーマ

▶ HTMLを視覚的にデザイン・レイアウトするには
▶ CSSの役目とその仕組みを理解しよう
▶ CSSを使ってできること、できないこと

▶ HTMLには情報構造のみ、CSSで装飾・レイアウトする

HTMLで記述されただけの情報をWebブラウザで表示しても、Webブラウザの初期設定のスタイルで表示される❶だけです。Webサイトの情報を視覚的に伝わりやすくするには、HTMLで記述された内容をデザイン・レイアウトして表示するほうがよいと考えられます。

以前は、テキストの色を変更するなどの装飾指示や情報ブロックの位置合わせのための指示を、HTML文書に直接記述することがありました。しかし、現在の標準的なWebサイト制作では、視覚的な装飾やレイアウトはCSS（カスケーディング・スタイル・シート）を利用します。HTMLには情報構造のみを記述し、CSSを使って情報の装飾やレイアウトを行うことで、制作時の生産効率はもちろん、運用時のメンテナンス性も向上するという利点があります。

以前のようにHTML文書内に直接装飾指示を記述すると、いろいろな問題が起こります。例えば、デザインやレイアウトに修正が入った場合は対象となるすべてのHTMLファイルを修正しなければなりません。しかし、CSSを用いることでデザインやレイアウトの指定をHTMLファイルとは分離して管理❷することが可能になり、該当するCSSファイルを修正すればそれが一度で反映されるという仕組みになるのです 図1 。

▶ CSSでできること、できないこと

Webサイトにおける情報を見せるための表現は、デザインやレイアウトといった側面だけを取り上げると実にいろいろなもの

---

❶ **POINT_**
WebブラウザはHTMLで記述されたページの内容を読みやすくするために、初期設定のスタイルが定義されています（詳しくは124ページ、Lesson4-03で解説）。あくまでも要素の区別をつける程度の装飾ですので、お世辞にも読みやすいとはいいがたいものでしょう。

WHY?: なぜHTMLに直接指示をしないのか？

HTML文書はもともとテキスト文書にHTMLを使って情報構造上の意味を記述したものです。多くの環境で閲覧できることを前提とするならば、そこに装飾指示は本来なくてもよいものなのです。仮に色をつけたとしても、ある特定の環境では表示されなかったりということが普通に起こりえます。昔の携帯電話などは、特定の指示を端末側の指示で置き換える機種などもあり、そのときは文字が読めないなどといった問題もありました。

❶ **POINT_**
Webサイトを制作・管理する上で、HTMLには文書の情報構造のみを記述し、CSSにはスタイルを記述するという方法はもはや常識です。HTMLにCSSを記述することもできますが、それもできれば避けたほうがよいでしょう（126ページ、Lesson4-04参照）。

があります。現在のWebブラウザがサポートしているCSSの状況を考えれば、読者のみなさんが想像するようなデザインやレイアウトはほぼ実現できるといってもよいでしょう。

　ただし、CSSだけでは不可能な表現や、一部の古いWebブラウザの対応が不十分であるためできないこともあります。例えば、Webページ内のオブジェクトをアニメーションで移動させるといったことは、最新版のCSSに対応したWebブラウザでは問題なく動作しても、古いブラウザでは動作しないこともあります。現在最新の仕様であるCSS3では、多くの新しい仕様が追加されました ◯。仕様が確定し、さまざまな表現が今以上にできるようになるまでは、WebブラウザのCSSサポート状況！をチェックすることも必要です 図2。

◯ CHECK_
200ページ、Lesson4-33 参照。

! POINT_
CSSをうまく解釈し表示できるかどうかは、すべてWebブラウザにかかっています。古くにリリースされたWebブラウザでは現状よく使われるCSSの指定も正しく解釈して表示できないものも存在します。何をサポートして何をサポートしていない、といったことを知るのは、デザインやレイアウトをする上でも大事なことです。

図1 CSSを利用するメリット

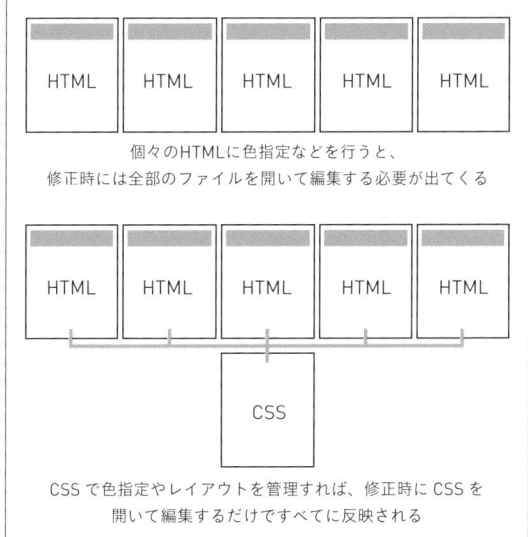

個々のHTMLに色指定などを行うと、
修正時には全部のファイルを開いて編集する必要が出てくる

CSSで色指定やレイアウトを管理すれば、修正時にCSSを
開いて編集するだけですべてに反映される

HTMLに直接色指定などの指示をしてしまうと、変更が発生した場合はすべてのHTMLを修正しなければならない。CSSでスタイルを管理すれば、そのCSSファイルだけを修正すればよくなるため、生産効率もメンテナンス効率も格段に向上する

図2 ブラウザ別の対応状況を確認できるサイト

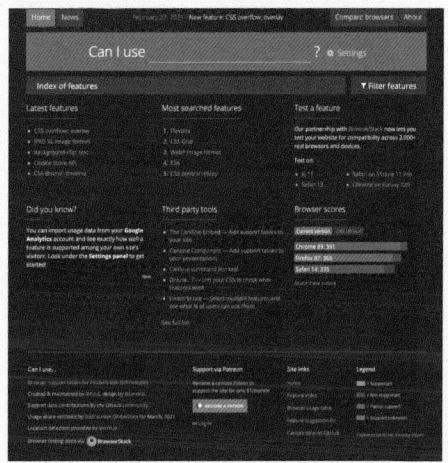

CSS3だけでなくHTML5などのサポート状況を、各ブラウザのバージョン別に調べられる
「Can I use... Support tables for HTML5, CSS3, etc」
https://caniuse.com/

SUMMARY
まとめ
〔1〕 CSSはHTMLの内容をデザインすることができる
〔2〕 CSSを使えば、生産性とメンテナンス効率が上がる
〔3〕 ときにWebブラウザの仕様に悩まされることもある

10 高度なインタラクションを 追加するJavaScript

Webサイトの情報はHTMLで記述し、デザインやレイアウトはCSSで指定することがWeb制作の基本です。
しかし、ちょっとしたインタラクションや動きなどをつけるには、もうひとつの技術を覚えておくとよいでしょう。

THEME テーマ	▶ HTMLの内容に動きをつけるにはどうする?
	▶ JavaScriptを使ってできること
	▶ スクリプトを覚えるのが苦手な場合には

▶ Webページの要素に動きをつけるJavaScript

　最近のWebサイトでは、ボタンを押すと非表示になっていた内容が表示されたり、ページを遷移することなく内容が別のものに置き換わるといった仕掛けが装備されていたりします。こういった仕掛けを追加しているのは、JavaScriptと呼ばれるスクリプト言語です。

　JavaScriptの誕生は古く、静的なHTML🖉ではできないことをWebブラウザ内で実現できるということで注目を集めましたが、登場からしばらくの間はブラウザベンダーが個々に異なる仕様を実装するなどの問題も起こりました。2000年代に入って、JavaScriptもまた本来の用途が改めて見直され、使い方を含めて変化しました。現在ではWebブラウザ間での互換性もある程度は向上し、Webページに含まれる要素をDOM (Document Object Model)を介して操作するといったことが可能❶になっています。JavaScriptを使えば、Webページにある任意の要素をクリックすると非表示のメニューが表示されるような動きや、操作に対する反応を返すといったインタラクティブなコンテンツを作ることができるのです 図1 。

▶ JavaScriptを覚えるのは大変か

　JavaScriptは、クライアントであるWebブラウザ、サーバーであるWebサーバーでも動作するスクリプト言語です。HTMLやCSSのような比較的簡単な言語とは異なり、多少なりともプログラムを組むという考えを持っていなければすぐに理解することは難しいでしょう。幸い初心者向けの解説書も多くあり、比較

WHY?: なぜJavaScriptで行うの?

HTMLに記述された内容を表示・非表示で切り替えることは、CSSでも実現可能です。ただし、スライドしながら表示されるといったことは以前のCSSでは実現できず、最新のCSS3を使えば実現可能だったりします。多くのWebブラウザをサポートしながらこのような表現を実装しようとすれば、JavaScriptを使ったほうが互換性の面からも簡単といえます。適材適所で使い分けることが必要です。

📝 *MEMO_*

HTMLだけで記述されたページをWebブラウザで表示しても、そこでは何か動きが発生することはありません。例えば、日付や時間を記述しても、記述された内容のままで変化することはありません。このようなHTMLを「静的なHTML」と表現します。動的なHTMLとはPHPやJavaScriptなどを用いて内容そのものが変化するものを指します。

❶ *POINT_*

Webサイトのユーザビリティを考えると、JavaScriptがなくても、必要最低限の情報はHTMLで閲覧できるようにした上でインタラクションを付与する、もしくはJavaScriptが主体となるWebサイトであればその旨を明記するといった配慮が必要です。

Word DOM

Document Object Modelの略。HTMLやXMLの文書内のデータを操作するためのAPI (Application Programing Interface)。これを用いることで文書内の要素の表示状態を変更したりといったことが可能になる。

商用のソフトウェアやアプリケーションのようにソースコードを内部に保持するのではなく、インターネット上に広く公開して開発されるソフトウェアなどの総称。それぞれに適用されたライセンスの範囲内で改良や再配布が可能になっている。

Word ライブラリ

特定の操作をするための機能などを、1つのプログラムとしてまとめられたソフトウェアなどのこと。特定のソフトウェアのプラグインのような形で配布されるものなどが多い。

Word フレームワーク

ライブラリとは異なり、1つの開発工程全体が、それひとつで行えるようにまとめられたアプリケーションやソフトウェアのこと。何かを作るための土台となるひな形のようなものであり、最低限必要な機能が一式揃っているものが多い。

Word jQuery

有名なJavaScriptのフレームワーク。HTML中でこのJavaScriptを読み込むことで、複雑なコードを記述することなくページ内の要素を簡単に操作したり、プラグインを使ってその機能を拡張したりすることができる。

的容易に学習できます。ただし、プログラムという性質上、エラーを引き起こす場合もありますし、ときにはそれがセキュリティホールになってしまうことも考えられます。誰でも手軽に学習できる反面、その世界は奥深いものであるという認識を持って取り組みましょう。

Webサイトでよく見るような簡単な動きであれば、オープンソースで公開されているJavaScriptのライブラリやフレームワークで実現することもできます。有名なJavaScriptのフレームワークに「jQuery」があり、これを用いたWebサイトのカスタマイズは日常的に行われています 図2 。まずはjQueryから始めてJavaScriptに慣れてみるのもひとつの方法です。

BOOK GUIDE

確かな力が身につくJavaScript「超」入門 第2版

JavaScriptの入門書。サンプルをひとつずつ作っていくことで、知識を身につけるだけではなく、制作現場で活用できる応用的・実践的な使い方を習得できる。
DATA：狩野祐東（著）／定価2,728円
ISBN:978-4-8156-0157-7 ／ SBクリエイティブ

図1 JavaScriptを利用したサイト事例

その登場時には世界中が驚いた「Google マップ」。これもJavaScriptを使って実装されている
https://maps.google.co.jp/

図2 JavaScriptのフレームワーク「jQuery」

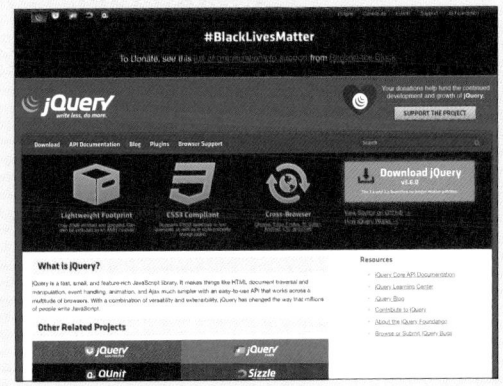

jQueryは、世界中のWeb制作者が利用するJavaScriptフレームワーク。これをベースにしてプラグインと呼ばれるスクリプトを使ってWebサイトにインタラクションを加えることも多い
https://jquery.com/

SUMMARY
まとめ

〔1〕 JavaScriptを使えば内容を操作することができる
〔2〕 文書内の要素の表示状態を切り替えたりできる
〔3〕 jQueryのようなフレームワークを使ってみる

11 これからのWebサイト設計

Webデザインを行う上では、Webサイトを通してクライアントのビジネス目的や訪問者の目的を達成しなければなりません。これからのWebサイトはどのような形になるかを考えてみましょう。

THEME
テーマ

▶ これからのWebはどう設計するべきか?
▶ デバイスの多様化に対応するには
▶ 変わっていくWebサイトの設計・実装方法

▶ Webサイトの現在とこれからのWWW

Lesson1-09 (28ページ) で、Webデザインは多様化するデバイスを前提にしたものに変化するだろうと説明しました。視覚的デザインについては、多様なデバイスに対していかにコンテンツを見せるか、また使いやすくするかということを考えなければならなくなるでしょう。Webデザインが表面だけを見ていればよい時代は終わりを迎えようとしています。HTMLやCSS、JavaScriptといった技術を使うことに変わりはありませんが、それらの使い方も時代の流れやコンテンツの性質の変化によって、また新たな手法や考え方が生まれています。

Webサイトが見るものから使うものへと変わり始め、Webアプリケーションのような性格を強め始めている現在、単純にWebサイトを構築して公開するだけでは難しくなってきます。そこにはJavaScriptの知識やサーバーサイドの仕組みを理解することが求められてきているのです。もちろんすべてをひとりでまかなうことができない場合も多いため、専門の人と協業するという方法も考えるべきでしょう。専門知識がある人との協業も含めて、Webサイトを設計・制作する上では、さまざまな技術に対する理解や知識の習得も必要になっているのです。

▶ Webサイトの設計はときに大きく変化する

コンテンツの内容や性質、その目的によっても変わることはもちろんですが、技術の進化に応じてWebサイトの設計と実装の手法がどんどん変わってきているということを実感します。HTML5やCSS3の登場、クライアントサイドとサーバーサイド

WHY?: Webサイトの実装手法の変化

従来の技術ではできなかったことは、その設計や実装技法を変えることによって実現可能になることもありますし、そうなるように新しい技術が開発されたりするものです。静的なWebサイトでも同じで、これまでのコンテンツのHTMLを書いてCSSでデザインするという流れはCMSに置き換わりました。現在はさらに進化したテンプレートシステムを用いた開発技法も登場しています。Webサイトの設計と実装技法は、その目的によって使い分けましょう。

Word CMS
「Content Management System」の略。Webサイトのコンテンツを管理するための仕組み。有名なものに「Movable Type」や「WordPress」などがある。

の双方で動作するJavaScriptのフレームワークなど新しい技術が出てきていますし、デバイスが多様化し回線状況が不安定な環境に対してコンテンツをうまく配信する手法などが次々に登場しています 図1 ～ 図4 。

　これまではWebオーサリングのソフトウェアだけで作ることができたWebサイトは、サーバーサイドの仕組みを使ってデータをやり取りするようになりました。さらに現在ではスマートフォンで閲覧する機会が増えてきたため、「リアルタイムにデータを簡潔にやり取りしたい」、「オフラインでも閲覧したい ！ 」といった要望も出てきます。「何を成し遂げるか」、「何を提供するか」を考えてそれに最適な手法を選択して組み合わせる、そんなWebサイト設計をしなければならない時代になりつつあるといえます。

POINT_
スマートフォンで閲覧する場合は、電波状況が悪くて操作ができないことがしばしば起きますが、これがオフラインでも利用できたら便利です。新しい技術を採り入れることで、これまでにない使い勝手を提供できることもあるのです。

図1 Bootstrap

Webデザイナーやプログラマーの間でも人気の「Bootstrap」は、あらかじめ用意されたテンプレート化された仕組みを元にWeb サイトが作れるフレームワーク
https://getbootstrap.jp/

図2 Node.js

JavaScriptのランタイムエンジンである「Node.js」は、クライアントサイドとサーバーサイドの双方で動作するという特徴がある。制作ツールの一部としても利用される機会が多い
https://nodejs.org/

図3 Chrome Experiments
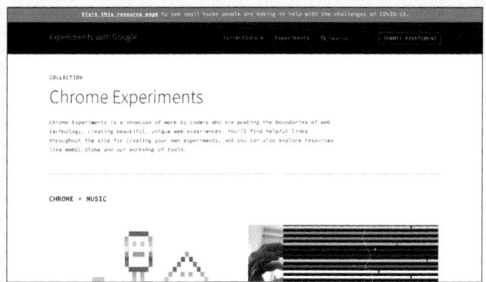
「Chrome Experiments」では、最新のHTML5などの技術を使ったさまざまな表現が実験的に公開されている
https://www.chromeexperiments.com/

図4 ToDoMVC

「ToDoMVC」では、さまざまなJavaScriptフレームワークを使ったシングルページアプリケーションの実装例が公開されている
https://todomvc.com/

**SUMMARY
まとめ**
〔1〕 Webサイトは複数の技術を組み合わせて作る時代に
〔2〕 異なる環境に対して適切に配信する仕組みを作る
〔3〕 最新の技術を採り入れてより便利なものに

12 レスポンシブWebデザインとは

Webサイトを閲覧し情報を取得する環境は多様化の一途をたどっています。コンテンツ配信はさまざまなデバイスに対応可能な形を採ることが増えています。これを一般にレスポンシブWebデザインと呼んでいます。

THEME
テーマ

▶ レスポンシブWebデザインの基本を知る
▶ 1ソースマルチユースの考え方
▶ 制作する際の注意点

▶ レスポンシブWebデザインの基本

スマートフォンやタブレットデバイスの普及で、コンテンツ配信の形もすっかり様変わりしました。2010年代初め頃まではPCで閲覧するサイトと携帯電話で閲覧するサイトを別々に作る流れも見受けられましたが、コンテンツをそれぞれのデバイス向けに再編集して配信する方法はあまりに非効率であり、またデバイス間で取得できる情報に差異が生まれがちです。「デバイスや閲覧環境を限定せずに公平に情報が取得できる」というWWWの基本理念に立ち返れば、デバイスを限定することなくできるだけ多くの環境で同じように情報を閲覧できるほうがよいでしょう。そこで生まれたのが「レスポンシブWebデザイン」という考え方です。

日本では、レスポンシブWebデザインが単にPCやタブレット、スマートフォンでWebサイトの見た目のレイアウトを切り替える手法のように扱われますが、レスポンシブWebデザインはそこだけの話にとどまるわけではありません。基本となるHTMLソースをさまざまなデバイスに適応させる手法であるものの、サイトを閲覧する利用者のデバイスや状況に合わせて表示される内容が異なることもあります。ボタンの形状や実装方法からページの構成要素やレイアウトにいたるまで、さまざまなデバイスに適応させることを考えて設計する必要があります。レスポンシブWebデザインの登場によって、Webデザインの考え方が変わったともいえるでしょう 図1 。

*MEMO_*

日本では2000年代前半に携帯電話（フィーチャーフォン）によるコンテンツ配信が始まり、欧米に先駆けてテキストメッセージ以外の情報をインターネットから取得することが可能でした。そのため、PC用サイトと携帯電話用サイトを別々に作るもの、といった流れが生まれ、それをスマートデバイスの登場以後も引きずっていたようです。

WHY?: 表示内容や配信方法も含めて考える

一部のコンテンツがPCでは表示され、スマートフォンでは表示されない、といった処理をCSSのプロパティだけで表示／非表示を切り替えるのであっては、実際に配信されるデータはそれぞれ同じものであるわけですから、それでは効率的な配信方法とはいえません。より複雑なレスポンシブWebデザインでは、HTMLとCSS、JavaScriptだけでなく、配信するバックエンドの仕組みも含めて考えなければならないこともあります。

図1　レスポンシブWebデザインの事例

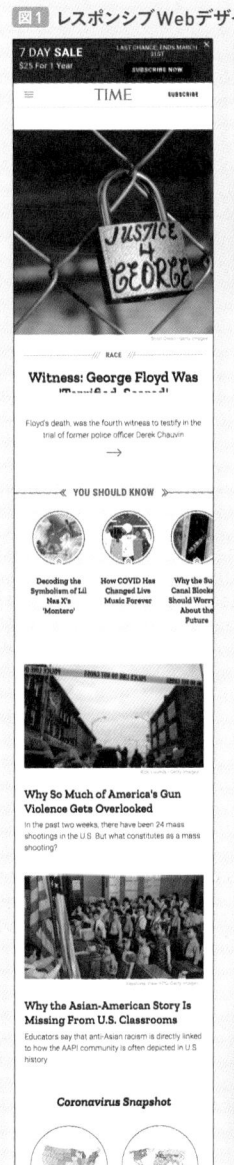

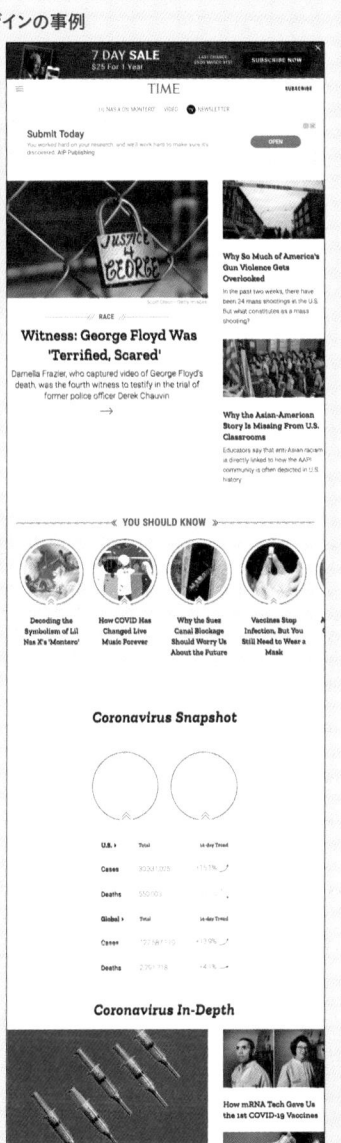
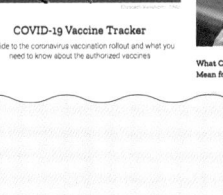

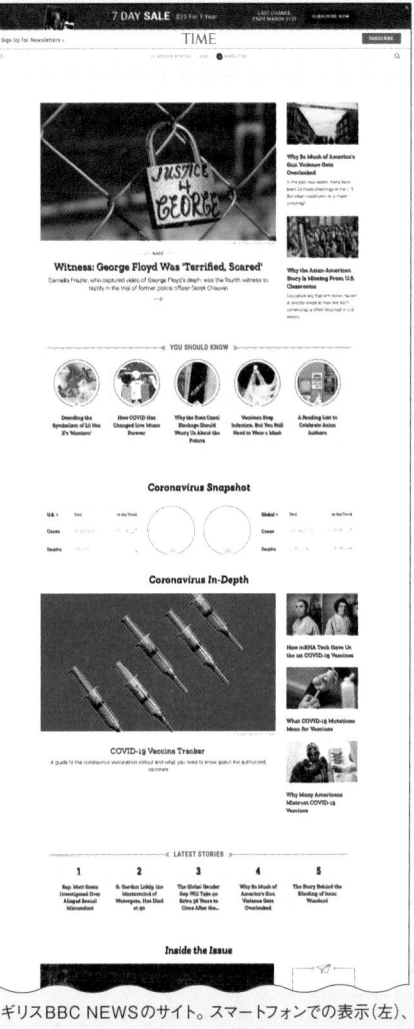

イギリスBBC NEWSのサイト。スマートフォンでの表示（左）、タブレットでの表示（中央）、PCでの表示。このように大量のデータが含まれるようなサイトでもレスポンシブWebデザインは採用されている
https://www.bbc.com/news/

55

▶ レスポンシブ Web デザインを実装するには

　さまざまなデバイスを対象にコンテンツを配信するには、例えば代表的な閲覧環境である PC やタブレット、スマートフォンでコンテンツがどのように表示されるかを考えることになります。従来のように PC 向けの Web サイトだけをデザインしていた考え方では、スマートフォンのような縦長のサイズの小さいディスプレイでの見た目を考慮することは難しいものです。PC 向けにデザインされた Web サイトをレスポンシブ Web 化するやり方では、大量のデータや複雑なコンテンツ構成をスマートフォン向けに最適化することは困難です。

　特に最近では PC の利用率は減少し、タブレットやスマートフォンによる閲覧が増えているのが現状です。Web デザインももはやモバイルなどの利用環境をベースにして、「モバイル環境→デスクトップ環境」の順番で考えるような時代になっています。

　ワイヤーフレームなどを書く場合も同じです 図2 。従来のように PC を中心に考えてスマートデバイスに落としていくのではなく、同じ画面上で異なるデバイスサイズを同時に考えると無理な実装にはなりにくいと考えられます。実際にコーディングをする段階では、スマートデバイス用の CSS を基準にして、メディアクエリーによる切り替えで PC 向けの CSS を追加するのがよいでしょう。

BOOK GUIDE

UIデザインの教科書[新版]
マルチデバイス時代の
インターフェース設計

ユーザーインターフェース（UI）デザインの基本的な考え方から、ハードウェア／ソフトウェアによる物理的な制約、具体的にデザインを形にする方法などを体系的に解説している。

DATA：
原田秀司（著）
定価 2,618 円
ISBN978-4-7981-5545-6
翔泳社

Word メディアクエリー

Web ページを閲覧するデバイスの種類、幅や高さ、向き、ディスプレイ解像度などのデバイス特性に応じてコンテンツを切り替える CSS の機能。

図2 Illustrator を使ったワイヤーフレームの作例

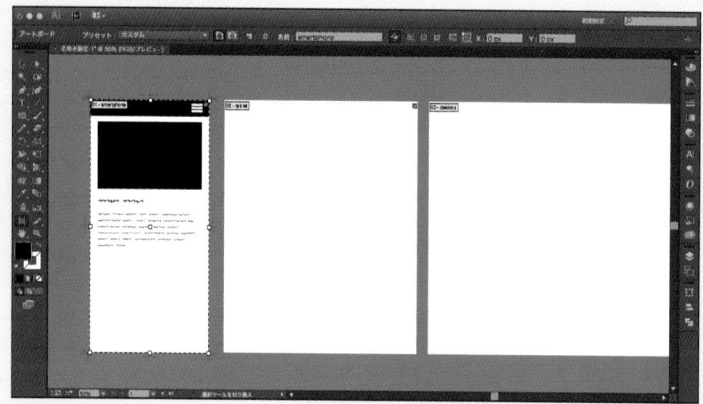

ワイヤーフレームを考える段階でも、すでに従来のように PC ベースで考えるというわけにはいかない。さまざまな環境を想定したサイトを考えるのであれば、Illustrator や Sketch、最新版の Photoshop にもあるアートボードを使うと作業がスムーズだ

SUMMARY
まとめ

〔1〕　レスポンシブ Web デザインはレイアウト切り替えの手法ではない
〔2〕　さまざまな閲覧環境に柔軟に対応するには、従来の考え方からの脱却が必要
〔3〕　利用環境の変化を踏まえ、モバイルから PC の順番で考える

3
―
Lesson

HTMLの役割と
できること

テキストの情報に、コンピューターにも理解できる
意味をつけていくのがHTMLです。
Webサイトを作る技術、HTMLについて
学んでいきましょう。

Lesson 3

01 HTMLとはどんなもの？

HTMLは、Webサイト制作においてWebデザイナーが必ず習得しなければならない技術です。ここでは、そもそもHTMLとはどういったものなのかや、現在よく使われているバージョンなどについて説明します。

THEME テーマ	▶ HTMLについて理解しよう
	▶ HTMLファイル同士のつながり
	▶ 現在よく使用されるバージョン

▶ HTMLの役割

HTML（エイチティーエムエル）はWebサイトのページを作成するのに使われるマークアップ言語で、Webデザイナーが必ず習得しなければならない技術です。HTMLは「HyperText Markup Language」の頭文字をとったもので、インターネットにおける技術の標準化を進める団体W3Cによって、1997年に策定されました。HyperText（ハイパーテキスト）は「〜を超える文章」という意味で、「通常のテキストにはない機能を備えたテキスト」であることを表しています。このハイパーテキスト同士のつながりをハイパーリンク（いわゆるリンク）といいます 図1 。

先ほど、HTMLはマークアップ言語であると説明しましたが、マークアップとは文章に目印をつけることを表します。通常のテキストデータのままでは、コンピューターはどこが見出しでどこ

WHY?: 文章にマークアップをする

Webサイト制作におけるマークアップ（markup）は、テキストデータに対して意味づけを行うことをいいます。要素（タグ）と呼ばれるコードを記述し、見出し、段落、表組み、箇条書きなど、「このテキストはどんな意味を持っているか」を明示していくものです。マークアップをすることにより、コンピューターが文書の情報構造を理解できるようになります（44ページ、Lesson 2-07参照）。

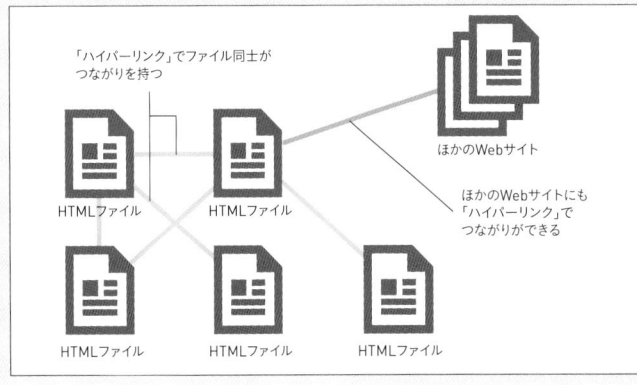

図1 HTMLファイルを結ぶハイパーリンク

「ハイパーリンク」でファイル同士がつながりを持つ

ほかのWebサイト

ほかのWebサイトにも「ハイパーリンク」でつながりができる

HTMLファイル

HTMLファイル

HTMLファイル

HTMLファイル

HTMLファイル

HTMLファイルは、ファイル同士が「ハイパーリンク」としてつながる。同じWebサイト内のページ間や、ほかのWebサイトに対してもリンクでつながりができる

が段落なのかなど、テキストデータの中身（意味）を理解できません。そこで、コンピューターが意味を読み取れるよう、マークアップによって文章の役割や働きをマーキングしておくのです。

▶ HTMLの種類とバージョン

執筆時点（2021年3月）での最新バージョンは、W3Cにより2017年に勧告された「HTML 5.2」です。HTMLは時代に合わせて進化を重ねており、今後も時間をかけながら新たなバージョンが策定されていきます。Web制作の現場では「Webアプリケーションを構築する際のベースである」、「スマートフォンのブラウザではデフォルトで採用される」などの理由からHTML 5.2を標準採用するケースがほとんどです。「.2」はHTML5のマイナーバージョンであり、そのバージョンによって使用のルールが多少異なるものの、基本的な使い方はほぼ変わらないため、Web制作の現場では細かなバージョンで厳密で区分はせずに、総称としては「HTML5」と扱われることが多いです 図2。

HTML5が浸透する以前は「HTML 4.01」「XHTML 1.0」が主流でした。XHTML 1.0は、HTMLをベースにしてXMLに適合するように定義し直したものです。これらのHTMLを採用しているWebサイトはいまも数多く存在します。Web制作の現場では旧バージョンのHTMLに手を加えることもあります。必ずしもすべてのバージョンに精通する必要はありませんが、最新版と比べると廃止や役割が変わったタグなどが存在します。旧来のバージョンについても、ある程度存在を知っておきましょう。

図2 HTMLのバージョン

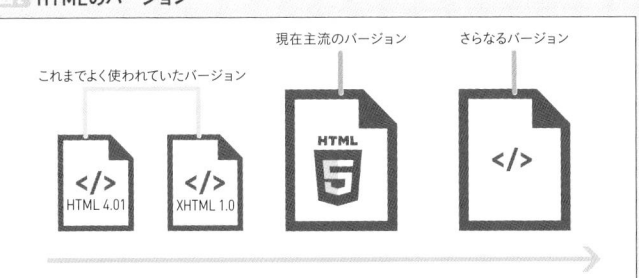

HTMLはどれを採用しても間違いではないが、現在よく使われているものや時代に合ったものを使用するとよい

SUMMARY まとめ
〔1〕HTMLはファイル同士が「ハイパーリンク」としてつながる
〔2〕マークアップは文章に対して意味づけを行うこと
〔3〕現在、主流のバージョンはHTML5

02 テキスト情報に意味を与える マークアップ

Webサイトはテキスト情報を中心に構成されています。テキスト情報に正しい意味づけを行うことが「マークアップ」です。マークアップすることで情報が分類され、コンピューターが情報の意味を理解できるようになります。

THEME テーマ	▶ **Webサイトはテキスト情報でできている**
	▶ **情報には必ずマークアップが必要**
	▶ **マークアップで得られる効果**

▶ テキスト情報はコンピューターにどう見えるか

　Webサイトはテキスト情報を主体に構成されています。テキストのほかにも画像、動画など、いろいろな情報が用いられますが、これらすべての情報には「要素（タグ）」を使って意味を与える必要があります ● 。要素（タグ）で個々の情報に意味づけを行うことを「マークアップする」といいます。

　テキスト情報に意味を与えるとは具体的にどんなことを指すか、料理のレシピを例に見ていきます 図1 。レシピの中のテキスト情報は人間が見れば、単語・文章や改行の状態から、個々の情報が何を意味しているのかを理解できます。しかし、コンピューターから見た状態は 図2 のようになります。情報に意味づけを行っていない状態では、コンピューターは情報の分類はもとより

Word 要素（タグ）
40ページ、Lesson2-05 参照。

CHECK_
44ページ、Lesson2-07 参照。

図1 意味づけを行っていない状態のテキスト

```
豆腐のみそ汁
手早く簡単に調理、定番みそ汁の材料は以下です。
材料（2人分）
豆腐1/2 丁
油揚げ1/2 枚
白ネギ1/2 本
だし汁・400 ml
みそ・大さじ2
お好みでワカメやしじみを入れると、さらにおいしくなります。
```

図2 意味づけを行っていないテキストをコンピューターから見た状態

```
豆腐のみそ汁 手早く簡単に調理、定番みそ汁の材料は以下です。 材料（2人分）豆腐1/2 丁 油揚げ1/2 枚 白ネギ1/2 本 だし汁・400 ml みそ ・大さじ2 お好みでワカメやしじみを入れると、さらにおいしくなります。
```

改行位置も理解できないため、平坦なひと続きのテキストとして扱います。情報に見出し、説明文章、リスト、追加説明文章、といったような適切な意味づけ❶を行うと 図3 のようになります。この状態ではじめて、コンピューターにも意味が理解できる情報となりました。

　マークアップを行うと情報に意味を与えると同時に、Webブラウザが本来持っているスタイルでテキストが表示されるため、文字のサイズや行間にメリハリが生まれます。CSSによる装飾のないHTMLの状態は、人間にとっても情報の構造がわかりやすい表現（画面表示）となります❷。

▶ 情報に意味を与える重要性

　コンピューターが理解できる正しい意味づけの有無は、検索エンジンの解釈にも影響があります（一般的にいうSEO）。検索エンジンもコンピューターの一種だからです。

　Webページの文章の中に、特に重要なフレーズや検索エンジンにアピールしたい言葉がある場合、それを意識した意味づけを行う必要があります。例えば「レシピ」という言葉が重要なWebサイトでは、見出しや強調したい文章に「レシピ」を適切に交えるとよいでしょう。キーワードを必要以上に多用したり過剰な表現を用いず、作り手側が正しい形で適切に使用することが重要になります。しっかりと意味づけを行ったWebサイトは、そのままで十分質の高いコンテンツといえるのです。

❶ POINT_

テキスト情報に意味を与える際に、用いる要素（タグ）として当てはまりそうなものが数種類あり、どれを使用すべきか迷うケースがあります。例えば料理の材料と分量の場合、「表組み」と「リスト」、どちらを使うか迷うところですが、必ずしもこれが正解というものはありません。更新の利便性やWebサイト全体の方針などを考慮して、よりよいほうを採用しましょう。

Word スタイル

style. 様式、型などの意味。Webデザインの場合には大きさ、色、レイアウトなどの装飾・デザインに関する記述をスタイルと呼ぶ。見出しを例にすると、見出しの大きさ（文字サイズ）や見出しの文字色がスタイルとなり、CSSに見出しのスタイルを記述することを「見出しにスタイルを指定する（適用する）」といった言い方をする。

WHY?: CSSによる装飾のないHTML

HTMLは文書の構造を表現するのが基本です。HTMLを記述したファイルに対して、通常はCSSを使用して装飾やレイアウトを施しますが、CSSを適用しない状態でも情報の分類がひと目でわかるようマークアップされているのが、質の高いHTMLといえます。

❷ CHECK_

詳しくは124ページ、Lesson4-03で解説。

Word SEO

Search Engine Optimizationの略で、検索エンジン最適化のことを表す。特定の検索キーワードを設定し、検索結果でより上位に表示されるように、Webページを最適化することや、そのための手法をいう。

図3 見出し、段落、箇条書きと意味づけを行った状態

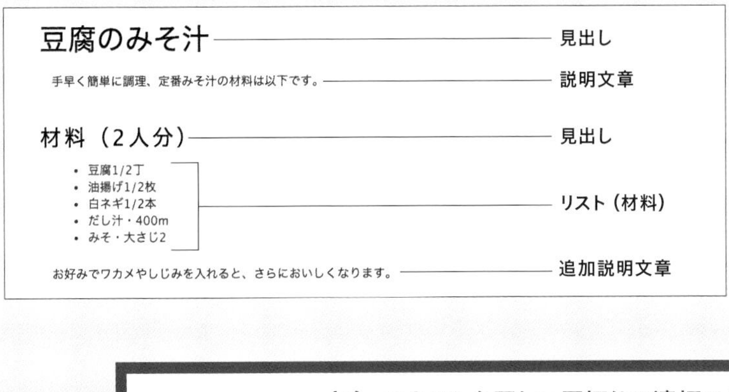

```
豆腐のみそ汁 ──────────── 見出し
手早く簡単に調理、定番みそ汁の材料は以下です。──── 説明文章

材料（2人分）──────────── 見出し
 ・豆腐1/2丁
 ・油揚げ1/2枚
 ・白ネギ1/2本 ──────────── リスト（材料）
 ・だし汁・400m
 ・みそ・大さじ2
お好みでワカメやしじみを入れると、さらにおいしくなります。── 追加説明文章
```

SUMMARY まとめ

〔1〕 テキストを正しい区切りで適切に意味づけする
〔2〕 意味づけはコンピューターだけでなく人間にとっても有効
〔3〕 CSSを適用しなくても情報の構造が理解しやすいマークアップを心がける

03 HTMLファイルを Webブラウザで表示してみよう

Webページは拡張子が「.html」とついたテキストファイル（HTMLファイル）の形式で作成します。でき上がるまでにはHTMLファイルを作成する過程と、Webブラウザで表示を確認する過程があります。

THEME
テーマ

▶ Webページ用のHTMLファイルを作成する
▶ どんなアプリケーションを使って作るのか
▶ Webブラウザで表示を確認するには

▶ Webページはテキストエディタで作成する

Webページはテキストファイルでできています。通常のテキスト文書は「○○○.txt」のようにファイル名と拡張子「.txt」で作成しますが、Webページは「○○○.html」のように拡張子が「.html」（HTMLファイル）の形式で作成します。txtもhtmlもファイルの中身は同じテキストデータです。

Webページの作成には、どんなテキストエディタを使ってもかまいません。Mac標準の「テキストエディット」や、Windowsではワードパッドでも作成できますし、無料で基本機能が充実しているテキストエディタ「Brackets」、「Visual Studio Code」、

Word 拡張子
ファイル名の末尾につく「.txt」のような文字列。コンピューターはこの拡張子を読み取り、どのような種類のファイルなのか、識別する。

Word テキストエディタ
24ページ、Lesson1-08参照。

図1 テキストエディタで記述したシンプルなコード

```
<html>
<head>
<title>シンプルなコード</title>
</head>

<body>
Hello, World!
</body>
</html>
```

WHY?: HTMLファイルの中身は？

Webページはテキストファイル・テキストデータで構成されています。HTMLファイルを作成するということは、作業としては「テキストを入力する」という行為ですので、本来は文字入力さえできれば、OS標準搭載のエディタを含め、アプリケーションはどれを選んで使用してもかまいません。

ただ、Web制作の現場ではWebページ作成に特化した機能や使い勝手の問題もあり、「Dreamweaver」、「Visual Studio Code」などの高機能なアプリケーションがよく利用されます。

Word ドラッグアンドドロップ

「ドラッグ」は、マウスの左ボタンを押しながらマウスを移動すること。「ドロップ」は、ドラッグの移動先で左ボタンを離すこと。これら2つの一連の操作を「ドラッグアンドドロップ」という。

POINT

Webブラウザにはさまざまな種類がありますが（14ページ、Lesson1-03参照）、URLを入力するアドレスバーにHTMLファイルのアイコンをドラッグアンドドロップすると、HTMLを表示することが可能です。同様に、ブラウザの表示画面部分にドラッグアンドドロップしてもHTMLを表示できます（ただし、Safariの場合、ブラウザの初期表示画面にドラッグすると、HTMLは表示されずにブックマーク登録されます）。

Webサイト作成専用の高機能エディタ「Dreamweaver」などがあります。それぞれ機能の充実度や価格、作業効率に違いはありますが、「Webページを作る」目的で使えば、どのテキストエディタを用いても最終的な到達点は同じです。

▶ HTMLファイルをWebブラウザで確認する

Webページ（HTMLファイル）はHTMLのソースコードを記述したあと、Webブラウザで必ず表示状態を確認しましょう。表示した状態に問題があれば、HTMLファイルの修正を行い、再びWebブラウザで表示を確認して……という流れを繰り返して完成します。

作成したシンプルなWebページ 図1 を、Webブラウザで確認してみましょう。確認する方法は2つあります。1つ目はWebブラウザの「ファイル」メニューから「ファイルを開く...」を選ぶ方法です。これはコンピューターに保存したHTMLファイルの場所を指定して開きます。2つ目は、さらに簡単にWebブラウザで確認する方法、ドラッグアンドドロップです。コンピューターに保存したHTMLファイルのアイコンをブラウザのアドレスバーにドラッグアンドドロップ ❶ 図2 してみましょう。記述したテキストが表示されました。

図2 ブラウザにHTMLファイルをドラッグすると表示される

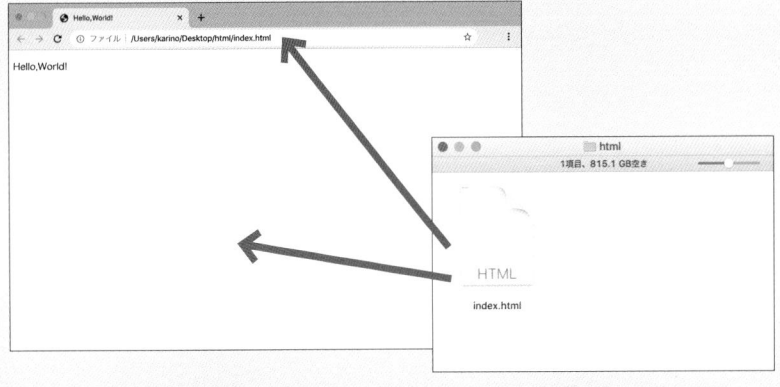

ブラウザによって挙動が異なるが、ブラウザウィンドウのアドレスバーや表示領域にHTMLのファイルアイコンをドラッグすると表示される

SUMMARY まとめ

〔1〕 Webページはどんなテキストエディタでも作成できる
〔2〕 HTMLファイルの拡張子は「.html」をつける
〔3〕 ブラウザで確認する際は、ドラッグアンドドロップが便利

04 要素（タグ）と属性の違い

HTMLファイルは意味づけ（マークアップ）されたテキスト情報で構成されていると述べてきました。テキスト情報に意味をつける・マークアップするとは、具体的にどんなことを指すのかを、見ていきましょう。

THEME テーマ	▷ 要素の基本と役割
	▷ タグのルール
	▷ 要素（タグ）と属性の基本的な書き方

▷ 要素の始まりと終わりを示すのがタグ

Webページは意味づけ（マークアップ）されたテキスト情報で構成されています。マークアップするということは、テキスト内の個々の文章を「ここからここまでは○○」、「ここからここまでは△△」というように、内容に応じた意味をつけながら区切ることといえます。

意味によって区切られた文章のひと固まりを「要素」と呼びます。「タグ」は各要素の始まりと終わりの目印になるものです。「開始タグ、内容、終了タグ」のセットが要素になります ✓ 図1 。

📝 MEMO_
ただし、一部の例外として「空（から）要素」と呼ばれる、終了タグを持たないタグがあります。空要素は、HTMLでは終了タグを記述せず、XHTMLでは<タグ />のように、開始タグの中に半角スペース＋半角スラッシュで終了させます。

図1 要素の構成

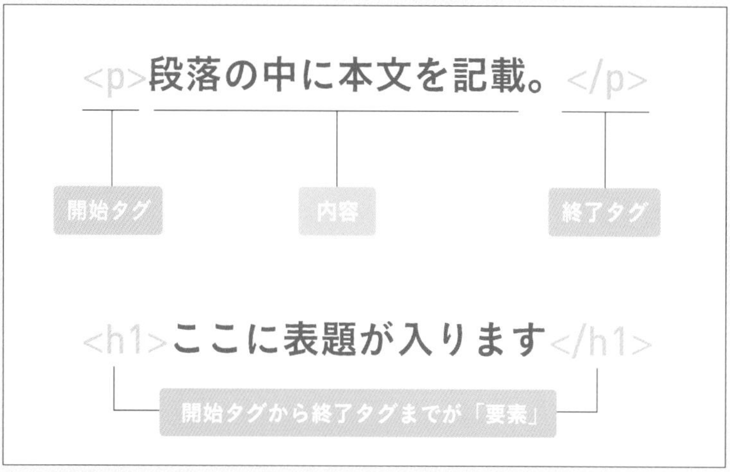

```
<p>段落の中に本文を記載。</p>
```
開始タグ　　　内容　　　終了タグ

```
<h1>ここに表題が入ります</h1>
```
開始タグから終了タグまでが「要素」

要素は「開始タグ・内容・終了タグ」の3つで構成されている。
この図の場合は<p>から</p>まで、<h1>から</h1>がそれぞれ1つの要素になる

開始タグ、終了タグなどHTMLの中に記述するソース
コードは、内容となるテキスト部分を除き、すべて半
角で入力します。**表1** の例でいうと、<p>と</p>、
<h1>と</h1>で挟んでいる内容部分は全角でも半
角でも問題ありませんが、タグ部分はすべて半角でな
ければ、コンピューターに正しいソースコードと認識
されません。

WHY?: HTMLのタグは入れ子構造にする

HTMLの中身はたくさんのタグで構成されます
が、空（から）要素を除き、すべて入れ子状態で
記述していきます。入れ子構造が崩れた記述の
仕方はHTMLの文法的には間違ったもので、テ
キストの意味づけも壊れてしまいます。ブラウ
ザの表示も崩れてしまうことがあるので注意し
ましょう。開始タグと終了タグは常にセットであ
り、大きな箱の中に小さな箱がいくつかある状
態をイメージするとよいでしょう。

● MEMO_
<h1>タグはWebページの大見出し、またはWebサ
イト全体のタイトルを示します。<p>タグは段落を示
します（詳しくは76ページ、Lesson3-09以降で解説）。

HTMLの基本的な書き方のルールは「<タグ>ここにテキストが
入ります</タグ>」のように、文章をここからここまでと範囲指定
しながら、内容に応じた開始タグ・終了タグで区切ることです❶。

また、HTMLのタグは入れ子構造にするという書き方の規則
があります。例えば、<タグ1><タグ2><タグ3>の順で始まっ
た場合、</タグ3></タグ2></タグ1>の順番で終わらせていく
ように、必ず入れ子状態で閉じなければなりません。

▶ タグに性質を与える属性

HTMLファイルで頻繁に使うタグには、<h1>、<p>❷、
<ul>、<img>、<a>などがあります。これらの個々のタグに対
して「特定の性質」を与えるものが「属性」です。

属性は、タグに対して必ずつけなければならないものではなく、
オプションのような扱いでタグの中に追記していくものです。基
本的な書き方は「<タグ 属性名="値">」のようになり、属性の手
前は半角スペースを入れて区切ります。例えば、ハイパーリンク
のタグを「<a href="リンク先">」と記述した場合、「a」がタグ、
「href」が属性、「リンク先」が値となります。また、属性は複数
記述することができます **表2**。タグによって使用できる属性の種
類は決められているので、事前に確認しておきましょう。

図2 タグと属性の関係

属性はタグの中に複数書くことができ、いろいろな性質を与える

SUMMARY
まとめ

【1】 要素とは意味に応じたタグで区切られたもの

【2】 タグは入れ子構造で記述していくのがルール

【3】 属性はタグに特定の性質を与えるもの

05 HTMLの基本構造

Webページはプログラム言語の一種である「HTML」を使って記述します。HTMLの構造は大枠で、コンピューターが読み取る<head>部分と、コンピューターと人間が読み取る<body>部分に分けられます。

THEME テーマ	▶ HTMLの基本構造を理解する
	▶ HTMLの基本的な書き方は？
	▶ head要素とbody要素の違い

▶ HTMLの基本的な構造

HTMLは開始タグ<html>で始まり、終了タグ</html>で終わる構造になっています。その中に「head要素」と「body要素」を記述するのが大枠の構造です❶。要素を箱に例えると、<html>という大きな箱の中に、<head>と<body>という役割の違う、少し小さな2つの箱があるようなイメージです 図1 。

head要素の多くはコンピューターだけが読み取る情報です。文書のタイトル、キーワード、ページ説明を記述したり、文字コードの種類を定義したりします。head要素に記述する内容の多くはブラウザに表示されません。直接表示に影響しないものもあることから軽視されがちですが、Webページを形成する上で欠かせないものが格納された非常に重要なエリアです。

一方、body要素の大半は人間が目にする部分です。body要素にはテキストや画像など、ブラウザのメイン部分に表示されるさまざまな内容を記述しますが、このエリアに表示したい内容をただやみくもに書けばいいというわけではありません。見出しと段落、メイン部分とナビゲーションなど、適切な順序などを考えて記述しなければいけません 図2 。body要素では書き方の順序や構成が特に重要となってきます。人間にもコンピューターにも理解しやすいよう配慮して記述することが大切です。

❶ POINT
HTMLは書き方のルールが比較的シンプルなので、JavaScriptなどの言語に比べると習得しやすいといえます。

Word 文字コード
Webページで使用するテキストには、「文字コード」と呼ばれるいくつかの種類がある。日本語の文字コードには「UTF-8」、「Shift_JIS」、「EUC」などがあるが、Web制作の現場でよく使用されるのは「UTF-8」（210ページ、Lesson5-03 参照）。

WHY?: 人の目に見えない部分への配慮
head要素に書かれたコードは、通常の状態ではブラウザに表示されないため、表示状態を実際に目で確認することはできません。そのため、head要素内の情報は意味や効果を軽視されがちですが、どれも必要な情報です。こうした直接目に触れない部分の細かい記述にもしっかり配慮することが、良質なWebサイト作成につながるといえます。

図1 HTMLの構造の大枠

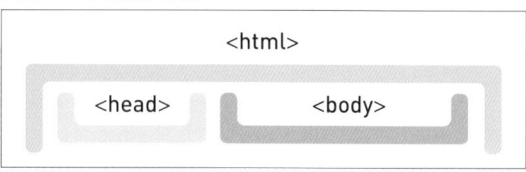

大枠で<head>と<body>に分けられ、<body>にはWebページに表示される内容が入る

図2 HTMLの基本構造

```
<html>
    <head>
        <title>ここにページのタイトルが入ります</title>
        <meta name="author" content="サイト運営者">
        <meta name="Description" content="ページ説明">
        <meta name="Keywords" content="キーワード1,キーワード2,キーワード3,キーワード4">
        <script src="javascript.js"></script>
        <link href="style.css" rel="stylesheet">
    </head>
    <body>
        <div>
            <header>
                <h1>サイト名</h1>
            </header>
            <nav>
                <ul><li>ナビゲーション1</li><li>ナビゲーション2</li></ul>
            </nav>
            <main>
                <article>
                    <section>
                        <h1>ここにはタイトルが入ります</h1>
                        <p>ここは段落です。文章が入ります。ここは段落です。</p>
                        <h2>ここにはタイトルが入ります</h2>
                        <p>ここは段落です。文章が入ります。ここは段落です。</p>
                    </section>
                </article>
                <article>
                    <section>
                        <h1>ここにはタイトルが入ります</h1>
                        <p>ここは段落です。文章が入ります。ここは段落です。</p>
                    </section>
                </article>
                <aside>
                    <h1>ここにはタイトルが入ります</h1>
                    <ul><li>リスト項目</li><li>リスト項目</li><li>リスト項目</li></ul>
                </aside>
            </main>
            <footer>
                <p>ここはフッターです</p>
            </footer>
        </div>
    </body>
</html>
```

HTML文書では<html> ～ </html>で挟まれた中に、head要素（<head> ～ </head>）とbody要素（<body> ～ </body>）を記述する。body部分にはやみくもに情報を記述するのではなく、内容の順序や構成を考えて記述していく

SUMMARY
まとめ

〔1〕 HTML文書の基本構造は大枠で<html>、<head>、<body>から成り立っている

〔2〕 コンピューターに向けた情報がhead要素、人間も目にするのがbody要素

06 head要素とbody要素の違い

前節で、HTMLは大枠でhead要素とbody要素に分かれて構成されていることを解説しました。head要素とbody要素にはどのような違いがあるのか、それぞれの役割を詳しく見ていきましょう。

THEME
テーマ

▶ head要素とbody要素の役割
▶ head要素に入れる情報
▶ body要素に入れる情報

▶ head要素とbody要素、それぞれの役割

前節でも解説したように、head要素には主にコンピューターが読み取る情報が、body要素には人間とコンピューターが読み取る情報が納められています 。2つの大きな違いは「情報が視覚化されるかどうか」にあります。

head要素の中に入るのは、「この文書はどのような文書か」をコンピューターに伝えるための情報です。Webサイトの文字コードやWebページ特有のキーワードなど、さまざまな情報が入りますが、通常<title> 〜 </title>で指定された内容以外は人間の目には見えません。しかし、人に見えないからといって情報を省略したりせず、コンピューターがきちんと理解できるよう正確に記述する必要があります。

WHY?: 視覚化されない情報も重要

人の目に見えるのは通常body要素の情報だけですが、コンピューターはhead要素、body要素の両方を読み取ります。人間の目に触れるbody要素のほうが重要視されがちですが、head要素とbody要素に優劣はありません。どちらも大切で、それぞれ重要な役割があるのです。

Word 文字コード
66ページ、Lesson3-05 参照。

図1 HTMLの基本構造

図2 HTMLファイルをWebブラウザで表示した例

head要素はページタイトル以外は表示されず、body要素の中身はすべて表示される

一方、body要素の中の情報は大半がWebブラウザに表示され、人間の目に触れるものです 図2 図3 。単に文字列や画像を羅列して表示するのではなく、マークアップすることで「情報の意味が視覚化」され、人の目で見てわかる形で表示されます。例えば、<h1>タグでマークアップされたテキストはブラウザ上では大きく太い文字で表示されるので、それが「重要度の高い情報」だと視覚的にわかります。

▶ head要素に入れるべき情報、body要素に入れるべき情報

head要素には、文書のメタデータを記述していきます。代表的な要素には「meta要素」、「title要素」、「link要素」、「style要素」、「script要素」、「base要素」などがあり、これらはすべてhead要素の中に記述します（ただし、style要素とscript要素だけはbody要素にも記述することができます）。

body要素には、ブラウザに表示され人間が見るテキスト情報が、各要素（タグ）でマークアップされた状態で入ります。代表的な要素には、見出しを表すh1〜h6要素、段落を表すp要素、リストを表すul要素・ol要素・dl要素、表組みを表すtable要素などがあり、これらはbody要素の中にしか記述できません。さらに、body要素の中に入る各要素のほとんどは、CSSで装飾することができます。個々の要素については追って詳しく解説していきます。

Word メタデータ（metadata）
「データについてのデータ」の意味。データそのものではなく、そのデータ（文書）に関連する情報、例えば作成者、データの形式、文書タイトル、文書の説明、関連キーワードなどを指す。コンピューターが文書に関する情報を読み取るために利用する。

図3 図2 で表示しているHTMLファイルのソースコード

```
<!DOCTYPE html>
<html lang="ja">
<head>
<meta charset="UTF-8">
<title>Natural Dining｜農家直送のおいしい有機野菜の
カフェごはん</title>
<meta name="description" content="農家直送のおいしい有機野菜の
カフェごはん「Natural Dining」の公式ホームページです。">
</head>
<body>
<h1>Natural Dining</h1>
<p>農家直送のおいしい有機野菜をふんだんに使った、カフェごはんを
提供しています。</p>
<dl>
```

```
<dt>Natural Dining</dt>
<dd>宮城県仙台市青葉区本町1-11-14</dd>
<dd>TEL:050-5305-5500</dd>
<dt>オープン時間</dt>
<dd>11:00-14:00 Lunch Time</dd>
<dd>14:00-17:00 Cafe Time</dd>
<dd>17:00-21:00 Dinner Time</dd>
<dt>定休日</dt>
<dd>毎週火曜日・年末年始・お盆休み</dd>
</dl>
</body>
</html>
```
body
要素

SUMMARY まとめ

〔1〕 head要素はコンピューターが読み取る部分
〔2〕 head要素には文書のあらゆる情報が記載されている
〔3〕 body要素はWebブラウザが表示する部分

07 head要素の中に入る要素

head要素の中に入る情報のほとんどはWebブラウザには表示されませんが、コンピューターが読み取るための非常に重要なものです。head要素の中にどういった情報が記述されるかを具体的に見ていきます。

THEME
テーマ
▶ **head要素でよく使われる要素と使い方**
▶ **Webページの仕様をコンピューターに伝える要素**
▶ **外部のファイルを読み込ませる要素**

▶ ページの説明や著者などを記述するmeta要素

head要素の中には、そのWebページがどんな文書かをコンピューターに伝えるための情報（要素）が入ります。入れるべき情報はある程度決まっていますが、厳密には個々のWebページの内容によって異なります。よく使われる要素と使い方を見ていきましょう。

head要素に入る要素のうち、Webページの仕様を伝えるのが「meta要素」です。meta要素にはそのページの説明やキーワードなどを、各属性を使って記述します。meta要素の属性とその値はたくさんありますが、必ずしもそのすべてを入れるわけではありません。Webサイトはページごとに仕様が異なるため、それぞれのページに合ったmeta要素と属性を入れます。通常は、文字コード（charset）、説明文（description）を入れ、必要に応じて❶ほかの属性と値も入れます。主な属性の記述方法を次に記します。

❶ POINT_
このほかによく使われるmeta要素の属性としては、robots（検索エンジンのクローラーの動作制御）や、**図1** の記述例にもあるSNS連携する際の表示画像（OGP）に関する属性があります。

図1 head要素の記述例

```
<head>
<meta charset="UTF-8">            文字コードの指定は、title 要素など日本語が使われる前に記述
<title>Natural Dining｜農家直送のおいしい有機野菜のカフェごはん</title>
<meta name="description" content="農家直送のおいしい有機野菜のカフェごはん「Natural Dining」の公式ホームページです。">
<meta property="og:url" content="https://www.example.com/">
<meta property="og:type" content="website">
<meta property="og:title" content="Natural Dining">
<meta property="og:description" content="農家直送のおいしい有機野菜のカフェごはん「Natural Dining」の公式ホームページです。">
<meta property="og:site_name" content="Natural Dining">
<meta property="og:image" content="https://www.example.com/images/og-img.png">
</head>                                                        この文書に関するメタ情報
```

head要素の中に入れる要素。すべてを網羅する必要はなく、そのページごとに必要なものを入れる

文字コードは日本語の場合、主に「UTF-8」、「Shift_JIS」、「EUC-JP」のいずれかを使いますが、最近はUTF-8が主流です。文字コードを正しく設定することで、ブラウザ表示時の文字化け防止にもなります。HTML5で文字コードを指定する場合、meta要素に「charset属性」を使用して<meta charset="UTF-8">のように記述します。この文字コードの指定は、<title>～</title>タグの中など、日本語が入る要素より前に記述します。

次に、文書に関する「メタデータ」を指定します。meta要素の「name属性」で名前を定義し、「content属性」でその値を指定します。例えば、<meta name="description" content="農家直送のおいしい有機野菜の～">のように使い、この場合のname属性値"description"は「文書の説明」を意味しており、content属性の値には文書の内容を簡単にまとめた概要文を記述します。

このほかによく使われるname属性の値には、SNSと連携するための「property」、スマートフォン表示に最適化する「viewport」などがあります。

▷ **ページタイトルを伝えるtitle要素**

「title要素」はWebページのタイトルを入れる要素で、1つのページ（HTML）に対して一度だけ記述するものです。<title>～</title>の中に記述したテキストが、そのページのタイトルとなります。一般的なWebブラウザでは、ブラウザのタイトルバーやタブにtitle要素の内容が表示されます。title要素は検索エンジンの検索結果のタイトルに使われるほか、Webブラウザの「お気に入り」や「ブックマーク」のタイトル部分にも使われ

図2 タイトルのWebブラウザでの表示例

一般的なブラウザでは、タイトルバーやタブにタイトルが表示される

ます。タイトルの長さやわかりやすさなど、内容には特に配慮し
たい要素です。

▶ **外部のファイルの場所を示すlink要素**

「link要素」は、そのWebページに関連したHTMLファイル、
CSSファイル、RSSファイルなど、外部ファイルへのリンクを示
すために使用します。link要素には「rel属性」と「href属性」が
必須です。

rel属性はリンク先の外部ファイルに対する関連性を示す属性
で、href属性は外部ファイルのURLを示すものです。例えば、
<link rel="next" href="/about/akama.html">と記述した場
合、そのWebページの「次のページ ("next")」が "/about/
akama.html" (「about」フォルダの中にある「akama.html」)
であることを示しています。rel属性の種類は、ほかに「start (開
始ページ)」、「prev (前のページ)」、「contents (目次)」、「index
(索引)」などがあります。外部ファイルを使って特別何かをする
わけではなく、あくまで関連性を示すために記述します 図3 図4 。

一方、link要素はCSSファイルを参照するときにも使います
😊。その場合は<link rel="stylesheet" href="style.css">の
ように記述します。この記述は定型で、link要素に必ずrel属性
とhref属性をつけ、rel属性の値には「stylesheet」、href属性
の値にはHTMLから参照するCSSのファイル名を記述するルール

Word RSS(アールエスエス)
Webサイトの情報を配信するために使用するファ
イル形式のひとつ。RSSには、更新した内容につ
いて簡単にまとめたものを記述する。「RDF site
summary」、「Rich Site Summary」、「really
simple syndication」の略称で、それぞれ規格が異
なり、記述方法や用途も違う。

● CHECK_
詳しくは126ページ、Lesson4-04で解説。

図3 **主なrel属性の値と示す内容**

rel属性の値	記述している HTML ファイルから見て示す内容	rel属性の値	記述している HTML ファイルから見て示す内容 (続き)
index	索引にあたる HTML ファイル	glossary	用語集の HTML ファイル
contents	目次にあたる HTML ファイル	copyright	著作権に関する記述のある HTML ファイル
next	次の HTML ファイル	help	ヘルプにあたる HTML ファイル
prev	前の HTML ファイル	bookmark	リンク集にあたる HTML ファイル
start	一連の HTML ファイルの中で最初の HTML ファイル		
alternate	代わりとなる HTML ファイル		
hreflang	翻訳版の HTML ファイル		
made	制作者の連絡先		
chapter	章にあたる HTML ファイル		
section	節にあたる HTML ファイル		
subsection	項にあたる HTML ファイル		
appendix	付録にあたる HTML ファイル		

rel属性はすべてを記述するわけではなく、必要に応じて採用する

です。「rel="stylesheet"」と記述した場合、これまで説明した
link要素とは性質が異なり、外部のCSSファイルを参照した上で、
さらにそのHTMLに参照先のCSSファイルが適用されます
図5。

▶ そのほかのよく使われる要素

そのほかよく使用される要素に「base要素」、「script要素」、
「style要素」があります。

base要素は文書の基準となるURLを指定するもので、href
属性でURLを指定します。例えば、<base href="https://
www.mdn.co.jp/recipe/">とした場合、recipeディレクトリ
が文書内のリンク基準URLとなります。

script要素はWebページの中にJavaScriptを書き込んだり、
外部のJavaScriptファイルを読み込む際に使用します。外部の
JavaScriptを読み込む場合、「src属性」を使用して<script
type="text/javascript" src="javascript.js"></script>のよ
うに記述します。

style要素はWebページの中にスタイルシートを書き込む場合
に使用します。CSSを適用する際、link要素が外部のスタイルシー
トファイルを参照するのに対し、style要素はWebページ（HTML
ファイル）にCSSを直接記述する場合に使用します。

Word ディレクトリ

コンピューター上のデータを分類・整理するための階層構造（ツリー構造）の概念。Webサイト制作では、HTMLやCSSなどのデータはファイルとして適切なフォルダに格納する。それをサーバー上にアップロードしてWebブラウザで表示した場合、URL上ではフォルダを「/」（半角スラッシュ）で区切った階層構造で表示される。

POINT

style要素を使ってCSSを記述した場合、そのWebページにだけ効果が適用されます。外部のファイルを読み込む必要がないので一見手軽に感じられますが、Webサイトのページ数が多くなると、各ページのstyle要素の中に個別にCSSを書いている状態のため、メンテナンス効率の低下につながります。そのような場合は、link要素でCSSを外部ファイルとして読み込むほうが適切といえます。

図4 link要素にrel属性を使って関連性を示す

```
<link rel="contents" title="目次" href="index.html">

<link rel="prev" title="前のページ" href="02.html">

<link rel="next" title="次のページ" href="04.html">
```

図5 link要素でCSSファイルを読み込む

```
<link rel="stylesheet" href="css/style.css">
```

「rel="stylesheet"」とした場合、それ以外の場合と性質が異なり、外部のCSSファイルを参照し、さらに参照元（リンク元）ページに指定したCSSファイルを適用させる

SUMMARY
まとめ

〔1〕 meta要素はページの説明などWebページの仕様を伝える

〔2〕 title要素は長さや表記を考慮する

〔3〕 link要素は外部の関連ファイルを示すほか、CSSを参照させるために使用する

Lesson 3

08 body要素内の構造と要素の性質の違い

body要素の中で使われる要素にはさまざまなものがあります。個々の要素が持つ意味を解説する前に、ブロックレベル、インラインというそれぞれの要素が初期状態で持っている性質の違いを理解しましょう。

THEME
テーマ
▶ body要素内の構造をイメージする
▶ インラインとブロックレベルの性質の違い
▶ HTML5の要素の分類

▶ブロックレベルとインラインとは

HTMLのbody要素の中には、さまざまな要素を階層化して記述していきます。こうした要素の親子関係では、その要素の中に含められるもの・含められないものといったルールがはっきりと決まっています。

HTML 4.01などの旧来のHTMLでは要素が「ブロックレベル要素」、「インライン要素」、「例外要素」の3種類に分類されていました。ブロックレベル要素として分類されていたものは、情報が1つの固まり（ブロック）として扱われ、Webブラウザで表示した際、自動的に横幅が左右いっぱいに広がり上下（要素の前後）に改行が入る仕様です。これらの要素を連続して記述すると、ブラウザではブロックを縦に積んだように表示されます。一方、

WHY?: body要素の中もタグの階層で構成される

HTMLの中にはたくさんのタグ（要素）が記述され、タグが入れ子になった状態で構成されると述べました（65ページ、Lesson3-04参照）。body要素の内側も要素の中に要素があり、またその中に要素が含まれる階層構造になっています。body要素という大きな箱の中に、さらに大小複数の箱が入っているようなイメージです。この関係を親子関係に例えて、親要素、子要素、孫要素と表現されます。例えばbody要素の中にul要素があり、さらにその中にli 要素があった場合、ul 要素から見てbody要素が親要素、li要素が子要素という関係になります。こうした階層構造のルールをW3CによるHTML5の仕様では「コンテンツモデル」と呼んでいます。

図1 ブロックレベルとインラインの性質

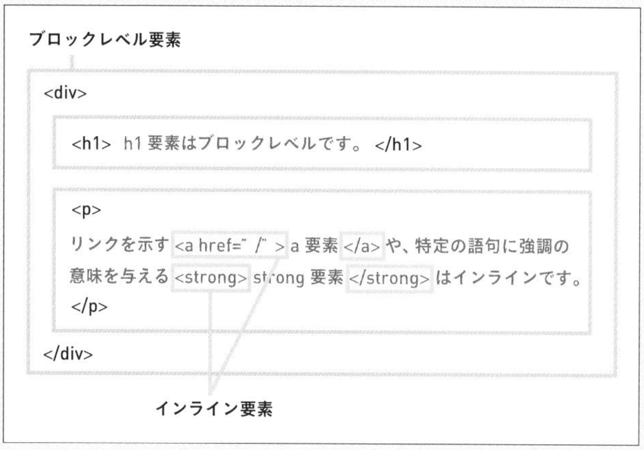

図2 ブロックレベルとインラインの表示の違い

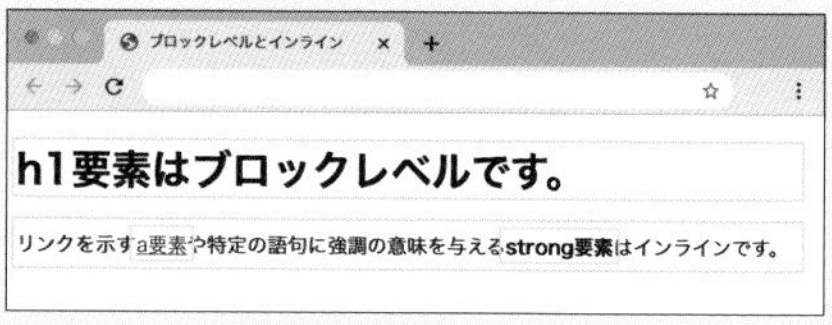

ブロックレベルは左右幅や改行の情報を持ち、インラインはそれらの情報を持っていない

HTML 4.01まで、インラインとして扱われる要素は、ブロックレベルで扱われる要素の中に記述されていた

74　Lesson 3-08_ body要素内の構造と要素の性質の違い

ブロックレベル要素の内側に記述し、文中の一部分だけに適用したり画像を入れたりとピンポイントで使用するものがインライン要素として分類されていました。インライン要素は左右幅や改行の情報を含まないため、連続して記述すると横に並んで表示されます 図1 図2 。

HTML5ではブロックレベル要素、インライン要素という分類はなくなりましたが、個々の要素が初期状態でブロックレベル、インラインの性質を持っていることに変わりはありません。

▶ HTML5の要素の分類

HTML5では、要素は 図3 のような7つのカテゴリに分類されています ✓ 。個々の要素の基本的な使い方は従来のHTMLとほぼ変わりはないため、ページ内の情報の役割を意識して正しく構造化すれば、きちんとしたHTMLが書き上がるはずです。

HTML5ではほぼすべての要素がフローコンテンツに分類されます。フローコンテンツはbody要素内に直接配置できる要素のことです。以前のHTMLでは、strong要素などのインライン扱いの要素はbody要素の直下に記述することはせず、p要素などブロックレベルの中に記述していました。HTML5では、strong要素はbody要素の子要素として直下に配置できます ❶ 。

また、HTML5ではセクショニングコンテンツが新しく加わった ❷ ことにより、テキストに対してより厳密な意味づけを行うことができるようになりました。

MEMO_
HTML 4.01でインライン要素として扱われていたものは、ほぼ「フレージングコンテンツ」に該当しますが、ブロックレベル要素に該当するカテゴリはありません。

POINT_
HTML5でも従来からある要素の親子関係のルールに変わりがないものもあります。「li要素はul要素の子要素でなければいけない」などのルールには変わりありません。table要素、ul要素、ol要素、dl要素などはそれぞれ関連する要素をセットで扱います。特定の要素に内包できる要素を確認するには以下のWebサイトが便利です。該当する要素をクリックすると、その要素を基準に親要素として指定できる要素・子要素として指定できる要素を確認できます。
HTML5 入れ子チートシート｜吉川ウェブ
http://yoshikawaweb.com/element/

CHECK_
110ページ、Lesson3-23 参照。

図3 HTML5の要素の分類

```
┌─────────────────────────────────────────────┐
│              フローコンテンツ                  │
│         （配置場所が限定されていない要素）         │
│                                               │
│  インタラクティブコンテンツ                      │
│    （対話型の要素）          ヘッディングコンテンツ  │
│                              （見出し要素）      │
│         フレージングコンテンツ                   │
│          （インライン要素）                      │
│                                               │
│ メタデータコンテンツ エンベッディッドコンテンツ      │
│  （文書情報の要素） （メディアの組み込み要素）       │
│                   セクショニングコンテンツ        │
│                    （文書構造化の要素）           │
└─────────────────────────────────────────────┘
```

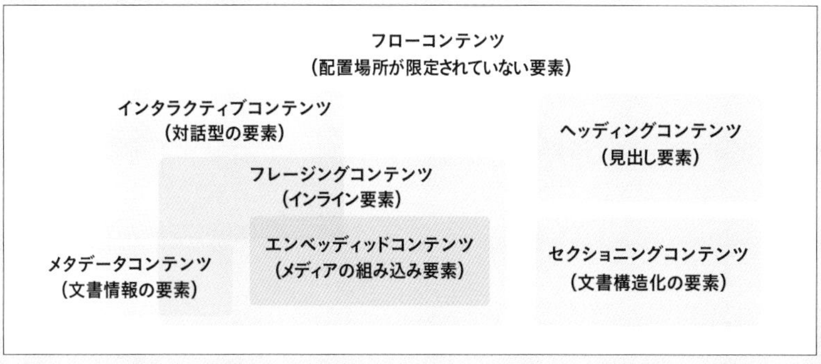

インライン、ブロックレベルの区分はなくなり、大半の要素がフローコンテンツに分類されるため、body要素内に直接配置できる

SUMMARY まとめ

〔1〕 body要素内にもさまざまな要素を階層化して記述していく
〔2〕 HTML 4.01からHTML5になり要素の分類が変わった
〔3〕 個々の要素はブロックレベル、インラインの性質を持っている

09 見出しを表すh要素と段落を意味するp要素

文章が連続する本文の中で、h要素は情報ブロックの「見出し」になる要素、p要素は「段落」として使われるものです。それぞれを適切に使うことで、本文の中で「見出し」とそれに続く「段落」の関係が成り立ちます。

THEME
テーマ

▶ h要素の使いどころを理解する
▶ <h2>以降のh要素はどのように使い分けるのか
▶ 段落がどんなものかを理解する

▷ **h要素を適切に使い分ける**

「h要素」はWebサイト全体の表題（タイトル）や、文章の見出しに対して使う要素です。h要素のタグには<h1>から<h6>まで6つあり、hに続く数字が大きくなるほど見出しのレベル（単位）は小さくなり、大見出し・中見出し・小見出しのように使われます。

h1からh6まであるh要素のなかでも<h1>タグ（h1要素）は、Webサイト全体の総合的な主題（テーマ、タイトル）や、個々のWebページの主題になるものをマークアップする、最も重要な意味を持つものです。h1要素を見れば、そのWebサイトやページの主題がひと目でわかります。逆にいえばh1要素は、人間に

Word h要素

見出しを意味する要素。h要素の「h」は「heading」（ヘディング）の略で、「見出し」の意味。<h1>～<h6>まであり、h1要素はWebサイトのタイトルを表す場合に使う。

図1 見出しのレベル（h要素）の順番

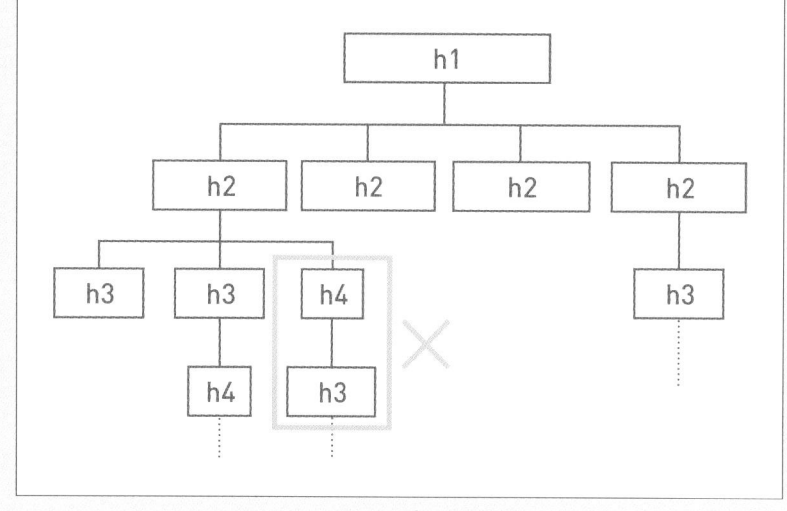

<h1>から<h6>まで順番に、情報の階層を意識して設定しよう。<h3>の上位に<h4>がきたり、<h3>の次に<h5>がきたりなど、見出しレベルの順番を逆にしたり、飛ばしたりするのは間違った使い方になる

Word p要素

p要素の「p」は「paragraph」(パラグラフ)の略で、「段落」を意味している。文章の中で段落の指定に使われる。

CHECK

詳しくは82ページ、Lesson3-12で解説。

もコンピューターにも主題を適切に伝える内容に対して使わなければなりません。

h2要素以下は、Webページの中の情報(段落、表組み、箇条書き)に対応する見出しとして使います。見出しのレベルは順番に使用し、 **図1** のように上位レベルから内容を引き継ぐように記述していきます。

▶ **本文の段落を意味するp要素**

「p要素」は文章中の段落の指定に使うもので、<p> ~ </p>で囲まれた部分が1つの段落になります。p要素を使う場合、長すぎず短すぎない適切な文章量のまとまりをマークアップするようにしましょう。Webページ内にある文章すべてを1つのp要素でマークアップすることもできますが、1つの文章のまとまりが長すぎると人間の目には読みづらく、情報が伝わりづらくなるケースもあります。文章のボリュームに応じて、いくつかのp要素で文章を適度に分けることが、より適切なマークアップといえます **図2** 。

p要素はブロックレベルの性質を持っていますので、自動的に上下の余白と改行が発生します。単純に改行だけを行うときには「br要素 ▶ 」を使います。また、マークアップのルールとして段落の中に段落を記述することはできません。

図2 文章全体を1つのp要素でマークアップしたもの(左図)と、p要素で文章を段落で区切ったもの(右図)

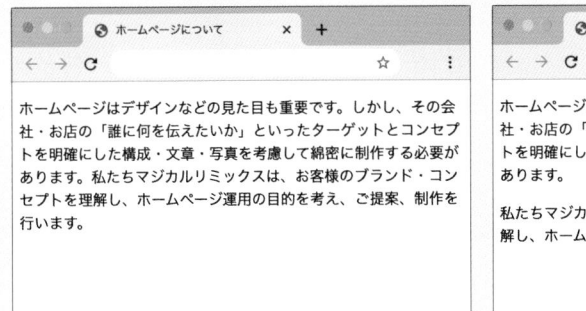

文章の1つのまとまりが長すぎると、人間の目で見たとき読みにくいことがある。適切に段落を分けると、
コンピューターにも適切な意味づけが伝わりやすく、人間の目にも読みやすくなる

**SUMMARY
まとめ**

〔1〕 h1要素はWebサイトやページの表題で使用する
〔2〕 <h1>から<h6>まで見出しレベルは順番に記述する
〔3〕 段落は文章量に応じて適度に分ける

10 文字列の特定部分に意味を与える要素

文章の中で特定の部分だけをマークアップすることで強調の意味を与えたり、特別な意味づけを行いながら、マークアップしたテキストの見た目（文字の形）を変える要素がいくつかあります。

THEME
テーマ

▶ 語句を強調する場合に使う要素
▶ 単位や化学式を表現するには
▶ 意味を与えない要素の使い方

▶ 意味を与えながら文字の見た目の形を変える要素

　テキストの特定の部分だけに意味を与えながら、Webブラウザで表示したときの見た目（文字の形）も変える要素があります。代表的なものが「em要素」と「strong要素」です。どちらも本文中の特定の部分だけに強調の意味を与える要素です 図1 。

　em要素は文章中の特定部分の意味を強勢・強調するもので、Webブラウザでは「斜体」で表示されます。em要素でマークアップした部分に意味上のアクセントが置かれるため、文中のどこをマークアップするかで文章全体の意味合いが微妙に変わります。例えば「Webデザインの新しい教科書は書籍です。」という文章の中で、「Webデザイン」に使うときと「書籍」に使うときでは文章そのもののニュアンスが若干違ってきます。

> **Word** em要素
>
> 強調の意味を持つ要素で、文字を斜体で表示する。emは「emphasis」（エンファシス）の略で、「強調、重要視、重点」などの意。

> **Word** strong要素
>
> strongは「強い、強力な」の意味で、文字を太字で表示する。em要素よりさらに強調したい部分に使う。

図1 em要素は斜体で、strong要素は太字で表示される

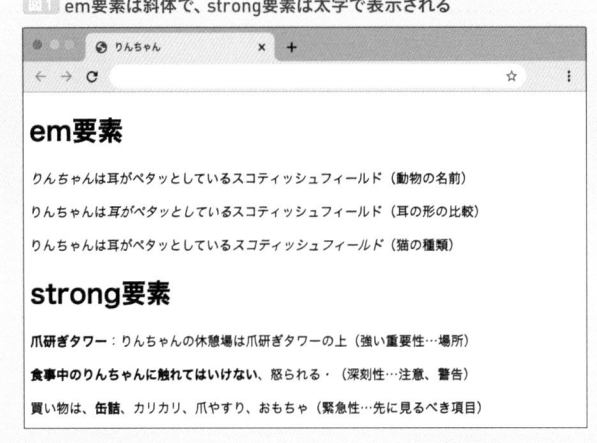

```
<body>
<h1>em要素</h1>
<p><em>りんちゃん</em>は耳がペタッとしているスコティッ
シュフォールド（動物の名前）</p>
<p>りんちゃんは<em>耳がペタッとしている</em>スコティッ
シュフォールド（耳の形の比較）</p>
<p>りんちゃんは耳がペタッとしている<em>スコティッシュ
フォールド</em>（猫の種類）</p>

<h1>strong要素</h1>
<p><strong>爪研ぎタワー </strong>：りんちゃんの休憩
場は爪研ぎタワーの上（強い重要性…場所）</p>
<p><strong>食事中のりんちゃんに触れてはいけない</
strong>、怒られる・（深刻性…注意、警告）</p>
<p>買い物は、<strong>缶詰</strong>、カリカリ、爪やすり、
おもちゃ（緊急性…先に見るべき項目）</p>
</body>
```

ブラウザで表示したときの文章の体裁だけで考えると強調の意味がわかりやすく、見た目的にも使いやすいstrong要素を使いがちですが、強調の度合いによってem要素とstrong要素を適切に使い分けるようにしましょう。またem要素、strong要素は、strong要素の中にem要素のように入れ子で記述でき、意味を多重化する効果があります。

🟦 *POINT*

sup要素とsub要素は特殊な表記方法のときに使用します。文字の体裁を変えるだけの目的では使用せずに、単位や数式、注釈など、特別な表記に対して使用しましょう。

Word sup要素

supは「superscript」(スーパースクリプト) の略で、上付き文字を意味する。単位や数式を表すときに用いる。

Word sub要素

subは「subscript」(サブスクリプト) の略で、下付き文字を意味する。化学式を表すときに用いる。

🟦 *MEMO*

b要素とi要素はHTMLのバージョン (HTML 4.01、XHTML 1.0、HTML5) によって、使い方と要素そのものの意味が微妙に異なります。HTMLのバージョンに応じて使う・使わないを決め、使う場合には適切に使い分ける必要があります。

strong要素はマークアップした情報に強い重要性、深刻性、緊急性の意味づけを行うもので、Webブラウザ上では太字で表示されます。見出し・キャプション・段落などの中で特に重要な部分に使うと、重要性の意味づけがなされます。このほかに、注意・警告の通知などの深刻性を表したり、ほかの箇所よりも先に見るべき緊急性を示すときに使います。

▶ **テキストを上付きや下付きにする要素**

また、m^3や10^2などの単位や数式を表現するには、テキストを「上付き」(うえつき) にする「sup要素」を使います🟦。sup要素でマークアップしたテキストをブラウザで見ると、文字が上付きとして表示されます。sup要素とは逆に文字を「下付き」(したつき) にするには「sub要素」を使用します。CO_2、H_2Oなどの化学式を表すときに使います 図2 。

▶ **意味を与えず視覚的な表現に使用する要素**

em要素やstrong要素とは異なり、テキストそのものには特別な意味は与えずに表示上の見た目だけを変える🟦のが「b要素」と「i要素」です。b要素はテキストが太字、i要素は斜体で表現されます。HTML5では、b要素は「ほかと区別したいテキストや印刷時に太字となるようなテキスト」に、i要素は「ほかと区別したいテキスト・印刷時に斜体となるようなテキスト」に利用します。

図2 sup要素で上付き文字、sub要素で下付き文字を表示

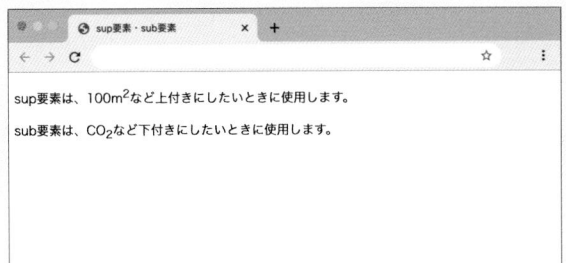

```
<body>
<p>sup要素は、100m<sup>2</sup>など上付きにしたいとき
に使用します。</p>
<p>sub要素は、CO<sub>2</sub>など下付きにしたいときに
使用します。</p>
</body>
</html>
```

SUMMARY
まとめ

〔1〕 em要素とstrong要素は強調の意味で適切なほうを使う
〔2〕 単位や化学式はsup要素とsub要素で表現する
〔3〕 b要素とi要素はHTMLのバージョンで要素の意味合いが違う

11 引用や出典を示す要素

Webサイトではサイト独自で用意したコンテンツだけではなく、ほかの情報源から引用したテキストを載せる場合があります。同じ引用を示す要素でも、引用するテキストの量や特徴によって使う要素が異なります。

THEME
テーマ
▶ 引用を示す3つの要素
▶ 引用する際の注意点
▶ 特定部分をハイライト表示するには

▶ テキストの引用を表現する3つの要素

Webサイトでは独自のコンテンツ（文章や画像など）を補足するために、ほかのWebサイトや書籍などから引用した情報を載せることがあります。このような場合には引用を示す要素を使って、該当部分が「引用・流用したもの」とわかるようマークアップする必要があります。引用を示す要素は「blockquote要素」、「q要素」、「cite要素」の3種類です。

blockquote要素は数行のテキストなど、まとまった文章を引用するときに使います。ブロックレベルの性質を持っており、\<blockquote\> ～ \</blockquote\>で囲まれた文章の上下が自動的に改行され、左右に広めの余白がついた状態でブラウザに表示されます 図1 。これに対して、q要素はインラインの性質を持っており、語句単位での引用に使います。q要素はブラウザに

WHY?: ほかのWebサイトからの引用はマークアップして明示する

インターネットの最大の特徴は「リンク」です。Webサイトの内容によっては、オリジナルの文章だけではなく、ほかのニュースサイトから記事を引用したり、第三者のブログを紹介するために内容の一部を自分のサイトに取り込んだりすることがあります。Webの特性を考えるとこれらはよく行われる行為です。どの部分が他サイトからの引用で、どの部分が自サイトの内容なのかをコンピューターにも適切に伝えるために、引用を示す要素を用いましょう。

Word blockquote要素
「block-like quotation」（固まり状の引用）の意味。文章のまとまりを引用する際に使う。

図1 引用を示す要素の表示の違い

```
<h1>blockquote要素</h1>
<p>HTMLとはどのようなものでしょうか？</p>
<blockquote>HyperText Markup Language（ハイパーテキスト
マークアップ ランゲージ）、略記・略称：HTML（エイチティーエムエル）
とは、ウェブ上のドキュメントを記述するためのマークアップ言語で
ある。</blockquote>
<p>このようなものです。</p>
<h1>q要素</h1>
<p>こもりまさあきさんの「レスポンシブ・ウェブデザイン標準ガイド」
は、Amazonで<q>この本だけで、スマートフォンサイトの理屈がわ
かります。</q>といった高い評価を受けています。</p>
<h1>cite要素</h1>
<p>私は毎日かかさず新聞を読んでいる。10年も昔から購読してい
る<cite>日本経済新聞</cite>だ。</p>
```

blockquote要素はまとまった文章の引用に使われ、上下に改行と、左右に余白が自動的につく。q要素は括弧や引用符で括られる。cite要素はテキストが斜体で表示される

よって表示のされ方が若干異なります。

cite要素は、HTML5では使用範囲が従来よりも限定的になり、書籍や映画、ゲーム、絵画をはじめとする作品のタイトルに対して使用します（このほかの新聞、小論、詩、楽譜、楽曲、脚本、映画、テレビ番組、彫刻、演劇、戯曲、オペラ、ミュージカルなどにも使われます）。

▶ 引用元を表すにはcite属性を使用する

blockquote要素、q要素に対して「cite属性」をつけて引用元のURLを示す方法もあります。例えば、blockquote要素で示した文章がWikipedia（ウィキペディア）からの引用だった場合に、「<blockquote cite="http://ja.wikipedia.org/wiki/ 〜 ">」のように、cite属性の値には引用元のWebページのURLを記述します。<cite> 〜 </cite>の形で使用するcite要素とは使い方と意味が異なり、情報源がほかのWebサイトの場合に、引用元のURLを記述するためのものです。

▶ 該当部分をハイライト表示するmark要素

mark要素はマークアップしたテキストをハイライト表示して、目立たせる際に使用します 図2 。文中の特定の語句や検索結果を表示する際のキーワード部分に利用できます。em要素やstrong要素のようにマークアップした語句に強調の意味を与えることが目的ではなく、ハイライト表示することで視線を集め、ユーザーが参照しやすくすることを目的とした要素です。

図2 mark要素のマークアップ例

```
<h1>mark要素</h1>
<p>りんちゃんの好きなものベスト3</p>
<img src="ring.jpg" alt="りんちゃん">
<ul>
  <li><mark>カリカリ</mark>のおやつ</li>
  <li>マグロの高級<mark>かんづめ</mark></li>
  <li>タワー型のガリガリ<mark>爪研ぎ</mark></li>
</ul>
```

該当部分が黄色でハイライト表示されている

SUMMARY
まとめ

〔1〕 文章量に応じてblockquote要素とq要素を使い分ける
〔2〕 引用元がWebページの場合はcite属性を使う
〔3〕 mark要素はハイライトで表示することで参照しやすくする

12 強制改行を意味するbr要素と水平罫線を表すhr要素

HTML文書では、文章の途中で改行するときにはキーボードの［Enter］キーではなく、改行を意味する専用の要素を使います。段落の区切りや話題が変わるときの区切りも、専用の要素を使って表現します。

THEME テーマ	▷ 文中で強制改行をするには
	▷ 強制改行の正しい使い方
	▷ 水平罫線の使いどころ

▷ 強制的に改行するときに使うbr要素

通常のテキストファイルでは、キーボードの［Enter］キー（macでは［return］キー）を押すと文章が改行され、表示にも反映されます。しかしHTMLでは、［Enter］キーで改行を入れてもテキストファイルのように改行されず、半角スペースが入った形で表示されます。

HTMLファイルの中で、文章に改行を入れる場合は「br要素」（
タグ）を使用します。br要素は、文章のブロックの中のインライン部分（テキストや画像）で、任意の改行したい場所に記述します。HTMLファイル上では、通常は
タグの後ろに［Enter］キーの改行も入れて記述します。［Enter］キーの改行を入れずに
タグを記述するだけでもブラウザでは改行された

Word br要素

brは「forced line break」の略で、「強制改行」を意味する。HTML文書では、文章の途中で改行するときはキーボードの［Enter］キーや［return］キーではなく、改行を意味するbr要素を使う。

図1 br要素の記述例

```
<body>
<p>br要素は強制改行の際に使用します。<br>
行間調整の目的ではなく、文章の一部で強制改行させる場合に使用
します。<br>
短文が続くようなケースで、構成上必要な場合に使用します。</p>
</body>
```

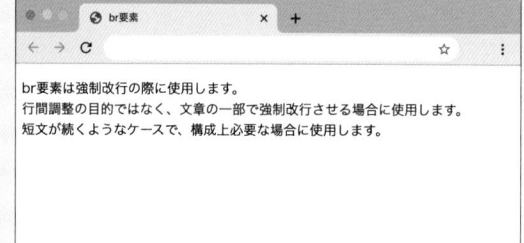

段落の中で強制的に改行するポイントに
タグを記述する。さらに［Enter］キーで改行しておくことで、HTMLファイル上のソースコードの視認性もよくなる

WHY?: 改行すべきでない場所とは？

改行には2通りあり、強制改行は任意の場所で強制的に改行を行うものです。これに対して、自然改行は決められた横幅に文字がおさまらない場合、文字が自動的に次行に送られて改行されることをいいます。見た目を整えるために強制改行を行うと、Webブラウザの表示幅などによって、意図しないところで改行されてしまうことがあるので注意が必要です。Webサイトは環境によって文字のサイズや幅の制限が変わるため、ひと続きになっている文章は特別な理由がない限り、強制改行をしないほうがよいでしょう。

Word hr要素

hrは「horizontal rule」の略で、「水平罫線」を意味する。文章の中で段落と段落の区切りや、話題が変わるときの区切りを、hr要素を使って水平罫線で表現する。

状態で表示されますが、HTMLファイルのソースコードの視認性を考慮して、改行も入れておくとよいでしょう 図1。

は終了タグがなく、内容を持たない空要素です。XHTMLで使用する場合は、
のようにタグの中に半角スペース＋半角スラッシュを記述します。
タグは連続して書くと、その分だけ改行されて行が空きますが、本来は文章を途中で区切る意味で強制改行するためのものです。行間調整に利用する使い方は好ましくないため、行間を空けたい場合はCSSを使って調整しましょう。

▶ 水平罫線を入れるhr要素

文章中でテーマや話題の区切りを表すときは、「hr要素」を使用することで水平罫線（水平の区切り線）が表示されます。hr要素も内容を持たない空要素ですが、ブロックレベルの性質を持つため、水平罫線が画面の左右いっぱいまで表示され、要素の上下に改行が入ります。p要素が連続しているようなときに、p要素同士の間を区切るように記述します 図2。

hr要素はテーマや話題の区切りを表す際に使用します。

図2 hr要素の記述例

```
<body>
<p>hr要素は、区切り線を表示させたい場合に使用します。</p>
<hr>
<p>テーマや話題が変わるときの区切りとして使用します。</p>
</body>
```

hr要素は、テーマや話題の区切りで使用する

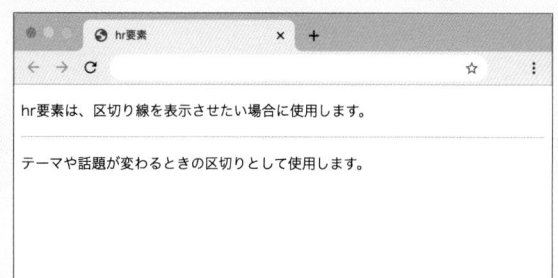

**SUMMARY
まとめ**

〔1〕 強制改行はbr要素、水平罫線はhr要素

〔2〕 br要素は強制改行のみの目的で使用する

〔3〕 br要素もhr要素も空要素である

13 情報の削除を示すdel要素と修正を意味するins要素

Webサイトは常に更新していくものですから、古くなった情報の削除や新しい情報の追加が発生します。ここでは、文章の中に更新した履歴を残しながら、情報を削除・修正したことを表す要素を解説します。

THEME
テーマ
▷ 情報削除したことを示すには
▷ 削除をしたあと、情報を修正したことを示すには
▷ 履歴として、削除や修正を行った日時を記述する

▷ 情報を削除したことを意味するdel要素

　文章の一部を削除したことを意味する要素が「del要素」です。古くなった情報など、削除した意を適用したい範囲に<del> 〜 </del>のように記述します。古い情報を消すのではなく、もともとあったものを残したまま「もう削除した」ことを伝えるもので、更新の履歴として表示しておきたい場合に使用します。文章中の語句の一部だけ、あるいは段落ごとなどの情報ブロック全体、どちらもマークアップ可能です。<del> 〜 </del>で括った範囲がWebブラウザでは打ち消し線つきで表示されます 図1 。

Word del要素
delは「deleted text」の略で、「削除されたテキスト」を意味する。情報を削除したことを示す要素で、打ち消し線がついて表示される。

図1 del要素の使用例

```
<body>
<h1>夕飯買い物メモ</h1>
<p>買うもの：にんじん、じゃがいも、<del>豆腐、</del>玉ねぎ
</p>
</body>
```

del要素の属性として「datetime属性」と「cite属性」があります。datetime属性は情報を削除した日時を表すときに使用し、「YYYY-MM-DDThh:mm:ssTZD」の形式で示します。例えば、日本時間の「1976年7月27日12時10分15秒」をこの形式で記述すると、「1976-07-27-T12:10:15+09:00」となります。

cite属性は削除した理由が書いてあるURLを記述します❶。参照先が特にない場合や、簡単な内容の場合にはtitle属性を使用して記述することもできます。

▶ 情報を追加したことを意味するins要素

「ins要素」は<ins> 〜 </ins>のように情報を追加した部分をマークアップします。一般的なWebブラウザでは、下線がついて表示されます。ハイパーリンクも下線がつきますので、混同しやすい表示になるときは、Webページの配色やテキストの状態によっては、CSSでins要素の下線を消すなどの配慮を行うとよいでしょう。

ins要素はdel要素と同時に使用することが多く、以前の情報を修正した上で、新たな情報を追加するような使われ方をします 図2 。ins要素もdel要素と同様、datetime属性、cite属性、title属性をつけることができます。

WHY?: 単純な情報の削除との違い

del要素とins要素は、コンテンツを一新するようなWebページの編集とは違い、情報更新の履歴を残したいときに使用する要素です。これまでの情報がすでに古いものであることを示しながら、代わりとなる新しい情報を追加するような場合に使います。datetime属性を使って編集日時、cite属性で編集理由が記載してあるURLを指定することで、「いつ、どんな理由で編集を行ったか」の履歴を示すことができます。

図2 del要素とins要素の使用例

```
<body>
<p><del>定員に達したので、募集は終了しました。</del><ins>
追加席10名</ins></p>
</body>
</html>
```

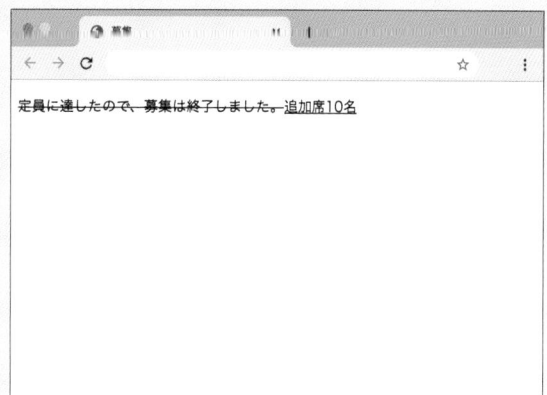

古くなった情報を削除するとともに、補足的な情報を追加する意味で、del要素とins要素は同時に使われる場合が多い

SUMMARY
まとめ

〔1〕 情報の削除はdel要素を使用する
〔2〕 情報追加のins要素はdel要素とセットになることが多い
〔3〕 datetime属性、cite属性、title属性で履歴を示す

14 画像を挿入するimg要素

Webページには、テキストだけではなく画像ファイルも表示することができます。画像を表示するにはimg要素を使います。また、画像が表示されないユーザー環境もありますので、その対策も見ていきましょう。

THEME
テーマ

▶ **画像を挿入するにはimg要素を使う**
▶ **画像ファイルの参照方法**
▶ **代替テキストのalt属性を指定する**

▶ 画像を挿入して画像ファイルを指定する

Webページに画像を挿入するには「img要素」を使用します。<img>タグは終了タグがなく、内容を持たない空要素です。

<img>タグ単体で使用することはなく、通常は「src属性」と「alt属性」をセットで記述します 図1 。srcは「source」の略で、表示したい画像の参照先を表します。現在、一般的なWebブラウザで表示できる画像のフォーマットは、「JPG」「PNG」「SVG」「GIF」 です。

インターネット上にある画像ファイルを参照させる場合、<img src="https://www.mdn.co.jp/common/images/logo.png">のように、「http://」（もしくは「https://」）から始まる「絶

> **Word** img要素
> imgは「image」の略で「画像」の意味。その名の通り、画像（イメージ）を埋め込むときに使う要素。img要素はインライン要素のひとつ。

> **Word** src属性
> srcは「source」の略で、「情報源・参照先」の意。src属性はimg要素の属性で、画像のファイル名を指定する。

> **Word** alt属性
> altは「alternative text」の略で、「代替テキスト」を意味する。alt属性もimg要素の属性で、画像が表現している内容の代わりとなるテキストを記述する。

> **CHECK**
> 詳しくは216ページ、Lesson5-06で解説。

図1 img要素の記述例

```
<body>
<p><img src="https://www.magical-remix.co.jp/
images/ocean.jpg" alt="海"></p>
</body>
```

src属性に画像ファイル名を指定し、alt属性には画像の内容を記述している。画像ファイルがインターネット上にある場合は、「http://」もしくは「https://」で始まるURLで記述する

POINT

HTMLで参照先となるファイルや画像の存在している場所を記述する際には、「絶対パス」と「相対パス」の2つの書き方があります。絶対パスは「http://」(もしくは「https://」)から始まるURLで、ファイルの絶対的な位置を示す方法です。これに対して相対パスは、とあるファイルを基準にして、そのファイルから見た、参照先ファイルの場所を指定する方法です（詳しくは次節で解説）。

WHY?: 代替テキストは、なぜ必要か?

代替テキストを記述することで、何かの理由で画像が表示されない・閲覧できない環境でも、「その画像は何を意味しているのか」をユーザーに伝えることができます。例えば、Webブラウザの設定で画像の表示をオフにしている、インターネット回線の都合で画像が表示されない、音声読み上げブラウザを利用してWebサイトを見ているなどのケースでは特に有効です。

Word アクセシビリティ

42ページ、Lesson2-06参照。

対パス」でファイル名の指定を行います❶。

　画像ファイルがHTMLファイルと同じディレクトリにある場合や、ローカルコンピューター上で参照させる場合は、ドメイン部分の指定は省略可能なため、<img src="logo.png">のように指定します。

▶ alt属性の使い方

　img要素とセットになる大事な属性が「alt属性」です。altは代替テキストを指しており、表示している画像に対しての説明文のようなものです。画像を表示させる場合はなるべくつけるようにしましょう。文字を画像化して表現している場合は、alt属性には文字をそのまま記述します 図2 。行頭のアイコンなどの装飾に使う画像は、<img src="icon.png" alt="">といったようにsrc属性そのものは書きつつ、内容（alt属性）を空にします。

　代替テキストの説明文が適切でなかったり、特定のキーワードを大量に入れたりすると、場合によっては検索エンジンにスパム行為と判定されることがあったり、音声読み上げブラウザを使用しているユーザーを混乱させたりするので、注意が必要です。alt属性をつけることによりアクセシビリティが高まります。

図2 alt属性の記述例

```
<body>
<h1><img src="title.png" alt="テイクアウトで
きるカフェ特集"></h1>
</body>
```

ここで使用する画像は文字を画像化したもののため、
alt属性には画像と同じ内容を入れている

SUMMARY
まとめ
〔1〕 img要素でWebページに画像を挿入する
〔2〕 画像ファイルの場所で絶対パスと相対パスを使い分ける
〔3〕 代替テキストには必ず適切な内容を入れる

Lesson 3

15 文書同士をつなげるa要素

Webサイト同士や、あるいはWebサイトの中でページとページをつなげる役割を果たすのがa要素です。
ここでは、a要素の使い方やリンク先を設定する方法を解説します。

THEME
テーマ
▶ ページ同士や文章間のリンクを設定するには
▶ リンク先を新しいウィンドウ（タブ）で開く指定
▶ HTML5でのリンクの扱い

▶ a要素の機能と役割

インターネット上にはたくさんのWebサイトが存在しており、Webサイト同士やWebページ間でつながりを持っています。そのつながり（リンク）を作るためのものが「a要素」です。世界中のWebサイトがこのa要素でリンクされ、情報の行き来させる上で非常に重要な役割を果たしています。

a要素はページ同士のリンクや、文章間のリンクに使用する要素です。<a> 〜 </a>で囲まれた範囲が「ハイパーリンク」として機能し、「href属性」で参照先（リンク先）を指定します。href属性にはWebページ以外にも、画像などのオブジェクト、メールアドレスなどを記述することができます。参照先へのパスを指定する方法には、いくつかの書き方があります 図1 図2 。参照先を

Word a要素
aは「anchor」の略で、「船の錨（いかり）」や「つなぎとめる」の意味がある。

WHY?: Webサイトはa要素でつながる
a要素はWebページ同士をつなぐ、HTMLの中でも最も重要な要素のひとつです。リンク元とリンク先がつながることで、Webページ同士で情報の橋渡しがなされ、ユーザーも行き来できるようになります。

Word href属性
href「hypertext reference」の略で、「参照するWebページ」というような意味。リンク先（参照先）の場所となるファイル名やURLを指定する属性。

図1 リンク先を絶対パスで指定する場合

```
<a href="http://www.magical-remix.co.jp/">
マジカルリミックス公式サイト</a>
```

「http://」から始まるURLを記述する

図2 リンク先を相対パスで指定する場合

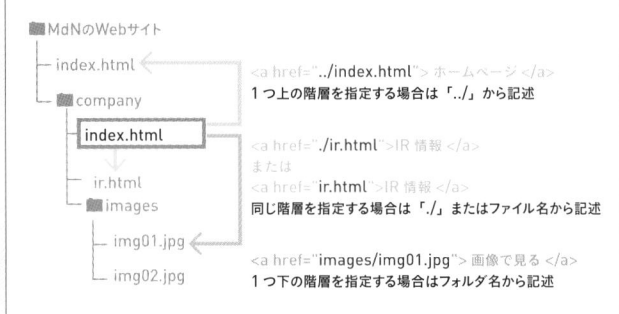

リンク元のファイルを基準にして、1つ上の階層を指定する場合は「../」から記述する。同じ階層にあるファイルを指定する場合は「./」から、またはファイル名を記述。1つ下の階層を指定する場合はフォルダ名から記述する

新しいウィンドウ（または新しいタブ）で開くにはa要素にtarget属性をつけ、<a target="_blank">と記述します。

同じWebサイトの中で、ページ内の特定の場所にリンクさせるには、リンク元・リンク先に目印をつけておく必要があります。まずリンク先の任意の要素に対して<p id="link1">のように「ID属性」をつけます。そして、リンク元のhref属性に<a href="index.html#link1"> ～ </a>のように、リンク先のHTMLファイル名＋#ID属性を記述します。リンク元・リンク先が同じHTMLファイル内にある場合は、ファイル名を省略して<a href="#link1"> ～ </a>のように記述します。

Word ID属性
要素を識別するために、固有の名前をつけるときに使う属性。例えば<p id="link1">であれば、「link1」というID属性名のついたp要素になる。IDは「identifier」の略で、「識別子」を意味している。

HTML5での使い方の変化

HTML5では、段落やリストなどの全体をa要素で囲んでリンク範囲とすることができます。ただし、a要素として指定する情報ブロックの中に、ほかのリンクやフォームなど、クリックや入力の操作が必要な要素がある場合は、そのブロック全体のリンク指定ができないので注意しましょう。

旧来のバージョンのHTML 4.01では、a要素はインライン要素だったためブロックレベル要素全体をリンク指定することはできません。同じ要素でもバージョンによって使用できるルールに違いがあります 図3 。

図3 a要素の使い方の変化

```
<a href="renewal.html">
<p>リニューアルオープンまで、あと5日。折込チラシよりちょっとだけフライングして<strong>リニューアルオープンセールのお得な商品</strong>を紹介します。</p>
</a>
```

```
<p><a href="renewal.html">リニューアルオープンまで、あと5日。折込チラシよりちょっとだけフライングして</a><strong><a href="renewal.html">リニューアルオープンセールのお得な商品</a></strong><a href="renewal.html">を紹介します。</a></p>
```

HTML5での記述（左）とHTML 4.01での記述（右）

SUMMARY まとめ

〔1〕 a要素はページ間リンクのほか、ページ内のリンクにも使う
〔2〕「target="_blank"」で新規ウィンドウ（タブ）が開く
〔3〕 HTML5ではa要素でマークアップできる範囲が変わった

16 文書の制作者などを示す要素

Webサイトにはサイトの管理者・連絡先などの情報を記載します。それらの情報をマークアップするための要素がaddress要素です。サイトのコピーライト表記をマークアップする要素の使い方も解説します。

THEME
テーマ
▶ address要素の役割
▶ address要素の使い方
▶ HTML5で明確な意味を持ったsmall要素

▶ 文書の制作者やその連絡先を示す要素

Webサイトには通常「文書の作成者、連絡先・問い合わせ先」の情報が含まれます。それらを示す場合に使うのが「address要素」です。「address」という単語から住所が思い浮かびますが、実際にaddress要素でマークアップする内容は住所だけに限らず、担当者名、電話番号、FAX番号、Eメールアドレスなどを含みます 図1 。address要素を使ってマークアップするのは、ユーザーがWebサイトの管理者に連絡を取るための情報と考えましょう。

address要素は<adress> 〜 </address>のように記述し、一般的なWebブラウザでは斜体で表示されます。

Word address要素
HTML文書の作成者など、内容に対する連絡先（問い合わせ先）の情報をマークアップするための要素。

図1 address要素の記述例

```
<body>
<address>
文責：赤間公太郎<br>
〒980-0014 仙台市青葉区本町1-11-14<br>
TEL ／ 050-5305-5500<br>
akama@magical-remix.co.jp
</address>
</body>
```

文書の作成者とその連絡先をaddress要素でマークアップする。作成者、住所など複数の情報を入れているので、br要素で改行している

WHY?: 間違ったaddress要素の使い方

Webページに載せる住所や電話番号などの情報は、すべてaddress要素でマークアップするわけではありません。例えば、会社概要に載せる会社の住所や電話番号は、文書の作成者の連絡先というよりも、Webページのコンテンツとして表記するものです。このような場合はaddress要素ではなく、表組みや段落などでマークアップしましょう。

ⓘ POINT_

HTML5で新しく追加された要素に「article要素」と「footer要素」があります（詳しくは110ページ、Lesson3-23で解説）。article要素の中にfooter要素を記述し、さらにその中にaddress要素を記述するケースがあります。この場合のaddress要素は、そのarticle要素に対して記載された連絡先を意味します。

Word コピーライト表記

コピーライト表記は、著作権が誰にあるのかを示すための表記。日本においては、創作されたものには自動的に著作権が発生するため、必ずしも入れなければならない表記ではないが、ほかのWebサイトなどで引用される場合などを考えて、明記しておくとよいだろう（詳しくは208ページ、Lesson5-02で解説）。

address要素を文書の制作者、その連絡先以外の情報に使うことは避けましょう。例えば、居酒屋の情報をWebページで紹介し、店名、電話番号、住所をaddress要素でマークアップするのは間違いです。その記事の作成者、連絡先が居酒屋になってしまいます。address要素は、あくまで文書の作成者、その連絡先を示すものⓘです。この場合、居酒屋の連絡先をマークアップするのであれば、p要素などを使うのが適切です。

▶ コピーライト表記を示すsmall要素

small要素は「細目」（さいもく）のような注釈を意味しています。細目とは免責条項・警告・法的制約・著作権表記などを説明する法律用語のことです。細目や法的制約などの言葉から使い方が難しい印象がありますが、Webサイトではページフッターに記載するコピーライト（著作権）表記に使用し、<small>Copyright 2021 Kotaro Akama</small>のように記述します 図2。

図2 HTML5でのコピーライト表記にはsmall要素を使う

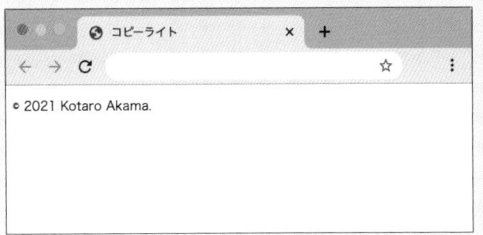

```
<body>
<small>&copy; 2021 Kotaro Akama.</small>
</body>
```

SUMMARY まとめ

〔1〕 address要素は文書の作成者、その連絡先に対して使う
〔2〕 連絡先がすべてaddress要素になるわけではない
〔3〕 HTML5でのsmall要素はフッターのコピーライトに使う

17

情報をグループ化する
div要素とspan要素

HTMLでは通常、テキストを何らかの意味を持った要素でマークアップしますが、特別な意味づけをしない要素があります。CSSでレイアウト・装飾を行うために情報をグループ化するdiv要素とspan要素です。

THEME
テーマ

▶ CSSでレイアウト・装飾するための、情報のグループ化
▶ div要素の役割と使いどころ
▶ span要素の役割と使いどころ

▶ レイアウトするときの区画整理のために使う

Webサイトのレイアウトや装飾を行うときには、CSSを使って幅や高さ、配置場所を決めたり、色を変えたりします。HTML内のテキストはh要素やp要素などでマークアップを行いますが、こうした複数の要素をまとめて、ひと固まりで扱うときに「div要素」を使用します。div要素自体は特別な意味を持っておらず、<div> 〜 </div>で囲んだ範囲を、情報のひと固まりの区画（ブロック）としてまとめる用途で使います。

Word div要素

divは「document division」の略で、「区分」を意味する。ブロックレベルの性質を持っている。div要素自体は特別な意味を持っておらず、CSSでレイアウトや装飾を行うために、ほかの複数の要素をグループ化する目的で使う。

図1 div要素の記述例

```
<body>
<header>
  <h1>上級トラベラー必携、旅を便利にするアイテム厳選3</h1>
</header>

<nav>
  <ol>
  <li>どこでもひっかけ「バッグハンガー」</li>
  <li>そのまま吊して使える「トラベルポーチ」</li>
  <li>お土産をたくさん持って帰れる「折りたたみボストンバッグ」</li>
  </ol>
</nav>

<main>
<div id="hanger">
  <h2>どこでもひっかけ「バッグハンガー」</h2>
  <p><img src="img_01.jpg" alt="バッグハンガー">バッグハンガー
  は、〜（省略）〜いつでもどこでもカバンをかけられます。</p>
```

```
</div>
<div id="pouch">
  <h2>そのまま吊して使える「トラベルポーチ」</h2>
  <p><img src="img_02.jpg" alt="トラベルポーチ">ホテルなどの〜
  （省略）〜アメニティやケア用品は一通り詰められます。</p>
</div>
<div id="bag">
  <h2>お土産をたくさん持って帰れる「折りたたみボストンバッグ」</
  h2>
  <p><img src="img_03.jpg" alt="ボストンバッグ">旅先でお土産な
  どを買うと、〜（省略）〜折りたたみ式のボストンバッグが便利です。</
  p>
</div>
</main>

<footer>
  <small>&copy; スーパートラベラー </small>
</footer>
```

h要素（見出し）とp要素（段落）など複数の要素をdiv要素でグループ化し、情報のまとまりを作っている

実際には1つのページの中でdiv要素がたくさん使われると、レイアウト・装飾する際にそれぞれを独立したブロックとして扱うことが難しくなります。そこで、個々のdiv要素に「ID属性」や「class属性」をつけて識別し、CSSでレイアウトを調整する手法◎がよく使われています 図1 。

インライン中で特定の部分だけをスタイリングする

div要素はブロックレベルの性質を持つ要素に対して使いますが、同じようにインラインの性質を持つ要素をグループ化する目的で使用するのが「span要素」です。span要素もdiv要素と同様それ自体には特別な意味はありません。一部の単語やフレーズだけに特定のスタイルを適用する場合に使われ、<span> ～ </span>で囲んだ範囲にCSSで指定したスタイリングが適用されます。

例えば、「このプリンターは<span style="color:red;">赤</span>の発色がとてもよい」と記述して、CSSで「赤」の部分だけテキストの色を変えるような使い方をします 図2 。ただし、特定の単語や語句に強調や重要の意味づけをするなら、span要素ではなくem要素やstrong要素を使うのが適切です。

CHECK_
詳しくは132ページ、Lesson4-06で解説。

Word span要素
spanは「span of content」の略で、「範囲」を意味する。インラインの性質を持っている。span要素自体は特別な意味を持たず、ほかのインラインの性質を持つ要素や行内の一部のテキストをグループ化する目的で使う。

WHY?: div要素とspan要素を無作為に使わない

div要素とspan要素はあくまで、CSSで行うレイアウトやスタイリングを適用するために、情報をグループ化することを目的にした要素です。ですから、ほかに情報の意味に則した要素があれば、そちらでマークアップするほうが適切です。div要素やspan要素を無作為に使うと、ソースコードの視認性やメンテナンス性の低下につながるので注意しましょう。

左図のHTMLをWebブラウザで表示。div要素でグループ化したまとまりに、CSSで個別の背景色をつけている

図2 span要素の記述例

```
<body>
このプリンターは<span style="color:red;">赤</span>の発色がとてもよい
</body>
```

文章中の一部だけにスタイルを適用したい場合、span要素を使う

SUMMARY
まとめ

〔1〕 div要素・span要素はCSSのスタイリングのために使う
〔2〕 複数の要素をブロックにまとめるdiv要素
〔3〕 ピンポイントでの装飾に使うspan要素

18 リストを表現する要素

Webサイトでは、箇条書きに代表されるようなリスト形式の表現が数多く使われています。リストをマークアップする要素には、同列の項目を列挙するもの、順番が決まったものに使う要素など、いくつか種類があります。

THEME テーマ
▶ 同列の項目を箇条書きで表現するには
▶ 順序が関係する箇条書きを表現するには
▶ 対になる情報を表現するには

▶ HTMLでリストを表現する要素

HTMLの文章ではp要素でマークアップする段落のほかに、リストを使用した表現がとてもよく使われます。一見わかりにくいですが、Webサイトのナビゲーションメニューにはリストが使われています。リストを表現する要素はいくつかあり、どれも重要ですので、それぞれの使いどころを見ていきましょう。

▶ 序列のない要素（箇条書き）の特徴と使いどころ

箇条書きの中でも、序列がなく同列の関係の情報には「ul要素」を使用します。ul要素は単体ではなくセットで「li要素」を使います。<ul>が大きな入れ物で、<li> 〜 </li>で括られる情報が1つの項目と考えてください 図1。箇条書きの項目はいくつでも増やせるので、必要な数だけ<li> 〜 </li>で追記していき、

Word ul要素
ulは「unordered list」の略で、「順不同リスト」を意味する。項目を並列的に挙げる箇条書きリストをマークアップするときに使う。箇条書きの各項目にはli要素を使う。

Word li要素
liは「list item」の略で、「リストの項目」を意味する。箇条書きリストの項目をマークアップする。ul要素以外に、ol要素とセットで番号順リストを作成するときにも使う。

図1 ul要素とli要素の関係

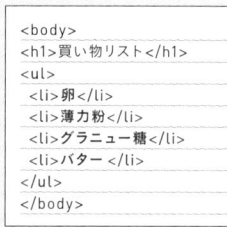

大きな入れ物（ul要素）の中に、同列の複数の項目（li要素）が入っている

図2 ul要素とli要素の記述例

最後は</ul>で閉じます。

Webサイトで必ずといっていいほど目にするナビゲーションメニューも、多くはul要素とli要素でマークアップされます。li要素でマークアップした項目を横並びにして表示するケースが多く、CSSを使って横並びに配置します。

ul要素とli要素はナビゲーションメニュー以外にも、テキストを箇条書きで列挙するときに使います。例えば、料理に必要な材料に卵、小麦粉、グラニュー糖、バターがあるとしましょう。これらの項目には序列がなく、順不同でどれから並べても問題ありません。このようなときにul要素とli要素を使って表現します。CSSを適用していないデフォルトの状態では、li要素の行頭に黒丸(disc)のリストマークがつきます。CSSを適用することで黒丸のほかに、白丸(circle)、黒い四角(square)、画像を指定することができます。

▶ **順序が関係する要素 (順番つきリスト) の特徴と使いどころ**

ul要素が序列のない項目をマークアップするのに対して、「ol要素」は順番がある項目をマークアップするものです。基本的な書き方はul要素とほぼ同じですが、Webブラウザで表示すると初期状態では1. 2. 3. 4. …と、li要素の行頭に数字がつきます。ランキングの表示や料理の調理手順など、優劣や順番があるテキストにはul要素ではなくol要素を使用します。ol要素には特有の属性が3つあります。「type属性」、「start属性」、「reversed属性」です。

図3 ol要素とli要素の記述例

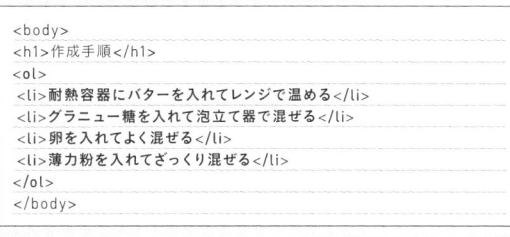
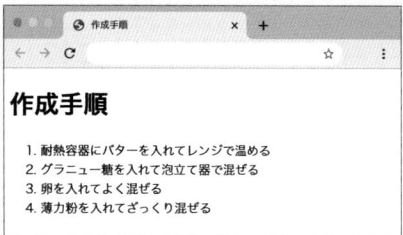

順序がある項目をリストで表現するときはol要素を使う

type属性は行頭の数字を別のものに変えるときに使い❶ます。<ol type="a">と記述すると、a. b. c. d. …のように数字がアルファベットに置き換わります。

start属性は開始番号を指定します。例えば、番号を27から始めたいとき、<ol start="27">と記述すれば、27. 28. 29. …のように行頭の番号が27から始まります。

reversed属性は数字を降順で表示します。li要素が5つあった場合に、<ol reversed="reversed">と記述すると、5. 4. 3. 2. 1. のように数字が降順で表示されます。

また、ol要素とli要素がセットで使われるとき、li要素に設定する属性が「value属性」です。通常、ol要素でマークアップしたテキストは1. 2. 3. 4. …のように、<li>タグを記述した順番に数字が割り振られますが、数字が順番通りでは目的にそぐわないケースもあります。例えば、商品の売れ筋ランキングなどで第2位の商品が2つあるような場合です。このようなときは、3つ

❶ POINT_
ol要素のtype属性はtype="a"で小文字のラテン文字（a. b. c.）、type="A"で大文字のラテン文字（A. B. C.）、type="i"で小文字のローマ数字（i. ii. iii.）、type="I"で大文字のローマ数字（I. II. III.）になります。また、属性ではなくCSSで変更することもできます。

図4 li要素にvalue属性を設定した場合

```
<body>
<h1>ドリンク人気ランキング</h1>
<ol>
<li>ベリーベリースムージー </li>
<li>オーガニックレモンティー </li>
<li>フローズンアイスカフェオレ</li>
</ol>
</body>
```

同じ順位が2つあるようなときは、valueで番号をコントロールする

図5 dl要素、dt要素、dd要素の関係

```
<dl>
    <dt>2021年08月20日</dt>
    <dd>今月の月替わりスイーツのご紹介</dd>
    <dt>2021年08月12日</dt>
    <dd>個室のデザインが変わりました♪</dd>
    <dt>2021年07月27日</dt>
    <dd>5周年キャンペーンのお知らせ</dd>
</dl>
```

大きい括り（dl要素）の中に、dt要素とdd要素が対になって入る

目のli要素に、`<li value="2"> 〜 </li>`のようにvalue属性を指定することで、2位に2つの商品を設定することができます 図4 。4つ目のli要素は、直前のvalue属性の数字に1を足した番号（ここでは3.）から始まります。

▶ 対になる情報を表現する要素

また、タイトルと説明のように、対になる情報をリストで表現するのが「dl要素」です。dl要素では「dt要素」と「dd要素」がセットで用いられます 図6 。dt要素とdd要素はどちらか片方ではなく必ず対で使い、`<dl>`（定義リスト）、`<dt>`（用語）、`<dd>`（用語の解説）の3種類のタグは記述する順番も決まっています 図6 。

実際のWebページでは、Q＆Aや新着情報などに使われます。HTML5では、dt要素とdd要素は1対1だけではなく、1対複数、複数対1、複数対複数の記述も可能です。

Word dl要素
dlは「definition list」の略で、「定義リスト」を意味する。項目とその内容から成り立つリストのマークアップに使う。dt要素とdd要素をセットで用いる。

Word dt要素／dd要素
dtは「definition term」（用語）、ddは「definition description」（用語説明）の略。dl要素（定義リスト）の中で、リスト項目となる用語とその説明をマークアップする場合に使う。

図6 dl要素の記述例

```
<body>
<h1>ニュース・トピックス</h1>
<dl>
  <dt>2021年08月20日</dt>
  <dd>今月の月替わりスイーツのご紹介</dd>
  <dt>2021年08月12日</dt>
  <dd>個室のデザインが変わりました♪</dd>
  <dt>2021年07月27日</dt>
  <dd>5周年キャンペーンのお知らせ</dd>
</dl>
</body>
```

dl要素、dt要素、dd要素を使って、新着情報をマークアップした

**SUMMARY
まとめ**

〔1〕 序列のない項目の箇条書きはul要素とli要素を使う

〔2〕 順序がある項目の箇条書きはol要素とli要素を使う

〔3〕 対になる項目はdl要素とdt要素・dd要素でマークアップ

19 表組みを作るための要素

表組みを作る場合に利用する要素がtable要素です。table要素の中に、tr要素、th要素、td要素を記述して表組みを構成します。table要素はレイアウトのためには使わず、あくまで表組みを作る目的で使いましょう。

THEME
テーマ

▶ 表組みを作るためのtable要素
▶ セル同士を結合して表示するには
▶ summary属性とcaption要素の違い

▶ 表組みの構成要素と基本構造

HTMLで表組みを表現するには「table要素」を使用します。HTMLではtable要素の中に「tr要素」(行)、「th要素」(見出し)、「td要素」(内容)を配置することで、表組みを表現します❶。基本的な記述の仕方は次の通りです。

まず、<table> 〜 </table>と記述し、その中に<tr> 〜 </tr>(行)を記述します。これで表組みの横一列を定義したことになり、テーブルの中に一行の箱ができました。さらに、このtr要素の中に、<th> 〜 </th>(見出し)や<td> 〜 </td>(内容)を記述します。一般的な表組みの多くは、見出しのセルとそれに対応するデータが入ります 図1 。th要素とtd要素を記述した数だけセルの列が追加され、一般的なWebブラウザではth要素は太字で表示されます。2行目以降も同じようにth要素・td要素を配置し、列の数を合わせます。

また、td要素・th要素の属性にcolspan=""やrowspan=""を追加すると、複数のセルを結合することができます。「colspan属性」は水平方向のセルを結合、「rowspan属性」は垂直方向のセルを結合できます。これらの属性を使うとセルの数が変則的になり、ソースが複雑になるので注意しましょう❶ 図2 。

▶ summary属性とcaption要素の違い

表組みは前述した基本の要素で成り立ちますが、「summary属性」や「caption要素」を使うことで、表の目的を明確に示すことができます。

summary属性は表の目的や構造を説明するもので、<table

WHY?: 正しいレイアウトの手法

table要素の本来の用途は表組みを作るためのものですが、HTML 4.01が主流だった時代には、レイアウト調整のためにtable要素を使用していました。この手法は「テーブルレイアウト」と呼ばれ多くのWebサイトで採用されていました。その後、table要素をdiv要素に置き換え、div要素にCSSを適用することでレイアウト調整を行う手法が、「CSSレイアウト」として定着しました。table要素は本来レイアウトに使うことが目的の要素ではないため、CSSレイアウトが正しい手法であるといえます。

❶ POINT_
trは「table row」(行)、thは「table header」(見出し)、tdは「table data」(内容)を意味しています。表の組み方として、「行を定義して、見出しを入れ、内容を入れる」と考えると、わかりやすく理解できます。

❶ POINT_
colspan属性やrowspan属性の値に数値を入れると、その値の数だけセルが結合されます。結合される分のtd要素やth要素は記述しません 図2 。

---

summary="表の目的"> 〜 </table>のように指定します。
summary属性の内容はコンピューターや音声読み上げブラウ
ザ向けの記述で、Webブラウザ上には表示されません。

　caption要素は表組みの説明を入れる場合に使用し、table
要素内で、<caption>表組みの説明</caption>のように記述
します。summary属性とcaption要素はいずれも必須のもので
はないため、必要に応じて記述しましょう。

図1 表組み(テーブル)の記述例

図2 セルを結合した表組みの記述例

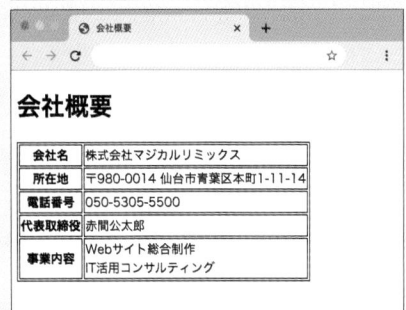

ここでは、th要素(見出し)「会社名」に対して、td要素(内
容)に「株式会社マジカルリミックス」と入れている

colspan属性とrowspan属性を使用すると、セルを結
合できる

SUMMARY
まとめ

〔1〕 表組みはtable、tr、th、tdの4つの要素から成り立つ
〔2〕 セルを結合するにはcolspan属性、rowspan属性を使う
〔3〕 summary属性とcaption要素を必要に応じてつける

20 フォームを作るための要素

HTMLの果たす機能にはWebサイトを表示（Webサーバーから情報を取得）すること以外に、ユーザー側からWebサーバーへ情報を送信することがあります。問い合わせフォームやアンケートフォームなどがその例です。

THEME テーマ	▷ フォームの仕組みを理解する
	▷ フォームにデータを入力するための部品
	▷ 入力されたデータを送信するためのボタン

▷ フォームの仕組みを理解する

インターネットを利用していると、Webサイトにある「お問い合わせフォーム」や「アンケートフォーム」など、ユーザーが情報を送信できるインタラクティブなコンテンツをよく見かけます。これらのフォームもHTMLで作られています。しかし、こういったフォームはHTMLだけでは機能せず、情報の受け渡しには「CGI」や「PHP」などの別のプログラムが必要です。HTMLでは入力する画面を作り、プログラムでデータの処理を行う、といった流れです。情報の受け渡しに使用するプログラムは、オンライン上のサービスとして無料で使えるものや、プログラマーによって書かれたものなどがあります。ここではHTMLによるフォームの基本的な構成と記述方法について、解説をしていきます。

Word インタラクティブ

interactive。「双方向の、相互に作用する」といったような意味がある。サーバーとユーザー双方から情報のやり取りができる状態をいう。

Word CGI

Common Gateway Interfaceの略称で、サーバー上でプログラムを起動させるための仕組み。CGIを通して実行するメールフォームや掲示板などのプログラムはCGIプログラムという。

▷ 入力・送信フォームを作成するためのform要素

入力フォームを作成するには「form要素」を使用します。<form> 〜 </form>までの間に「input要素」、「textarea要素」、「select要素」などを記述して、1つのセットとして扱います。

まずは、form要素について詳しく見ていきましょう。ユーザーが入力したデータをサーバーへ送るには、HTML以外のプログラムが必要です。このプログラムを呼び出すには、「<form action="mailform.php"> 〜 </form>」のように、form要素に必須である「action属性」をつけます。action属性で指定されたプログラムへ、入力された情報を渡します。そのあと、プログラム側でメール送信などの処理を行います █1 。さらに、action属性とセットで入れる「method属性」があります。

Word form要素

問い合わせフォームやユーザーフォームなどの、フォーム全体をマークアップする要素。入力されたデータの送信先をaction属性で、送信方法をmethod属性で指定する。

送信方法の違い

一般的な入力フォームでは、送信方法（method属性の値）にpostを指定します。postの場合、処理はプログラムの中で行われ、入力された内容は表には表示されない状態で相手に送信されます。一方、送信方法がgetの場合、URLに情報を追加した状態で相手に送信されます。URLを変更すると情報を故意に書き換えが可能なため、情報保護を考慮して、お問い合わせなどでは使用されません。情報保護があまり影響しない、検索エンジンのキーワード入力フォームなどで使われます。

Word input要素

inputは「form input」の略で、「入力」を意味する。type属性でフォーム部品の種類を指定し、テキスト入力欄、送信ボタン、チェックボックスなどの部品を作成する要素。input要素は終了タグを持たない空要素である。

POINT_

例えば、フォーム内で<input type="text" name="message">と記述し、ユーザーがサイト運営者へのコメントを入力するテキストボックスを作成したとします。フォームに入力したデータがサーバーに送られる際には、テキストボックスのname属性の値「message」とユーザーが入力したコメントが一対となって送信されます。name属性に値が設定されていなければ、ユーザーが入力した情報が何を意味するかが伝わりにくくなります。

method属性はデータの送信方法を指定するものです。method属性の値は「get」か「post」を指定しますが、メールフォームやアンケートフォームでは、セキュリティ上の観点から、一般的にはpostが使用されます。

▶ フォームを構成する部品とボタン

　form要素は、フォーム一式を格納する大きな箱のようなものです。form要素の中に、データを送信するための部品を追加していきます。この部品を作るための要素の代表例が、input要素、textarea要素、select要素です。

　input要素は、テキストボックス（テキスト入力フィールド）、チェックボックス、送信ボタンなどのフォームの部品を作成するベースになる要素です。input要素は「type属性」をつけ、type属性の値によって部品の種類を指定します。代表的な例を見ていきましょう。

　<input>タグにtype属性で「type="text"」と指定すると、1行のテキストボックスが作成されます。氏名や住所など、1行でおさまるサイズのテキストボックスを作成する場合に指定します。さらに「name属性」で「name="message"」とつけると、このフォームは「messageという名前のフォーム部品である」という意味になり、name属性の値とユーザーが入力する内容が一対で扱われます。

図1 フォームを介した情報の流れ

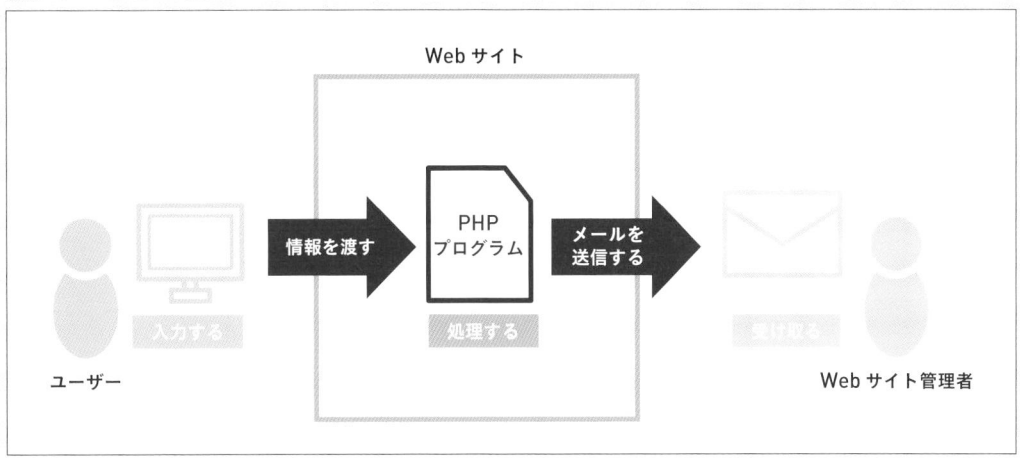

ユーザーが入力した情報はPHPなどのプログラムで処理され、メールなどで相手に渡される

「type="checkbox"」を指定すると「チェックボックス」が作成されます。チェックボックスとは複数用意された選択肢の中から、該当する項目を選ぶボタンのことです。チェックボックスでは、選択肢となるinput要素にname属性をつけて共通の値を入れておく❶ことで、そのチェックボックスがどのグループかがわかるようにしておきます。また、「value属性」を設定して、サーバー側に送信する値をあらかじめ入れておきます。

type="radio"を指定すると「ラジオボタン」が作成されます。ラジオボタンは、複数用意された選択肢の中から、1つだけ選択できるボタンです。昔のラジオ（ラジカセ）の再生・早送りなどのボタンは押し込み式で、1つしか押せないことに由来しています。checkboxと同様、name属性を統一し、value属性で送信される値をあらかじめ入れておきます。

複数行分の入力エリアを作成するにはtextarea要素を使用します。textarea要素は<textarea> 〜 </textarea>のように記述します。textarea要素では任意でつける属性として、テキストエリアの幅を指定する「cols属性」と、高さを指定する「rows属性」があります❷。<textarea cols="50" rows="5"> 〜 </textarea>と指定した場合、50文字分を入力する幅と5行分の高さのテキストエリアが作成されます。

セレクトボックスと呼ばれるプルダウンタイプの選択メニューを作成するには、select要素を使用します。<select> 〜 </select>のように記述し、さらに、この中にプルダウンで表示する選択項目をoption要素で<option> 〜 </option>のように記述します。セレクトボックスでは、select要素に対してname属性を、option要素に対してvalue属性を記述します。

これらの要素でフォームを作成すると、 図2 のようになります。入力する情報によって、適切な部品を作成しましょう。

▶ 入力されたデータを送信するためのボタンを作成

input要素やtextarea要素などでフォームの部品を作成したあとに、その値をプログラムに送信するためのボタンが必要です。input要素にtype属性を指定して、<input type="submit">のように記述すると、送信ボタンが作成されます。type="reset"と指定した場合、フォームの値をすべてクリアするリセットボタンが作成されます。

WHY?: value属性を設定する入力項目

value属性とその値はinput要素といっしょに使われた場合、入力内容の初期値やラベルとなるものです。input要素でテキストボックスを作成した場合、入力内容はユーザーがキーボードから入力するテキスト情報に応じるため、通常はあらかじめ入力内容の初期値を設定しておく必要はありません。チェックボックスやラジオボタンはキーボードでテキストを入力するものではなく、ユーザーが用意してある選択肢の中からクリックで選ぶ項目のため、入力内容に対して初期値やラベルが必要になります。

Word textarea要素
複数行分のテキスト入力欄を作成する要素。入力欄の横幅（1行に入力できる文字数）をcols属性で、縦幅（行数）をrows属性で指定する。

❷ MEMO_
textarea要素の幅と高さはcols属性、rows属性を使わずにCSSで指定することもできます。

Word select要素
フォームの部品となる選択メニューを作成する。メニューの選択項目（選択肢）はoption要素で作成する。

図2 input要素、textarea要素、select要素を使って作成したフォームの例

```
<body>

<h1>アンケート</h1>
<form action="mailform.php" method="post">

<h2>お名前</h2>
<p>
<input name="name" type="text">                    ─① テキスト入力エリア（1行）
</p>

<h2>お客様の満足度を教えてください</h2>
<p>
<select name="満足度">
  <option value="満足">満足</option>           ─② プルダウンの選択メニュー
  <option value="不満">不満</option>
</select>
</p>

<h2>ご利用頻度</h2>
<p>
<input type="checkbox" name="check" value="初めて"> 初めて
<input type="checkbox" name="check" value="週1回程度"> 週1回程度   ─③ チェックボックス
<input type="checkbox" name="check" value="月1回程度"> 月1回程度
</p>

<h2>キャンペーンメール</h2>
<p>
<input name="campaign" type="radio" value="必要"> 必要
<input name="campaign" type="radio" value="不要"> 不要        ─④ ラジオボタン
</p>

<h2>メッセージ</h2>
<p>
<textarea name="comment" cols="50" rows="5"></textarea>  ─⑤ テキスト入力エリア（複数行）
</p>

<p>
<input name="submit" type="submit" value="確認画面へ">   ─⑥ 送信ボタン
</p>
</form>

</body>
```

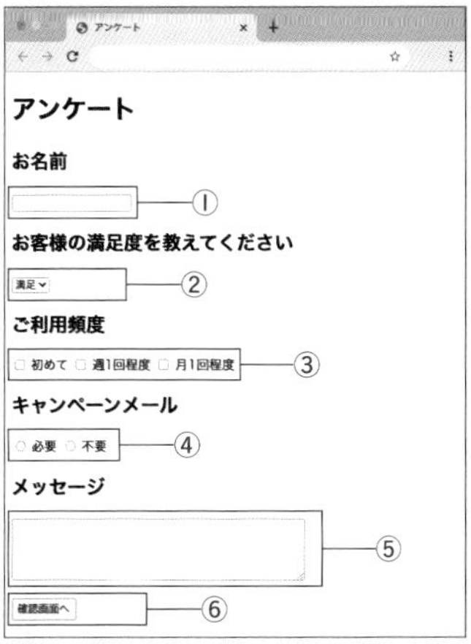

アンケート

お名前
──①

お客様の満足度を教えてください
満足 ──②

ご利用頻度
初めて 週1回程度 月1回程度 ──③

キャンペーンメール
必要 不要 ──④

メッセージ
──⑤

確認画面へ ──⑥

SUMMARY
まとめ

〔1〕 フォームの部品や送信ボタンはHTMLで作る
〔2〕 入力データを送信するにはCGIやPHPと連携する
〔3〕 入力する情報によって、適切な部品を作成する

21　文章をマークアップしてみよう

ここまで、Webページで使用する基本的な要素の意味や使い方を説明してきました。ここでは一般的によく使う要素で、実際にテキスト原稿をマークアップしてみましょう。

THEME
テーマ

▶ 元となるテキスト原稿を用意する
▶ HTMLのテンプレートを作る
▶ 文章の意味を考えながらマークアップしてみる

▷ 元となるテキスト原稿を準備する

ここでは「Natural Dining」というカフェのWebサイトをテーマに、文章をマークアップしていきます。まずは、HTML文書の元になるテキスト原稿を準備します 図1 。原稿は作る段階である程度、見出し、段落、箇条書きなどの意味を考えて準備するとよいでしょう。原稿の段階で配慮しておけば、あとから行うマークアップが楽になります。

WHY?: 意味を考えながら原稿を用意する

HTMLでは「見出しに対する段落」や「見出しに対する箇条書き」など、見出しとそれに対する文章がセットになっているケースが一般的です。テキスト原稿を準備する段階で、見出しとセットで考えておけば、そのあとスムーズにマークアップを行うことができます。原稿の段階で、文字のサイズに強弱をつけたり、タブキーでインデントをつけたりしておけば、さらにイメージがしやすくなります。

▷ HTMLのテンプレートを用意する

次はHTMLのベースになるテンプレートファイルを準備します 図2 。HTML5で作成する場合、ファイルの1行目に<!DOCTYPE html>と記述します。head要素の中には文字コードの宣言をするmeta要素❶、title要素、その文書に関連する情報を入れたメタデータをmeta要素で記述します。ファイルを保存する際、拡張子を「.html」とします。これでHTMLファイルの準備が完了です。

Word テンプレート

template、「ひな形」のこと。同じ作業を繰り返さないように、よく使うパターンや定型の書き方をあらかじめ準備しておき流用することで生産性が向上する。

❶ POINT_

文字コードの宣言はtitle要素より前に書いておくようにしましょう。文字コード宣言より前に日本語が出現した場合、Webブラウザの表示が文字化けする原因になります。

▷ テキスト原稿をHTMLファイルにする

HTMLのテンプレートが完成したら、事前に用意したテキスト原稿をHTMLファイルに移します。まずは、テンプレートのbody要素の中に、テキスト原稿をコピーしてそのまま貼り付けます❶ 図3 。この段階でもHTMLファイル上ではある程度きれいに成形されているように見えますが、Webブラウザで表示してみると改行が無視され、コンピューターにはテキストの意味が伝わらない状態です 図4 。

❶ POINT_

テンプレートは1度切りではなく、ほかのページ（HTMLファイル）を作成する際にもベースとして使用していきます。原稿を貼り付ける前に、あらかじめテンプレートとなるHTMLファイルををコピーして、元になるテンプレートは残しておきましょう。あるいは、原稿を貼り付けたら上書き保存せずに、別名で保存する方法でもいいでしょう。

図1 ベースになるテキスト原稿

```
Natural Dining

ホーム
コンセプト
メニュー
店舗情報・アクセス
スタッフブログ

農家直送のおいしい有機野菜のカフェごはん
　農家直送のおいしい有機野菜をふんだんに使った、カフェごはんを提供しています。
お近くにいらっしゃった時には、ぜひお立ち寄りください。

今月のおすすめメニュー
　日替わりパスタ　1,000円
　月替わりスイーツ　600円

ドリンク人気ランキング
　ベリーベリースムージー　600円
　オーガニックレモンティー　700円
　フローズンアイスカフェオレ　500円
ドリンクメニューを見る

© 2021 Natural Dining.
```

元となるテキスト原稿はあらかじめ準備しておく

図2 HTMLで記述したテンプレート

```html
<!DOCTYPE html>
<html lang="ja">
<head>
<meta charset="UTF-8">
<title></title>
<meta name="description" content="">
</head>
<body>
</body>
</html>
```

HTMLは最小限の出すべき情報がだいたい決まっているため、定型になる部分をあらかじめテンプレート化しておくと、複数のHTMLファイルを作成するときに作業が効率的になる

図3 HTMLファイルにテキスト原稿を貼り付ける

```html
<!DOCTYPE html>
<html lang="ja">
<head>
<meta charset="UTF-8">
<title></title>
<meta name="description" content="">
</head>
<body>
Natural Dining

ホーム
コンセプト
メニュー
店舗情報・アクセス
スタッフブログ

農家直送のおいしい有機野菜のカフェごはん
　農家直送のおいしい有機野菜をふんだんに使った、カフェごはんを提供しています。お近くにいらっしゃった時には、ぜひお立ち寄りください。

今月のおすすめメニュー
　日替わりパスタ　1,000円
　月替わりスイーツ　600円

ドリンク人気ランキング
　ベリーベリースムージー　600円
　オーガニックレモンティー　700円
　フローズンアイスカフェオレ　500円
ドリンクメニューを見る

© 2021 Natural Dining.
</body>
</html>
```

body 要素の中にテキスト原稿をペーストした

図4 図3の状態をブラウザで表示したところ

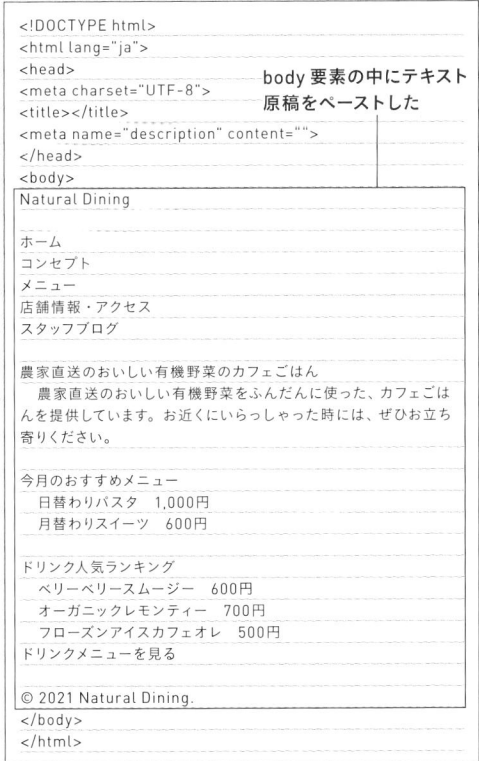

改行が無視されており、このままの状態では各テキストの意味もコンピューターに情報は伝わらない

▶ 文章の意味を考えながらマークアップする

　ここまでで、HTMLファイルの中にテキスト原稿を入れ込む作業が完了しました。次は、それぞれの言葉の意味を考えながらマークアップしていきましょう ⓘ 。

　お店の名前「Natural Dining」は、Webサイト全体のタイトルでもあります。これは重要な言葉のため、見出しとしてh1要素でマークアップします。「農家直送の〜」のテキストは見出しに対応した説明文にあたるため、段落としてp要素でマークアップします（図5 - ①）。

　次の「ホーム、コンセプト、メニュー、店舗情報・アクセス、スタッフブログ」はWebサイトのナビゲーションメニューになります。これは箇条書きにできるリストですので、ul要素とli要素でマークアップします（図5 - ②）。

　「今月のおすすめメニュー」は、続く「日替わりパスタ、月替わりスイーツ」に対する見出しとなります。Webページの主題であるh1要素はすでに店名に使われているので、ここではh2要素でマークアップします。日替わりパスタ、月替わりスイーツはul要素とli要素でマークアップします（図5 - ③）。

　「ドリンク人気ランキング」は「今月のおすすめメニュー」と同じようなレベル（重要度）のため、同じくh2要素でマークアップします。次の3つの人気ランキング商品は、内容的に優劣があるため、ol要素でマークアップします（図5 - ④）。さらに、ドリンクメニューページに誘導するため、p要素とリンクのa要素で「ドリンクメニューはこちら」をマークアップします（図5 - ⑤）。

　コピーライト表記はsmall要素で指定して、body要素のマークアップは完了です（図5 - ⑥）。最後に、body要素の情報に沿って、head要素内にキーワードを加えるなどして、メタ情報を整えます ⓘ 。これで、1ページ分のHTMLファイルのマークアップがひと通り完成しました。

ⓘ POINT_

マークアップするということは、テキスト情報に適切な意味づけを行い、情報を構造化していくことです。テキストの内容を見ながら、それぞれの意味をよく考えて、最適な要素でマークアップしていきましょう。

ⓘ POINT_

body要素、head要素はどちらから編集してもかまいませんが、先にbody要素を整えたほうが、そこからメタ情報として使用するキーワードをピックアップしたり、サイト全体の説明を作ったりしやすくなります。

SUMMARY
まとめ

〔1〕 事前にしっかりとした原稿を準備するのがポイント
〔2〕 流用できるようHTMLはテンプレートを作成する
〔3〕 テキストの意味を考えて適切な要素でマークアップ

図5 マークアップしたHTMLファイル

```
<!DOCTYPE html>
<html lang="ja">
<head>
<meta charset="UTF-8">
<title>Natural Dining</title>
<meta name="description" content="農家直送のおいしい有機野菜のカフェごはん「Natural Dining」
の公式ホームページです。">
</head>
<body>
<h1>Natural Dining</h1>
<p>農家直送のおいしい有機野菜のカフェごはん</p>                          ──①
<ul>
  <li>ホーム</li>
  <li>コンセプト</li>
  <li>メニュー</li>                        ──②
  <li>店舗情報・アクセス</li>
  <li>スタッフブログ</li>
</ul>
<h2>今月のおすすめメニュー</h2>
<ul>
  <li>日替わりパスタ　1,000円</li>            ──③
  <li>月替わりスイーツ　600円</li>
</ul>
<h2>ドリンク人気ランキング</h2>
<ol>
  <li>ベリーベリースムージー　600円</li>
  <li>オーガニックレモンティー　700円</li>      ──④
  <li>フローズンアイスカフェオレ　500円</li>
</ol>
<p><a href="menu/index.html#drink">ドリンクメニューを見る</a></p>   ──⑤
<small>&copy; 2021 Natural Dining.</small>   ──⑥
</body>
</html>
```

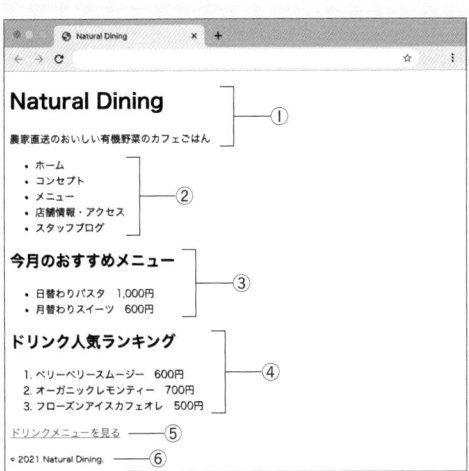

マークアップすることで、すべてのテキストに意味が与えられた。Webブラウザで表示してみると、**図4**の状態に比べてテキストが整形されて、強調などの意味が伝わるようになった

22 HTML5の特徴

HTML5とはHTMLのバージョン5、つまりHTMLの改訂を重ねた第5版のことです。ここではその特徴や、旧来使われてきたHTML 4.01からどんな点が変わったかを解説します。

THEME テーマ	▶ HTML5の正式勧告までのプロセス
	▶ 従来バージョンと比較して強化された点
	▶ HTML5を使うメリット

▶ 勧告以前から利用されてきたHTML5

HTML5は草案からスタートし、勧告候補、勧告案などを経て、2014年10月に仕様がW3C勧告 ✐ へと至りました 図1 。HTMLの新しいバージョンは勧告までに長い段階を踏むわけですが、最終草案の段階で仕様はほぼ安定しているものです。最終草案以降の熟成期間もあったおかげで、Web制作の現場では正式勧告より以前から積極的にHTML5が使用されており、現在では主流となっています。

⊘ MEMO_

HTMLの標準仕様の策定は、従来W3Cが担っていましたが、2019年5月からWHATWG（ワットダブルジー）が担うこととなりました。W3Cとは別組織であるWHATWGですが、構成メンバーはApple、Mozilla、Opera、Microsoftなどのブラウザベンダーであり、HTML5の策定にも大きな影響力を持ってきました。HTMLの仕様策定をWHATWGが引き継ぐことで、今後より技術的でスピーディーな進化が期待されます。

▶ HTML5で新たに広がった機能

HTMLの従来のバージョンであるHTML 4.01やXHTML 1.0

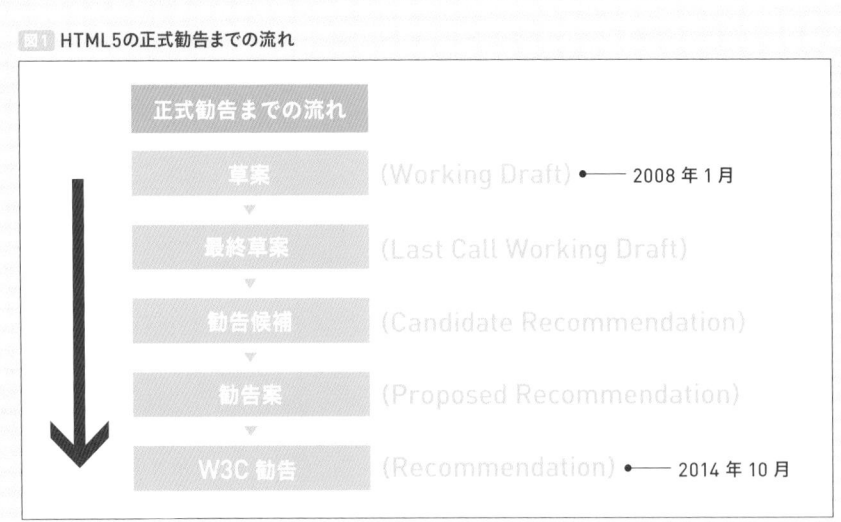

図1 HTML5の正式勧告までの流れ

正式勧告までの流れ

草案	(Working Draft) ●── 2008年1月
最終草案	(Last Call Working Draft)
勧告候補	(Candidate Recommendation)
勧告案	(Proposed Recommendation)
W3C勧告	(Recommendation) ●── 2014年10月

の基本的な役割は、テキストをマークアップし、情報をインターネット上に公開するものです。CGIやPHPなどのプログラムを合わせて使っている場合を除き、基本的な機能は一方通行の配信だけに限られていました。

これに対してHTML5では従来の機能に加えて、ユーザーの操作に対して何らかの反応や処理を返す、「Webアプリケーション」と呼ばれる機能が追加されました。身近なイメージでは、ドラッグや拡大・縮小が可能なGoogle マップの動きのようなものです。このようなインタラクティブなコンテンツを作成する場合に、HTML5が向いているといえます。

HTML5では、これまでのHTMLの構造を示す要素がほぼそのまま使用可能です。以前に作られたWebサイトも、HTMLファイルの1行目を書き換えるだけでHTML5に変わります 図2 。ただし、これはあくまでもHTMLのバージョン表記を5に書き換えただけにすぎません。HTML5が持つ新機能をJavaScriptと連携させるなど、深いところまで活用するにはプログラムの知識が必要になってきます。

ただ、これらの難しい機能まで使用しなくても、HTML5を使うメリットはあります。例えば、次節で解説するheader要素などの新しい要素が追加されて、文書構造をより明確に示すことが可能になりました。このほかHTML5では、図形を描いたりビデオを再生するような要素も追加されています。

Word Webアプリケーション

Webの技術を利用して構築されたオンライン上のアプリケーションのことをいう。従来のコンピューターのデスクトップ上で動作するアプリケーションとは違い、コンピューターの一般的なWebブラウザや、スマートフォンで操作をすることができる。

WHY?: 大きく変わった要素の分類

HTML5では、HTML 4.01で用いられていたブロックレベル要素、インライン要素の分類がなくなり、「コンテンツモデル」と呼ばれる分類に変わりました（74ページ、Lesson3-08参照）。ただし、個々の要素が初期状態で持っているブロックレベル（幅や改行の情報を持っており独立したブロックで表示される）、インライン（幅や改行の情報を持たず同じ行内にひと続きで表示される）の性質そのものがなくなったわけではありません。CSSを使ったスタイリングではブロックレベル、インラインの性質や考え方を基本にしている部分があります。

図2 HTMLの宣言文

```
HTML 4.01
<!DOCTYPE HTML PUBLIC "-//W3C//DTD HTML 4.0 Transitional//EN"
"http://www.w3.org/TR/REC-html40/loose.dtd">

XHTML 1.0
<!DOCTYPE html PUBLIC "-//W3C//DTD XHTML 1.0 Transitional//EN"
"http://www.w3.org/TR/xhtml1/DTD/xhtml1-transitional.dtd">
```

→ HTML5
`<!DOCTYPE html>`

HTML5の宣言は、従来のものと比べて非常にシンプルになった

SUMMARY まとめ

〔1〕 HTML5が現在主流で使われているバージョン
〔2〕 HTML5では「Webアプリケーション」機能が強化された
〔3〕 難しい機能を使わなくてもメリットがある

23 Webページの構造を示す要素

HTML5では、Webページの大枠の骨組みを示す要素や「セクション」という情報ブロックをマークアップする要素が加わりました。これらの要素がどのような意味を持つのか、詳しく見ていきましょう。

THEME
テーマ

▶ ページの骨格を示す要素
▶ セクションとはどんなもの？
▶ 各セクションをマークアップする要素

▶ Webページの骨格を形成する要素

HTML5ではWebページの構造を示すための要素が用意されています 図1 。Webページの大枠の骨格を示す要素が「header要素」、「footer要素」、「main要素」です。いずれもWebページの中でほぼ必ず使用するといっても過言ではありません。

header要素はWebページや各セクションのヘッダーを示す際に使います。1つのページの中で何度も使用できますが、基本的にはWebページやWebサイト全体を通して、ページの上部に配置されるのが一般的です。header要素にはWebサイトのロゴ、ナビゲーション、検索フォームなどを含めます 図2 。

footer要素はWebページや各セクションのフッターを示すときに用います。header要素と同様に1つのページの中で何度も使用できますが、通常はWebサイトの下部に配置します。footer要素には関連する情報（ページ）へのリンク、コピーライト、著者情報などを含めます 図3 。

main要素は名前が示す通り文書内の主要な部分をマークアップするものです 図4 。main要素は1つのページで原則1回で使用でき、特定条件のもと、コンテンツ内で複数使用することもできます。Webページの主要部分といえばメインのコンテンツが入る部分です。

▶ セクショニングコンテンツ

前述したWebページの骨格を示す要素のほかに、HTML5では「セクション」と呼ばれる情報ブロック❶を示すための要素も用意されています。セクションとは内部にヘッダー、見出しと内容、

❶ POINT_
セクション（section）には「区分する、分割する」や「部分、節、項」などの意味があります。このことから「ほかと区分された情報のまとまり」をイメージするとよいでしょう。

フッターなどの階層構造を持つコンテンツが入る情報ブロックのことです。セクションをマークアップする要素は「セクショニングコンテンツ📎」に分類されています。

　セクションでは多くの場合、見出しとそれに続く内容を1つの情報ブロックとして扱います。ただ、必ずしも見出しと内容がセットになっているわけではなく、グローバルナビゲーションのよう

📎 CHECK_
75ページ、Lesson3-08 参照。

図1　HTML5の新要素で示したWebページの構造例

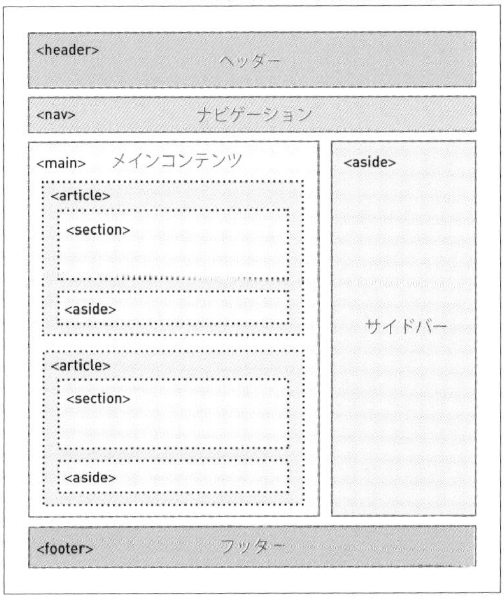

図2　header要素でマークアップしたヘッダー

```
<header>
  <h1>Natural Dining│農家直送のおいしい有機野菜のカフェごはん</h1>
  <nav>
    <ul>
      <li><a href="index.html">ホーム</a></li>
      <li><a href="concept/index.html">コンセプト</a></li>
      <li><a href="menu/index.html">メニュー</a></li>
      <li><a href="access/index.html">店舗情報・アクセス</a></li>
      <li><a href="blog/index.html">スタッフブログ</a></li>
    </ul>
  </nav>
</header>
```

図3　footer要素でマークアップしたフッター

```
<footer>
  <small>&copy; 2021 Natural Dining.</smalll>
</footer>
```

図4　main要素でマークアップしたメインのコンテンツ部分

```
<main>

<section>
  <h1>農家直送のおいしい有機野菜のカフェごはん</h1>
  <p>農家直送のおいしい有機野菜をふんだんに使った、カフェごはんを提供しています。<br>
  お近くにいらっしゃった時には、ぜひお立ち寄りください。
</p>
</section>

<section>
  <h2>今月のおすすめメニュー </h2>
  <ul>
    <li>日替わりパスタ　1,000円</li>
    <li>月替わりスイーツ　600円</li>
  </ul>
</section>

<section>
  <h2>ドリンク人気ランキング</h2>
  <ol>
    <li>ベリーベリースムージー　600円</li>
    <li>オーガニックレモンティー　700円</li>
    <li>フローズンアイスカフェオレ　500円</li>
  </ol>
  <p><a href="menu/index.html#drink">ドリンクメニューを見る</a></p>
</section>

<section>
  <h2>ニュース</h2>
  <dl>
    <dt>2021年08月20日</dt>
    <dd>今月の月替わりスイーツのご紹介</dd>
    <dt>2021年08月12日</dt>
    <dd>個室のデザインが変わりました♪</dd>
    <dt>2021年07月27日</dt>
    <dd>5周年キャンペーンのお知らせ</dd>
  </dl>
  <p><a href="blog/index.html">一覧を見る</a></p>
</section>

</main>
```

な独立している情報ブロックもセクションとして定義されています。セクショニングコンテンツに該当する要素は「section要素」、「article要素」、「aside要素」、「nav要素」の4つです。

▷ section要素とarticle要素

section要素は、見出しから始まる一般的なコンテンツのまとまり（セクション）を示す要素です。例えば、書籍は章・節・項の集まりで構成されますが、これらのまとまりそれぞれがsection要素に該当します 図5 。

article要素も章・節・項のようなコンテンツのまとまりを示しますが、それ自体が独立したコンテンツとして成り立つ場合に使いましょう。新聞や雑誌などで単独の記事としてまとまった内容をマークアップする場合はarticle要素を使用します。またブログなどで記事そのものをarticle要素で囲み、さらにその記事へのコメント一つひとつもarticle要素でマークアップするような使い方をします 図6 。

▷ aside要素、nav要素

セクショニングコンテンツには前述した2つの要素以外に、aside要素とnav要素があります。これらの要素はどういった内容をマークアップすべきかが、比較的わかりやすいでしょう。

aside要素はページ内の主要な部分とは切り離して扱うことができるセクションを示すものです 図7 。Webページの左や右に設置するサイドバーの内容が該当します。このほかに、メイン部分に対する補足記事や広告などに対して使います。

nav要素はナビゲーション部分のセクションを示すものです 図8 。ほとんどの場合、Webサイト全体を通して必要なグローバルナビゲーションをマークアップする際に使用します。また、パンくずリストなどにも使われることがあります。

セクションを示す要素は、どんな場合に・どういった内容に対して使用するか、これという正解がわかりにくいため、制作者の解釈によってマークアップのルールが変わるケースも見られます。

WHY?: section要素とdiv要素の違い

div要素は特別な意味を持たない、単なる情報のまとまりを示す要素です。section要素でマークアップするべき情報のまとまりを示す際、HTML 4.01まではdiv要素を用いていました。この手法でも正しく情報を構造化していけば見出しと内容のセットをdiv要素でグループにまとめる形になるため、div要素によってセクションを示していたことになります。同時に、div要素はCSSでスタイルを適用するための情報ブロックを作る目的でも使われていました。HTML5では見出しから始まるセクションの意味づけをするのであれば、section要素でマークアップするのが適切です。一方、CSSでスタイルを適用するための情報ブロックを作成するのであれば、従来通り特別な意味を与えないdiv要素でマークアップするのがよいでしょう。

WHY?: section要素とarticle要素の使い分け

マークアップに慣れないうちはsection要素とarticle要素の使い分けが難しいでしょう。その要素だけを抜き出したとき独立したページとして成り立つ内容であればarticle要素を使う、と考えるとよいでしょう。section要素は見出しをともなう一般的なコンテンツのまとまりを示すため、複数のarticle要素をsection要素でまとめるといった使い方もされます。

Word パンくずリスト

Webサイトの中でそのWebページ（現在閲覧しているページ）の位置を、階層構造を持ったリンクを並べて示したもの。通常はサイトのトップページからそのページまでの経路を、上位階層から順に示す。

図5　section要素のマークアップ例

```
<h1>Webデザインの新しい教科書 基礎から覚える、深く理解で
きる。</h1>
<section>
  <h2>Lesson1 Webデザインの世界を知る</h2>
  <p>WebサイトがWebブラウザに表示されるまでの仕組みを理
解しましょう。</p>
    <section>
      <h3>インターネットとWWWの歴史</h3>
      <p>これから、Webサイト制作を始める前に覚えておきたい
インターネットとWWWの始まりから、ここまでの歴史を解説し
ます。</p>
    </section>
    <section>
      <h3>WebページがWebブラウザに表示されるまでの仕組
み</h3>
      <p>普段みなさんが閲覧しているWebページがWebブラウ
ザに表示されるまでの仕組みを確かめておきましょう。</p>
    </section>
</section>

<section>
  <h2>Lesson2 Webサイトを設計する</h2>
  <p>WebサイトやWebページがどんな構造になっているかを見
ていきます。</p>
    <section>
      <h3>Webサイトは何のためにあるのか？</h3>
      <p>ここではWebサイトが作られ、公開される目的などをお
さらいしておきましょう。</p>
    </section>
    <section>
      <h3>Webサイト全体の構成を見てみよう</h3>
      <p>ここでWebサイト全体を見て、そこにどのような要素が
含まれているのかを確認してみましょう。</p>
    </section>
</section>
```

見出しから始まる一般的なコンテンツのまとまりを示す。この例で
は本書の目次例をsection要素でマークアップした。見出し（h3
要素）と内容（p要素）のセットで1つのセクション（節）になり、
節が集まってさらに大きなセクション（章）を形成している

図6　article要素のマークアップ例

```
<main>
  <article>
    <header>
      <h1>仙台名物牛タン焼きの店「たんや牛次郎　仙台駅前本
店」</h1>
      <p>投稿日：2021年10月15日</p>
    </header>
    <h2>仙台駅から徒歩1分で牛タンにありつく</h2>
    <p>　〜（省略）〜</p>
    <h2>店舗情報</h2>
    <h3>たんや牛次郎　仙台駅前本店</h3>
    <dl>
      <dt>連絡先</dt>
      <dd>022-XXX-XXXX</dd>
      <dt>住所</dt>
      <dd>宮城県仙台市青葉区中央9-8-7 UJビル3F</dd>
      <dt>営業時間</dt>
      <dd>11:00 〜 23:00</dd>
    </dl>
    <p>　〜（省略）〜　</p>
    <footer>
      <p>by りんちゃん</p>
    </footer>

    <section>
      <header>
        <h2>コメント</h2>
        <p>2件のコメントがあります。</p>
      </header>
      <article>
        <header>
          <p>ぴよたろうさんのコメント</p>
          <p>投稿日：2021年10月20日</p>
        </header>
        <p>牛次郎おいしいですよね！　牛タン屋の中では一番好
きです。</p>
      </article>
    </section>
  </article>
</main>
```

article要素の中にヘッダーや見出し、段落などが内包されており、
単独で1つのページを構成できるコンテンツのまとまりをマークアッ
プしている

図7　aside要素のマークアップ例

```
<aside>
  <h1>筆者の運用サイト集</h1>
  <ul>
    <li><img src="banner-magical.png" alt="マジカルリ
ミックス"></li>
    <li><img src="banner-jimdo.png" alt="Jimdoベネ
フィットサポーター "></li>
  </ul>
</aside>
```

Webページの中で補足的な役割の「リンク集」をマークアップし
ている

図8　nav要素のマークアップ例

```
<nav>
  <ul>
    <li><a href="index.html">ホーム</a></li>
    <li><a href="concept/index.html">コンセプト</a></
li>
    <li><a href="menu/index.html">メニュー</a></li>
    <li><a href="access/index.html">店舗情報・アクセス</
a></li>
    <li><a href="blog/index.html">スタッフブログ</a></
li>
  </ul>
</nav>
```

**SUMMARY
まとめ**

〔1〕　大枠の骨組みを示すheader要素、footer要素、main要素
〔2〕　内部に階層構造を持つことができる情報ブロックがセクション
〔3〕　セクションをマークアップするのがsection要素、article要
素、aside要素、nav要素

Lesson 3

24 フォームに関連する
type属性値と属性

問い合わせフォームなどに使われるinput要素ですが、input要素そのものは従来のHTMLから存在したものです。HTML5では、input要素に設定するtype属性の値の種類が増え、機能が拡張しました。

> THEME
> テーマ
> ▶ HTML5で便利になったinput要素
> ▶ フォームのどんな部品が新しく使えるようになったか
> ▶ 新たに追加されたtype属性の値と使い方

▶ HTML5から新たに使用できるtype属性値

input要素はform要素の中で使われる、フォームの部品を作るための要素❷です。HTML5ではinput要素のtype属性で利用できる値の種類が増え、メールアドレス、WebページのURL、検索、電話番号などをtype属性によって個別に指定可能になりました❶ 図1。ここでは使用頻度の高い、主だったものを解説します。

input要素のtype属性の値に「search」を指定すると、検索フィールドが設定されます。検索ワードの入力時にはボックス内側の右端に「×」マークが表示され、「×」をクリックすると入力した文字列が消去されます 図2。

input要素のtype属性の値に「date」を指定すると、カレンダーが表示されます。ユーザーが選択した日付がフォームにセット(入力)されます。iPhoneでこのフォームを表示した場合、日付の選択リストが表示され、ユーザーはスワイプとタップで日付を選ぶことができます。ユーザーはPC・スマートフォンのいずれの場合でも入力は行わずに選択のみで日付を設定できます 図3。

type属性の値に「tel」を指定した場合も見てみましょう。iPhoneではキーボードの入力モードが自動的に数字に切り替わります。電話番号は数字の入力ですから、入力モードを切り替える手間がかからずユーザーの利便性が向上します 図4。

また、type属性の値に「color」を指定すると、カラーコントロールパネルが表示されます 図5。アンケートフォームで「イメージする色は?」などの設問に応用が可能です。

type属性の新しい値に対応していないWebブラウザ❸では、

> CHECK_
> 100ページ、Lesson3-20 参照。

WHY?: フォームのユーザビリティ

スマートフォンの普及により、スマートフォンからフォームの入力を行う機会も増えました。PCの画面から入力することを想定した従来のフォームは、スマートフォンの小さな画面やキーボードでは決して使い勝手のよいものとはいえません。HTML5で新たに追加されたtype属性値を活用すれば、例えば日付や時間のように、これまでは直接入力させていたものを選択式にできるなど、入力が容易になり使いやすさが向上します。

POINT_
HTML 4.01ではinput要素でテキストを入力するフィールド(テキストボックス)を作成した場合、type属性値には「text」しか利用できませんでした。このため、name属性を使って入力するテキストの種類を分けていました。例えば、電場番号の場合には<input type="text" name="tel">、メールアドレスの場合には<input type="text" name="email">のように設定していました。HTML5では<input type="email">などのようにtype属性に新しい値を利用することで、入力内容に応じたフィールドを設置できます。

POINT_
このように、HTML5やCSS3など新しい技術をサポートしているWebブラウザではよりよい見せ方で提供し、サポートしていないブラウザでは、機能を損なわずに情報が問題なく伝わる、ある程度のレベルで提供するという考え方を「プログレッシブエンハンスメント」(Progressive Enhancement)といいます。すべてのWebブラウザで同じ表示を保つのではなく、「同じコンテンツを提供する」ということに主眼を置いたWebサイト制作の考え方です。

MEMO_
type属性の初期値は「text」のため、input要素にtype属性を設定していない場合や新しいtype属性値に対応していないブラウザでは、通常のテキストボックスが作成されます。

フォームが従来通り単純なテキスト入力フィールドとして表示される●ため、ユーザーが利用できなくなることはありません。対応しているWebブラウザではよりよいユーザビリティのフォームを提供することができます。

図1 新しいtype属性の値

type属性の値	説明
search	検索キーワードの入力フィールドを作成
tel	電話番号の入力フィールドを作成
url	URLの入力フィールドを作成
email	メールアドレスの入力フィールドを作成
date	日付の入力フィールドを作成
datetime	タイムゾーン（協定世界時）による日時の入力フィールドを作成
datetime-local	日時の入力フィールドを作成
month	月の入力フィールドを作成
week	週の入力フィールドを作成
time	時間の入力フィールドを作成
number	数値の入力フィールドを作成
range	レンジバーの入力フィールドを作成
color	色の入力フィールドを作成

図2 type属性値に「search」を指定した検索フィールド

```
<form>
<p>サーチ：
<input type="search" name="search">
<input type="button" value="検索">
</p>
</form>
```

図3 type属性値に「date」を指定したカレンダー

```
<form>
<p>日付：
<input type="date" name="date">
</p>
</form>
```

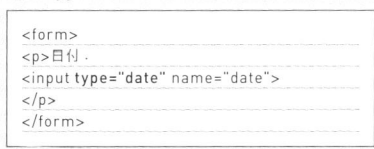

PCでの表示

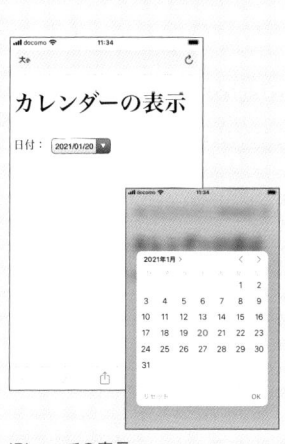

iPhoneでの表示

図4 type属性値に「tel」を指定したiPhoneでの表示

```
<form>
<p>TEL：
<input type="tel" name="tel">
</p>
</form>
```

図5 type属性値に「color」を指定したカラーコントロールパネル

```
<form>
<p>色を選択：
<input type="color" name="color">
</p>
</form>
```

▶ **フォーム関連で追加された属性**

　HTML5ではtype属性で利用できる値が増えただけではなく、input要素の属性そのものも数多く追加されました。従来はJavaScriptなどを利用していたフォームの部品も、HTMLだけで簡単に表現できるものが多数です。こうした新しい属性は、以前は対応しているWebブラウザにばらつきがあった❷ものの、現在では新しいバージョンのブラウザであれば、概ねサポートされています。ここでは実用的な属性をいくつか解説します。

　「autofocus属性」を設定すると、ページの読み込み時にこの属性が指定されたフォームの項目にマウスカーソルがフォーカスされた状態になります 図6 。ユーザーはクリックして最初の項目に移動する1ステップを省略できるわけです。autofocus属性はinput要素以外に、select要素、textarea要素、button要素などに使用できます。「autofocus="autofocus"」と記述する以外に、単に「autofocus」と指定することが可能です。

　「placeholder属性」はフォーム項目のテキストフィールド内に、薄い色で入力例などのテキストを表示する際に使います 図7 。ユーザーが実際にテキストを入力すると、最初から表示しているテキストは消えます。入力例のほか注意書きなどを表示させてもよいでしょう。placeholder属性はinput要素、textarea要素に使用でき、「placeholder="例) 赤間公太郎"」のように属性値に表示したい内容を記述します。

　「required属性」は入力や選択が必須であることを示すものです。required属性を指定している要素（フォームの項目）を入力せずに送信ボタンを押した場合、入力を促すメッセージが表示されます 図8 。type属性値に「email」を指定している場合、required属性によって表示されるメッセージもそれに応じたものになるため、ユーザーがメールアドレスを入力する際のヒントを与え、入力ミスが何度も起こるのを防ぐことができます 図9 。required属性は「required="required"」と記述するほか、単に「required」と指定することも可能です。

SUMMARY まとめ

〔1〕 新たに追加されたtype属性値によって、フォームの部品をより細かく使い分けることができる

〔2〕 新しいtype属性値や属性にはフォームの入力支援となるものが多数あり、特にスマートフォンでの使い勝手が向上する

図6 autofocus属性の使用例

```
<form action="mailform.php" method="post">
<p>お名前：<input type="text" name="name" id="name" autofocus></p>
<p>性別：<input type="radio" name="sex" value="男">男 <input
type="radio" name="sex" value="女">女</p>
<p>メールアドレス：<input type="email" name="email"></p>
<p>メッセージ：<br>
<textarea name="message" cols="50" rows="5"></textarea></p>
<p><input name="submit" type="submit" value="送信する"></p>
</form>
```

図7 placeholder属性の使用例

```
<form action="mailform.php" method="post">
<p>お名前：<input type="text" name="name" id="name" placeholder="例）
赤間公太郎"></p>
<p>性別：<input type="radio" name="sex" value="男">男 <input
type="radio" name="sex" value="女" required>女</p>
<p>メールアドレス：<input type="email" name="email" placeholder="例）
akama@magical-remix.co.jp"></p>
<p>メッセージ：<br>
<textarea name="message" cols="50" rows="5" placeholder="メッセージ
をご記入ください"></textarea></p>
<p><input type="submit" value="送信する"></p>
</form>
```

図8 required属性の使用例

```
<form action="mailform.php" method="post">
<p>お名前：<input type="text" name="name" id="name" required></p>
<p>性別：<input type="radio" name="sex" value="男" required>男 <input
type="radio" name="sex" value="女" required>女</p>
<p>メールアドレス：<input type="email" name="email" required></p>
<p>メッセージ：<br>
<textarea name="message" cols="50" rows="5"
required="required"></textarea></p>
<p><input type="submit" value="送信する"></p>
</form>
```

図9 required属性によって表示されるメッセージ例

「type="email"」を指定した場合には、メールアドレスの入力ミスを防ぐようなメッセージが表示される

ページの構造を示す要素を使ったマークアップ

HTML5では、ページの構造を示すheader要素、main要素、footer要素、section要素、article要素、aside要素、nav要素が加わりました（110ページ、Lesson3-23参照）。従来のHTMLではこれらの要素に置き換わるものはなく、多くの場合div要素を文書構造の区分に使っていました。

div要素を<div id="header"> ～ </div>のように記述して、人間が見て理解できるようなID（目印）をつけることで、CSSでレイアウトや色などを調整するためのきっかけとしていました。ただ、div要素は本来情報ブロックを表すに過ぎず、div要素自体に特別な意味はありません。

HTML5にページの構造を表す新しい要素が加わったことで、従来<div id="header"> ～ </div>としていたものを<header> ～ </header>のように置き換えることができるようになりました 図1 。div要素ではなく構造を示す新しい要素でマークアップすることで、コンピューターにもより適切に文書構造が伝わるだけでなく、ソースコードの視認性がよくなるなどのメリットもあります。

ただし、すべてのdiv要素をHTML5の新要素に置き換えられるわけではありません。構造的に意味がそぐわない部分や、レイアウトのための情報ブロックに対しては従来通りdiv要素を使うのがよいでしょう。

図1 従来とHTML5でのマークアップ例の比較

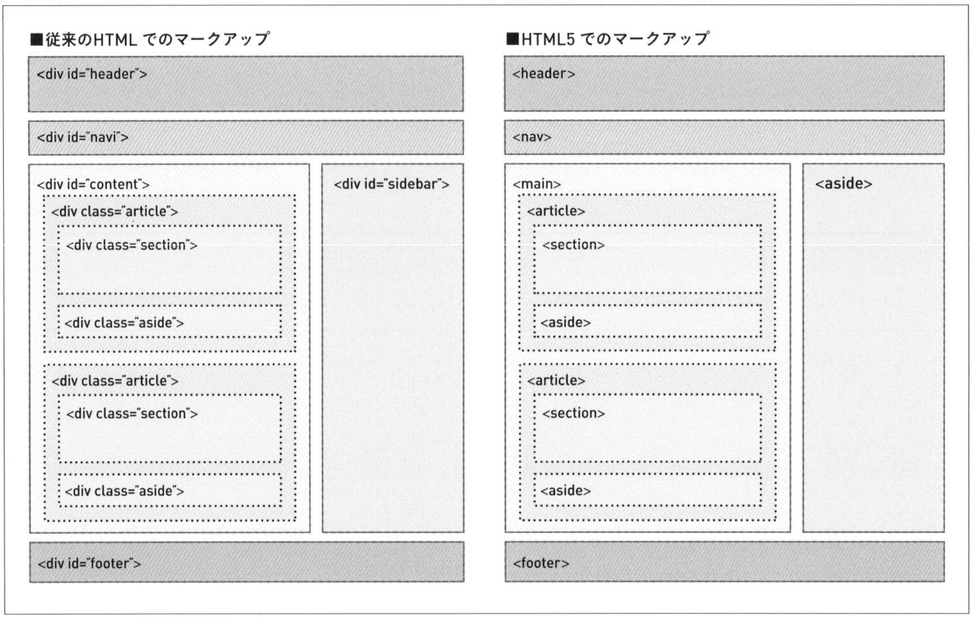

■従来のHTML でのマークアップ

```
<div id="header">

<div id="navi">

<div id="content">              <div id="sidebar">
    <div class="article">
        <div class="section">

        <div class="aside">

    <div class="article">
        <div class="section">

        <div class="aside">

<div id="footer">
```

■HTML5 でのマークアップ

```
<header>

<nav>

<main>                         <aside>
    <article>
        <section>

        <aside>

    <article>
        <section>

        <aside>

<footer>
```

4

―

Lesson

CSSの役割と
できること

CSSは、Webページのレイアウト
（文字や画像の配置）や装飾を行うための技術です。
Webデザインに欠かせない
CSSについて学んでいきましょう。

01 CSSとはどんなもの?

HTMLはWebページの文書構造を記述するものですが、CSSはひと言でいうとWebページのレイアウトや装飾を行うものです。ここではまず、CSSの具体的な役割や、なぜ必要とされるのかを見ていきましょう。

THEME テーマ	
▶	CSSとはどんなもの?
▶	なぜCSSが必要なのか
▶	CSSを利用するメリット

▶ CSSの登場と浸透

スタイルシートとは、もともとはワープロソフトなどで作成する文章に対して、文字の大きさや色を変えたりなどの装飾を行う技術のことをいいました。現在Web制作の現場で「スタイルシート」といえば、「CSS」(Cascading Style Sheets：カスケーディング・スタイル・シート)のことを指します ◎。

CSSが登場したのは1996年です。インターネットにおける技術の標準化を進める団体「W3C」によってCSS1が勧告されました。このときからすでに、HTMLではWebページの文書構造を記述し、CSSではレイアウトや装飾について記述するという、「文書構造と見た目・装飾の分離」を考えて定義されていました。ただ、当時の主流のWebブラウザであるInternet Explorer (IE)やNetscapeでは、CSSのサポートが追いついておらず、あまり一般的には使用されていませんでした。

その後2004年にCSS2.1が登場し、さらにMozilla (現在のFirefox)やOperaなどのモダンブラウザの登場により、CSS本来の役割に注目が集まり、活用されるようになりました ◎1。2008年に登場したIE7からは完全ではないにしろCSSが十分にサポートされたため、CSSが広く使われるようになり、「CSSレイアウト」が主流の時代になったのです。

▶ CSSの役割と使うメリット

CSSはレイアウトや装飾を施すための言語です。一方HTMLにも、レイアウトや装飾をコントロールする記述は存在します。情報をセンタリングするcenter要素や、色を指定するcolor属

> **◎ MEMO_**
> DTPによるデザインになじみのある方にとっては、IllustratorやInDesignにある「文字スタイル」や「段落スタイル」といった機能が、まさにこのスタイルシートと同じ役割を果たしていると考えるとよいでしょう。

> **Word モダンブラウザ**
> HTMLやCSSなどがW3Cの仕様に十分に対応できているWebブラウザのことをいう。一般的にはGoogle Chrome、Firefox、Safari、Opera、新しいバージョンのEdgeなど常にバージョンアップが行われ、最新技術に対応しているWebブラウザがモダンブラウザであるといえる。逆に、対応が十分ではない古いバージョンのIEなどは「レガシーブラウザ」と呼ぶ。

> **WHY?: HTMLでのスタイリング**
> HTML5より前のHTMLのバージョンによっては、情報をスタイリングするための要素や属性が存在します。しかし、HTMLで直接スタイリングする手法は、現在のWeb制作の現場ではまず使われません。HTML5では装飾のための要素や属性は廃止されていますし、HTML 4.01やXHTML 1.0の厳密型バージョン (Strict)では非推奨になっているなど使用できない条件があるからです。HTMLでスタイリングを行ってもメリットはありませんので、CSSを使ってスタイリングをするようにしましょう。

性などのスタイリングです。しかし、HTML本来の目的は文書内の情報に対して、意味を与えることです。センタリングや色の指定などをHTMLの機能で行うことは、HTML本来の役割から外れることになります。Webページをレイアウトしたり装飾したりするために、CSSが必須であるといえます。また、文書構造（HTML）とスタイリング（CSS）が分離されることで、HTMLの中身は変えずにCSSを変更するだけで、レイアウトや装飾を容易に調整できるため、制作の効率も向上します 図2 。

図1 CSSの登場と変遷

CSSの歴史

CSS1 CSS2 CSS2.1 CSS3

CSS1(1996年) CSS2(1998年) CSS2.1(2004年) CSS3

CSSではそれまでのバージョンが使われなくなるのではなく、バージョンアップとともに新しい「プロパティ」が加わっていく。現在のWeb制作の現場ではCSS3で登場した新しいプロパティも含めて広く利用されている

図2 HTMLとCSSの役割

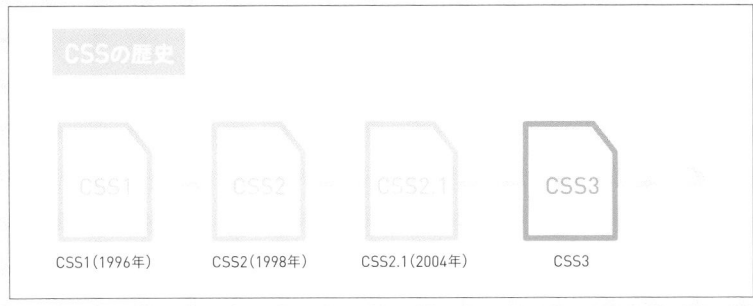

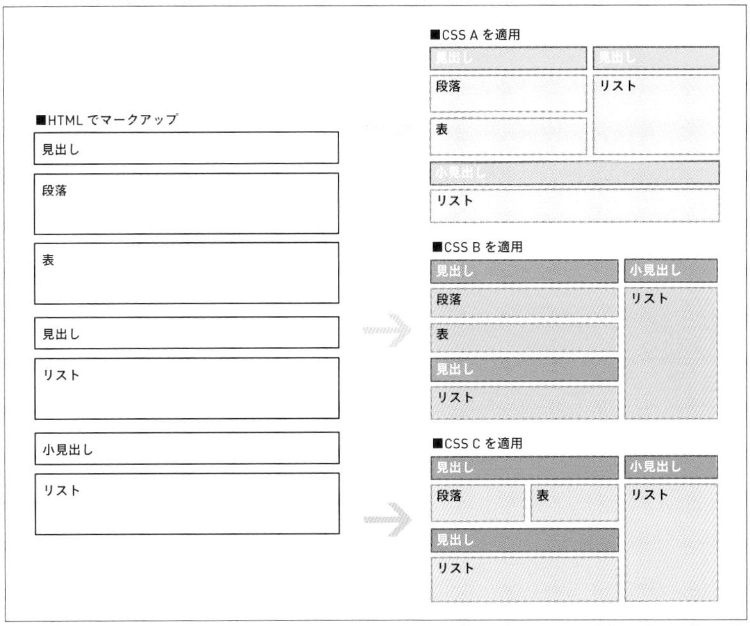

■HTML でマークアップ
見出し
段落
表
見出し
リスト
小見出し
リスト

■CSS A を適用
見出し　見出し
段落　リスト
表
小見出し
リスト

■CSS B を適用
見出し　小見出し
段落　リスト
表
見出し
リスト

■CSS C を適用
見出し　小見出し
段落　表　リスト
見出し
リスト

HTMLの文書構造やマークアップは変更せずに、適用するCSSでレイアウトや装飾を変えることができる

SUMMARY
まとめ

〔1〕 HTMLは文書構造を表すもの、CSSは装飾を行うもの
〔2〕 CSSを使うことでレイアウトや装飾の調整が効率的になる
〔3〕 Web制作の現場ではCSS3が主流

02 CSSで情報をデザインする

CSSの役割はHTMLに対してレイアウトを調整したり、色を指定したりするなど、見た目に関わる部分をコントロールすることです。CSSを使うことでHTMLを人の目に、よりわかりやすく整えることができます。

THEME テーマ	▶ **CSSの役割**
	▶ **文書構造に影響を与えないデザイン**
	▶ **ユーザーが見やすい・使いやすいコンテンツ**

▶ CSSでデザイン・レイアウトを行う

CSSの役割は、HTMLで構造化された情報をデザイン・レイアウトすることです。HTMLでは文書構造を意識しながら、情報を各要素で見出しや段落などをマークアップしていきます。HTMLをマークアップしただけの状態でWebブラウザに表示すると、各要素が記述した順番通りに上から表示されます。要素によってはブラウザの初期設定に合わせて文字サイズなどは変わるものの、ほとんど装飾はされません 図1 。

文書構造だけを考えればこのままでも十分わかりやすいのですが、よく見やすく美しいデザインのWebサイトにするためには、このHTMLに対してレイアウトの調整をしたり色をつけたりなどのデザインや飾りつけを行う必要があります。このデザイン処理をCSSで行うのです。CSSを使うと、文章のブロックを横に並べて表示したり、画像を好きな位置に配置したりと、さまざまな形でレイアウトを制御することが可能になります。

例えば、h1要素でマークアップしたテキストは、デフォルトでは大きい文字サイズで太字で表示されますが、デザイン上見た目を変えたい場合には、CSSで文字のサイズを変更したり、太字を解除したりできます。CSSを使って各要素のデフォルトのスタイリングを調整することで、要素の意味づけや文書の構造はそのまま、見た目だけを変更できるのです。

▶ より使いやすいコンテンツを提供する

HTMLの初期表示は背景が白、文字は黒と、非常にシンプルで最低限の装飾になっています。「文書構造を正しく伝える」意

Word デフォルト

最初に設定されている「初期状態」のこと。CSSで何も指定しない場合、各要素はWebブラウザの初期状態の文字サイズや余白スペースで表示される。

Word スタイリング

文字サイズや文字色、背景色、各要素の幅や改行など、レイアウトや見た目の情報を「スタイル」、「スタイリング」という。「CSSでスタイリングを調整する」といった場合、これらの装飾やレイアウトの情報をCSSを使って変えていくことを意味する。

WHY?: スクロール量が多いと見づらい

通常、Webブラウザに表示される内容がウィンドウ内におさまらないときには、自動的にスクロールバーが表示されます。適切なレイアウトが施されていないページは、スクロール量が多くなります。また、掲載している内容や画像が多いほど、ページを読み込むのに時間がかかります。コンテンツが多すぎるときはページをいくつかに分けるなど、1ページに適切な内容量で掲載しましょう。

味ではこのままでも事足りますが、ユーザーはより使い勝手のよいWebサイトを求めています。例えば、ナビゲーションや文章がたくさんあり、全体の内容量が多いほど、デフォルトの状態ではページはどんどん縦長になります。あまりにスクロール量が多いページは、決して使い勝手がよいとはいえません。CSSでナビゲーションメニューを横並びにして文章を2列で表示するなど、レイアウト面で工夫をすることで、より見やすい状態になります。このように、CSSを使うことで、コンテンツをより見やすく使いやすい形で、ユーザーに提供することができます 図2 。

図1 HTMLをWebブラウザのデフォルトで表示

図2 図1 にCSSを適用した状態

CSSを使うことで、さまざまなデザインが可能になる

SUMMARY
まとめ

〔1〕 HTMLだけでは装飾されない
〔2〕 デフォルトのスタイリングをCSSで調整する
〔3〕 CSSでより使いやすいWebサイトを提供できる

03 HTMLはWebブラウザに どう表示されている?

CSSでスタイリングを行う前に、Webブラウザがそもそも持っているレイアウトの情報を見ていきましょう。
事前にWebブラウザのデフォルトのスタイリングを把握しておくと、CSSでの調整がしやすくなります。

THEME
テーマ

▶ Webブラウザのデフォルトのスタイリング
▶ ブロックレベルとインラインの性質の違い
▶ CSSを使ったスタイリングの調整

▶ Webブラウザはスタイリング情報を持っている

Webブラウザは、本来デフォルトのスタイルを持っています。CSSでスタイリングを行う前に、ブラウザのデフォルトのスタイリングを理解しましょう。

まずは、いくつかの要素を記述した単純なHTMLを見てみます 図1 。上からh1要素、p要素、h2要素、ul要素、h3要素、ol要素の順でマークアップしたものです。このHTMLファイルをブラウザで表示すると、h1要素・h2要素・h3要素、p要素の上下と、ul要素やol要素の左側に隙間があります。これはブラウザが本来持っているスタイリング情報で、HTMLでマークアップした文書の意味が人間の目で見たときにも伝わるよう、ブラウザ

WHY?: Webブラウザのスタイリング情報

Webブラウザは、デフォルトでスタイリング情報（幅、要素同士の間隔、ボーダー、改行などのレイアウトの情報）を持っています。デフォルトのスタイリングはシンプルですが、わかりやすい装飾で表現されます。このため、CSSなしでHTMLだけを表示した状態でも、各要素の強弱や意味合いが人間の目から見てもわかりやすいものになっています。例えば、段落はデフォルトのスタイリングで上下に隙間ができますが、もし隙間がないと段落なのか改行なのか区別がつかないでしょう。

図1 HTMLファイルをマークアップしただけの状態でブラウザで表示した例

```
<body>
<h1>農家直送のおいしい有機野菜のカフェごはん</h1>
<p>農家直送のおいしい有機野菜をふんだんに使った、カフェごはんを提供して
います。お近くにいらっしゃった時には、ぜひお立ち寄りください。</p>
<h2>今月のおすすめメニュー</h2>
<ul>
 <li>日替わりパスタ<br>1,000円</li>
 <li>月替わりスイーツ<br>600円</li>
</ul>
<h3>ドリンク人気ランキング</h2>
<ol>
 <li>ベリーベリースムージー<br>600円</li>
 <li>オーガニックレモンティー<br>700円</li>
 <li>フローズンアイスカフェオレ<br>500円</li>
</ol>
</body>
```

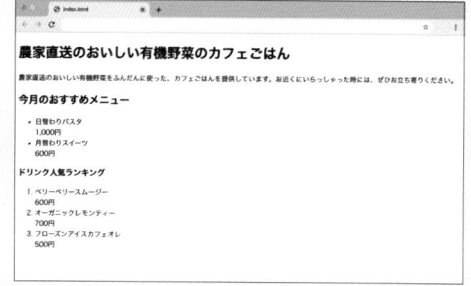

CSSを使わずとも、Webブラウザが本来持っているスタイリングで表示される

MEMO

Firefox や Opera、Google Chrome などの Web ブラウザは、Windows 版と Mac 版がそれぞれあります。同じ Web ブラウザであっても、Windows と Mac では見え方が多少違い、特にフォントの見え方が異なります。

POINT

Web ブラウザがもともと持っているデフォルトのスタイリング情報には、上下左右の隙間以外にも、文字の大きさ、文字の太さ、文字の種類などがあります。

CHECK

74 ページ、Lesson3-08 参照。

POINT

HTML で使われるすべての要素は「ボックス」と呼ばれる、箱のような形の領域で構成されています（詳しくは 158 ページ、Lesson4-18 で解説）。

に設定されているものです。

隙間の広さはブラウザによって微妙に違いますが、ほぼ同じような数値を持っています。例えば、Mac 版の Safari では、h1 要素は「ブロックレベルで表示する設定（display: block;）、フォントサイズを大きくする設定（font-size: 2em;）、上下の隙間をあける設定（margin: 0.67em 0;）」になっています。このようなブラウザがはじめから持つスタイリングを、CSS で調整していくのです。

▶ ブロックレベルとインラインの違い

HTML の要素には、要素そのものの性質としてブロックレベルで表示されるものとインラインで表示されるものがあります。前者は要素の領域（ボックス）が横幅いっぱいに広がり、上下には自動的に改行が入ります。要素によっては上下左右に隙間ができるものもあります。一方、後者は改行の情報を持っておらず隙間はできません。また、上下の隙間（margin）や幅（width）の指定ができない性質を持っています。

CSS を使うとブロックレベルの性質を持つ要素をインラインで扱ったり、逆にインラインの性質を持つ要素をブロックレベルで扱ったりできます。このように個々の要素の性質による違いがあるので、細かい挙動や仕様を踏まえた上で CSS で調整していきましょう。

インラインの性質を持つ要素（strong要素）をCSSで調整してブラウザで表示

```
<body>
<p>農家直送の<strong>おいしい有機野菜</strong>をふんだんに
使った、カフェごはんを提供しています。お近くにいらっしゃった時には、
ぜひお立ち寄りください。</p>
</body>
```

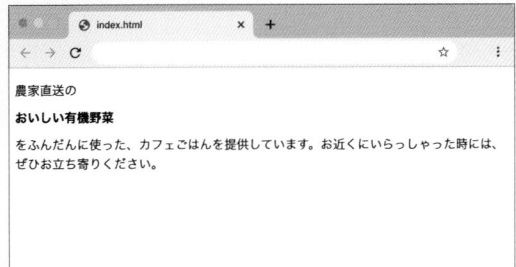

strong 要素でマークアップした情報を、CSS でブロックレベルとして表示している。CSS を使えば要素の意味づけはそのままで、インラインの性質の要素をブロックレベルの性質にすることができる

SUMMARY まとめ

〔1〕 Web ブラウザのデフォルトのスタイリングを CSS で調整していく

〔2〕 ブロックレベルとインラインの性質の違いを理解した上で、CSS で調整を行う

04 HTMLにCSSを適用するには？

HTML文書に対してCSSを適用するには、大きく分けて3つの方法があります。いずれの表示結果も同じですが、使いどころやメンテナンス性に違いがあります。それぞれの特徴を解説していきます。

THEME テーマ	▷ HTMLにCSSを適用する方法
	▷ CSSを外部ファイルとして読み込む
	▷ HTMLにCSSを書き込む

▷ HTMLにCSSを適用する方法

HTML文書にCSSを適用するには、主に3つの方法があります。まずは、CSSをHTMLとは別の外部ファイルとして作成し、HTMLファイル内のlink要素で参照させる方法（「リンク」）です。これ以外に、HTMLファイルの中に、直接CSSを記述して適用するやり方もあります。head要素内でstyle要素にCSSを指定する方法（「エンベッド」）と、一つひとつの要素に対してstyle属性で直接CSSの指定をする方法（「インライン」）です。それぞれの特徴を見ていきましょう。

Word エンベッド（embed）
「埋め込む、はめ込む」という意味。この場合は、HTMLの中にCSSを埋め込むという意味になる。

link要素で指定する方法は、HTMLから外部のCSSファイルを参照させるときに使い、そのHTMLファイル全体に指定したCSSが適用されます。HTMLのhead要素に`<link rel="stylesheet" href="style.css" type="text/css">`のように記

図1 link要素でCSSを指定する

```
<link rel="stylesheet" href="style.css">
HTML ――link要素―― CSS
```

link要素を使う方法では、HTMLから外部のCSSファイルを参照させて使用する

図2 style要素でCSSを指定する

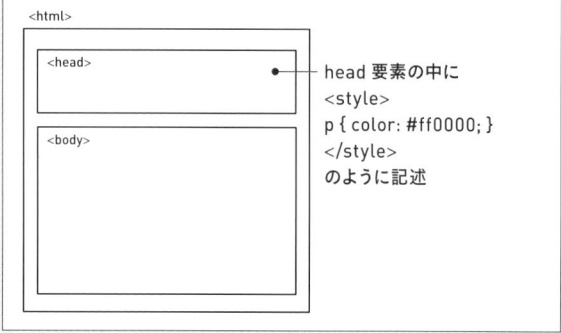

```
<html>
  <head>
  <body>
```

head要素の中に
```
<style>
p { color: #ff0000; }
</style>
```
のように記述

head要素の中にstyle要素を記述して使用する

WHY?: link要素で複数のCSSファイルを参照させる

link要素を使って複数のCSSファイルを参照させることができますが、参照させるファイルが増えると、同時にサーバーがデータを読みに行く回数も増えることになります。もし大量のCSSファイルを外部に置いて呼び出したとすると、サーバーの反応が低下し、表示に時間がかかる原因にもなります。規模の小さなWebサイトでは、数個のCSSファイルで十分です。

ⓘ POINT

外部のCSSファイルを適用するにはlink要素を使うほかに、「@importルール」というものを使ってCSSファイルを読み込む方法もあります。「@import url(CSSのファイル名);」のように記述して、CSSを適用します。@importはHTMLのstyle要素の中に記述することも可能ですが、外部のCSSファイルの中に記述して、1つのCSSファイルから複数のCSSファイルを読み込む場合に多く利用されます。このやり方をすることで、更新時などにHTMLは変えることなく、CSS側だけで読む込むCSSファイルを追加・変更できるからです。

述します。link要素を連続して記述することで、外部のCSSファイルをいくつも参照させることができます。HTML5ではtype="text/css"は省略可能です。

style要素を使う指定は、head要素の中にCSSを記述します。`<style>` 〜 `</style>`のように記述し、その中でCSSの指定を行います。style要素にはtype属性でtype="text/css"をつけるケースが多いですが、省略が可能です。

style属性で直接指定する方法は、body要素内のすべてのタグに対して使用できます。例えば、段落に色をつけるには`<p style="color: #ff0000;">` 〜 `</p>`のように記述します。

▶ 一番多く使われる適用方法

CSSの適用方法は3つありますが、どの方法を選べばよいのでしょうか？ Webサイトでは、表示幅や配色などサイト全体で共通のスタイルは、複数のページに一括で適用させるのが一般的なため、CSSを適用する際に通常はlink要素を使用します。あとからページを追加したり、サイト共通のスタイルを変えるときなど、外部のCSSを編集すれば、そのCSSを参照しているページすべてにスタイルの変更をでき効率的だからです。

style属性で指定したスタイルは、link要素を使って読み込んでいるCSSより優先的に適用されますが、ソースコードが複雑になりスタイルの管理も煩雑になります。link要素を使って外部のファイルとして参照させるのが一般的なやり方です。

図3 style属性にCSSを記述する

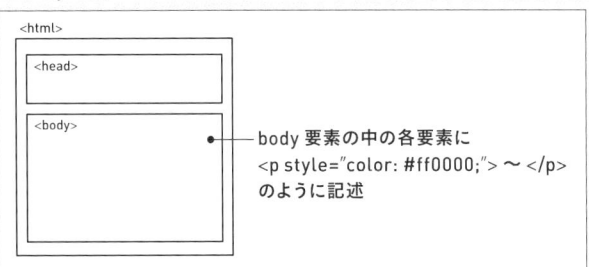

body 要素の中の各要素に
`<p style="color: #ff0000;">` 〜 `</p>`
のように記述

body要素内のタグの中にstyle属性を使って記述すると、そのタグにだけピンポイントで適用される

SUMMARY まとめ	〔1〕 CSSはリンク、エンベッド、インラインのいずれかの方法で適用する
	〔2〕 CSSを適用するにはlink要素を使うのが一般的
	〔3〕 style属性は優先してスタイルをつけるときに使う

05 セレクタとはどんなもの？

CSSを使って文書にスタイルを適用するには、「セレクタ」と呼ばれるものを使います。セレクタをしっかりと理解すれば、CSSの設定を効率よく行うことができます。セレクタとはどんなものなのかを見てみましょう。

THEME テーマ	▶ セレクタとは何をするもの？
	▶ セレクタの構造
	▶ セレクタの基本的な書き方

▶ セレクタが果たす役割

　CSSを使ってHTML文書をレイアウト・装飾していく上で、基本となるのが「セレクタ」と呼ばれるものです。セレクタをひと言でいうと、「CSSのスタイルを適用する場所（対象）を選択するためのもの」です 図1 。HTMLはさまざまな要素（タグ）で意味づけされたテキストで構成されます。そして、CSSはテキストそのものではなく、HTML上のタグを目印にスタイルを適用します。セレクタの基本は「スタイルを適用したい特定のタグを選択するもの」と考えるとよいでしょう。

図1 セレクタの考え方

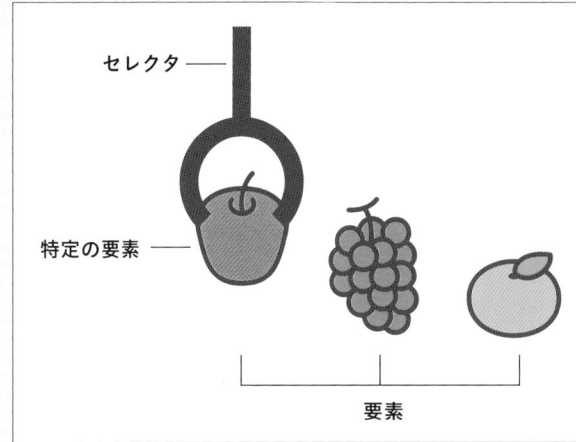

さまざまな要素の中からスタイルを適用させる要素を選び出すのがセレクタ。図の例でいうと、HTML内の要素（リンゴ、ぶどう、みかん…）の中から、特定の要素（リンゴ）を選び出すための指定方法がセレクタになる。このときリンゴと指定するだけではなく、赤い果物、一番左の果物など、いろいろな指定方法がある

Word プロパティ

property、「特性・性質」の意。CSSのプロパティは、要素を表示する上で変化を与える特性のことを指している。例えば、色は「color」、横幅は「width」、縦幅（高さ）は「height」、文字の大きさは「font-size」などのプロパティがあり、各要素に適用できるプロパティはあらかじめ決められている（詳しくは140ページ、Lesson4-09以降で解説）。

Word 値（あたい・ち）

CSSの値は、プロパティに対する具体的な指定と考えるとよいだろう。例えば、プロパティが「color」（色）の場合、値には何色という色を示す指定が入り、プロパティが「width」（横幅）のときには幅を指定する数値などが入る。

MEMO

「#f00」は「赤」を意味する「#ff0000」の省略形で、色の数値を16進数で表したものです（詳しくは230ページ、Lesson6-03で解説）。

WHY?: セミコロンで区切る

セレクタ1つに対して、プロパティと値のセット（宣言）を複数記述することができます。複数記述する場合は値のあとにセミコロン（;）を入れて、次の宣言を記述します。最後の宣言にはセミコロンは不要ですが、あとからさらに宣言を追加したときに、セミコロンをつけ忘れるとCSSが効かなくなるなどエラーの原因になります。セミコロンは常につけるようにしましょう。

例えば、1つのWebページに5つのp要素があり、そのうち3番目のp要素にだけCSSを適用したい、といったケースがあります。この場合、セレクタをうまく使えば、特定箇所のp要素だけを選択して装飾することが可能になります。

セレクタにはいくつかの記述方法があり、特定の要素を選択するとき、その状況に適したものを利用します。

セレクタの基本構造

まずは、セレクタの構造を見てみましょう。セレクタの構造はそれほど複雑ではなく、「セレクタ」、「プロパティ」、「値」の3つの組み合わせが基本的な形です 図2 。記述順もこれが基本で、見た目の順番通り「○○の××を△△する」と覚えましょう。図2の例では「セレクタがp要素」、「プロパティがcolor」、「値が#f00」となり、HTMLに適用すると「すべてのp要素の文字色を赤くする」という指定になります。これで1つのセレクタが完結です。

さらに別のプロパティを加えていくには、値のあとにセミコロン（;）を入れて区切り、同じルールで追記していきます 図3 。CSSを書くということは、この「○○の××を△△する」のセットを繰り返し記述していくことといえます。また、CSSはすべて半角で記述するのがルールです。

図2 セレクタの基本形

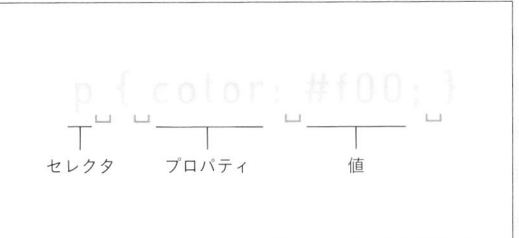

セレクタの一連の記述方法はそれほど複雑ではない。「○○の××を△△する」と覚えよう。
CSSでは、この「○○（要素など）の××（プロパティ）を△△（値）する」というセレクタの記述を、さまざまな形で繰り返していく

図3 プロパティを複数記述した例

▶ セレクタの構造と文法

さらに詳しくセレクタの構造を見ていきましょう。セレクタから始まる一連の内容を「規則集合（ルールセット）」といいます。セレクタ以降で左中括弧（ { ）で始まり、右中括弧（ } ）で終わる部分を「宣言ブロック」といいます。さらに中括弧の内側に、コロン（ : ）で区切った一対の部分を「宣言」といいます 図4 。CSSでは、この宣言の部分にレイアウトや装飾の指定を行います。宣言はコロン（ : ）で区切る一対の指定で行い、左側を「プロパティ」、右側を「値」といいます。宣言の終わり、という意味で最後にセミコロン（ ; ）をつけます。

▶ 宣言の記述ルール

宣言には、半角スペースや改行、インデントなどを自由に入れ

図4 CSSは規則集合、宣言ブロック、宣言の3つで構成される

セレクタから}までを規則集合、{から}までを宣言ブロック、プロパティから;までを宣言と呼ぶ

ることができます。Webサイトを一人で作成している分には、自分のルールで好きなように記述してもよいのですが、Web制作の現場では複数の人がCSSを作成し、管理するケースが多くあります。それぞれが独自のルールでCSSを書いてしまうと、不要な混乱を招きミスにつながることもあります。

CSSを書く上で、一般的に使われるルールを身につけましょう。まずは宣言が1つの場合、セレクタのあと、中括弧の内側、コロンのあとに半角スペースを入れます。さらに、プロパティが1つだけのときでもセミコロンをつけるようにしましょう。

宣言が複数の場合、セレクタのあと、コロンのあとに半角スペースを入れます。プロパティの前はタブキーでインデントし、最後の右中括弧は、改行して記述します [5] 。

Word インデント
テキストの行頭に空白を入れて、先頭の文字を右に寄せることをいう。インデントはキーボードのタブキーを押して入れるほか、半角スペースを連続して入れる方法もある。

---

[5] CSSで一般的なスペースやインデントの使い方

■宣言が1つの場合

```
p { color: #f00; }
```

セレクタのあと、中括弧の内側、コロンのあとに半角スペースを入れる。プロパティが1つの場合でもセミコロンをつける

■宣言が複数にわたる場合

```
p {
    color: #f00;
    margin: 15px;
}
```

セレクタのあと、コロンのあとに半角スペース、プロパティの前はタブでインデント

■半角スペースやタブキーのインデントを自由に入れた場合

```
p
{
        color:
            #f00;
    margin
    :
        15px;
}
```

改行、半角スペース、インデントを自由に入れられるが、管理面であまりよくない

半角スペースや改行、インデントなどを自由に入れられるとはいえ、
自由に入れるよりルールを決めて記述したほうが管理がしやすくなり、混乱も少なくなる

SUMMARY
まとめ
──────

〔1〕 セレクタの構造と書き方の「型」をしっかり覚える

〔2〕 セレクタ、プロパティ、値の組み合わせが基本形

〔3〕 CSSの基本は規則集合、宣言ブロック、宣言で成り立つ

06 よく使われるセレクタ

セレクタの一連の基本的なルールを理解したら、次はセレクタの種類を見てみましょう。セレクタにはさまざまな種類があり、うまく使い分ければ、特定の要素をピンポイントで簡単に選択できるようになります。

THEME
テーマ
▶ よく使うセレクタの種類
▶ 各セレクタの特徴と記述の仕方
▶ IDセレクタ、classセレクタの使い方

▶ 最も基本的なセレクタ

セレクタにはたくさんの種類がありますが、ここでは実際のWeb制作でよく使われる「要素セレクタ」、「全称セレクタ」、「IDセレクタ」、「classセレクタ」、「複数セレクタ」、「子孫セレクタ」の6つを中心に解説します 。

要素セレクタは、要素名で対象を指定してスタイルを適用する、最も基本的なセレクタです。例えば、「p { color: #f00; }」のように記述した場合、文書内のすべてのp要素が対象になり、すべてのp要素の文字色が赤になります。

全称セレクタは「ユニバーサルセレクタ」とも呼ばれ、すべての要素を対象にスタイルを適用するものです。「* { color: #f00; }」のように、セレクタにアスタリスク (*) を記述し、文書内のすべての要素が対象になります。

▶ 特定の要素を対象にするセレクタ

IDセレクタは、HTMLで特定の要素だけにつけられたID属性を目印にしてスタイルを適用するものです。IDセレクタでは「#content { color: #f00; }」のように、セレクタ部分に「シャープ (#) ID名」を記述します (ここではcontentがID名)。そして、このスタイル指定を適用させたい要素には、HTML側でID属性を使って「<div id="content">」のように、IDセレクタで記述したID名をつけるやり方です。ID名は固有で、そのページ(HTML)の中で一度しか使えません 。IDセレクタは要素セレクタと組み合わせて、セレクタ部分に「div#content」のように記述することができます。

MEMO_
ID名は任意の名前をつけられますが、数字から始まるものは使用できません。また、同じID名はそのページ (HTML) の中で一度しか使えません。別のページで、同じID名を使うことはできます。

WHY?: 半角スペースのあり・なしでセレクタの意味が変わる

要素セレクタに、IDセレクタやclassセレクタを組み合わせる場合は、要素セレクタのあとにIDセレクタ (またclassセレクタ) を続けて記述します。「div#content」とした場合は「div要素にid="content"がつけられたものが対象」という意味です。また、似たような記述で「div #content」のように半角スペースで区切られているのであれば、「div要素の子要素のうちid="content"がつけられたもの」という意味になります。この場合はdiv要素自身につけられたIDを示すのではなく、内包する要素が対象となります。

要素にCSSでのスタイリングに際して目印となる名前（class名）をつけるときに使う属性。ID属性とは異なり、1つの文書（HTML）内で同じclass名を何度も使うことができる。class属性は属性値に複数の値（class名）をまとめて記述することができ、その場合は`<p class="note next">`のようにclass名を半角スペースで区切る。

POINT

IDセレクタ、classセレクタの名前は自由につけることができますが、のちの更新や、Webサイト内での使い回しを想定しながら決定するとよいでしょう。例えば、div要素のサイドバーに「#left」とID名をつけたとします。これをあとからの修正で左から右へ移動したとすると、ID名に矛盾や違和感が生じますが、「#sidebar」などとつけておけば、こうした矛盾は回避できます 図2 。名前は「見た目」ではなく「機能」を意識してつけるとよいでしょう。

classセレクタは、HTMLでclass属性をつけられた特定の要素を対象にするものです。セレクタ部分に「.note { color: #f00; }」のように、ピリオド（.）とclass名（ここではnote）を記述します ① 。そして、HTMLではスタイルを適用したい要素にclass属性をつけて、「`<p class="note">`」とclass名を設定します。class名はID名とは違って、同じHTMLの中で同一のclass名を複数回使うことができます。

複数のセレクタに対して、同じスタイル指定をまとめて適用できるのが複数セレクタです。セレクタをカンマ（,）で区切り、「h1, p { color: #f00; }」のように記述します。

また、ある要素の中の特定の要素だけを対象にするのが子孫セレクタです。「p strong {color: #f00; }」のように、セレクタとセレクタの間に半角スペースを記述します。この場合は、p要素の中にあるstrong要素の文字色を赤くする意味になり、p要素の中に含まれているstrong要素以外には適用されません。

このほかにもセレクタの種類はありますが、まずはこれら基本の6つのセレクタをしっかりと理解しましょう。

表1 よく使用する代表的なセレクタと記述例

セレクタの種類	記述例
要素セレクタ	p { color: #f00; }
全称セレクタ	* { color: #f00; }
IDセレクタ	#content { color: #f00; }
classセレクタ	.note { color: #f00; }
複数セレクタ	h1, p { color: #f00; }
子孫セレクタ	p strong { color: #f00; }

図2 ID名、class名のつけ方の例

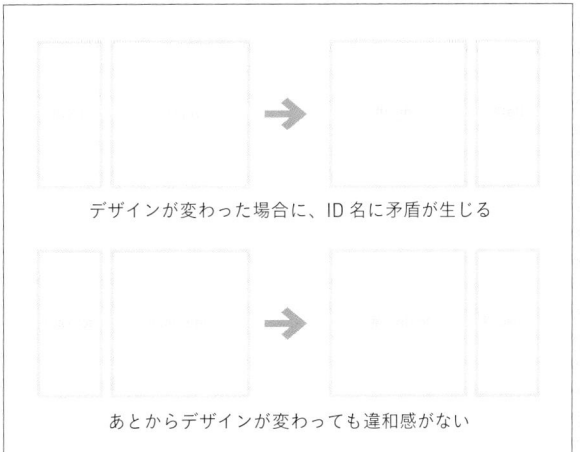

デザインが変わった場合に、ID名に矛盾が生じる

あとからデザインが変わっても違和感がない

上の例では、デザイン変更があるとID名に矛盾が生じる上、CSSのネーミングを修正したりなどの作業効率が悪くなる。機能を表すID名にしておけば、あとから修正が発生しても違和感がない

SUMMARY まとめ

〔1〕セレクタは、スタイルを適用する要素（タグ）を選択するもの
〔2〕ID名は同一のページ内で一度しか使用できない
〔3〕class名は同一のページ内で何回でも使用できる

07 覚えておきたいCSSのルール

CSSでスタイル指定を行うとき、無作為に書くと記述が重複したり意図したスタイルがうまく適用されなかったり、トラブルの原因になります。CSSの適用順や特性などのルールを理解して記述することが大切です。

THEME
テーマ
- ▶ CSSの適用順（優先順位）を理解する
- ▶ セレクタの種類と適用順の関係
- ▶ 上書きの特性（スタイルの継承）を理解する

▶ CSSが適用される優先順位

CSSではセレクタから始まる規則集合を1つの指定の括りにして、縦方向に書き連ねていきます。上に書いてあるものから順に読み込まれ、あとから（下に）書いたものが優先して適用されるのが基本ルールです。同じセレクタが上下にあった場合には、下のセレクタで指定している内容が適用されます 図1 。

セレクタは同じものを何回記述してもよく、Web制作の現場では「リセットCSS」や「ノーマライズCSS」でデフォルトのスタイルを記述したあと、上書きするようにCSSを書いていく ❶ ことがあります。仮に同じセレクタを2回記述していたとして、CSSを修正する際に、上に記述してあるほうを編集しても修正内容は

❶ POINT

リセットCSSは、Webブラウザに初期設定されているスタイリングを無効化するものです。CSSでは、上に書いてある指定より、下に書いてある指定が優先的に適用されます。この特性を利用して、初期設定のスタイリングを一度リセットしたあと、スタイル指定を行っていくやり方です。一方、ノーマライズCSSは、リセットCSSとは異なり、Webブラウザに初期設定されているスタイリングを活用しながら、最小限のスタイル指定を上書きするやり方です（137ページ、COLUMNも参照）。

図1 同じセレクタを2回書くと、下の指定が優先される

```
【HTML】
<h1>農家直送のおいしい有機野菜のカフェごはん</h1>
<p>農家直送の<strong>おいしい有機野菜をふんだんに使った、カフェごはん
</strong>を提供しています。お近くにいらっしゃった時には、ぜひお立ち寄りく
ださい。</p>
```

```
【CSS】
strong { color: #000000; } ── strong 要素の文字色を赤にする
p { margin: 20px; }
strong { color: #0000ff; } ── strong 要素の文字色を青にする
```

CSSで下に書いてあるstrong要素の文字色を青にするスタイルが優先して適用されている

反映されません。慣れないうちは気づかずに同じセレクタを書いていたり、修正する箇所を間違えたりすることがよくあるので、気をつけましょう。

セレクタの種類による適用の優先順位

よく使われる「要素セレクタ」、「IDセレクタ」、「classセレクタ」にも、適用される優先順位があります。通常スタイルは上から順番に読み込まれて適用されますが、この中で一番優先順位が高いのはIDセレクタで、続いてclassセレクタが2番目、要素セレクタが3番目となります。これらは点数式にチェックすることが可能で、「IDセレクタ＝100点」、「classセレクタ＝10点」、「要素セレクタ＝1点」です 図2 。IDセレクタはそのページに一度だけ登場させることができます。1つのページに一度だけということはピンポイントの指定であり、特別なスタイルで優先度も高いことがわかります。classはいろいろなポイントに適用するもので、IDセレクタよりも優先度は低いといえます 図3 。

スタイルの優先順位の決定ルールをセレクタの「個別性」といいます。セレクタの組み合わせによって、個別性の点数が決まります。CSSの記述が上のほうにあった場合でも優先的にスタイルを適用するための考え方です。

CSSは、上から下へ記述した順で適用されるものと、セレクタの持つ優先度によって適用されるものが合わさり ❶ 、複雑な

WHY?: 個別性の点数

複雑なレイアウトや情報量の多いWebページは、CSSの記述も多くなります。記述が増えると、ミスや勘違いのためスタイルがうまく適用されないケースも出てきます。意図した通りにスタイルが適用されるよう、手間がかかるように思えるかもしれませんが個別性の点数をきちんと計算しましょう。1点でも高ければ、そのスタイルが優先して適用されます。

ⓘ POINT_

セレクタの優先度に関係なく、強制的にスタイルを適用する方法もあります。「！important宣言」を使う方法です。「プロパティ：値」のあとに半角スペースで区切り、!importantと記述します。これは宣言ごとに指定します。!importantは最上位の指定のため、優先度の指定を簡単に行えますが、多用するとあとの修正やメンテナンスで混乱を招きかねません。「！important宣言は仕方なく最後の手段で使う」と考えるのがよいでしょう。

図2 セレクタの種類ごとに、個別性の点数がある

要素セレクタ pやh1など	class セレクタ .classname	ID セレクタ #idname
1点	< 10点	< 100点

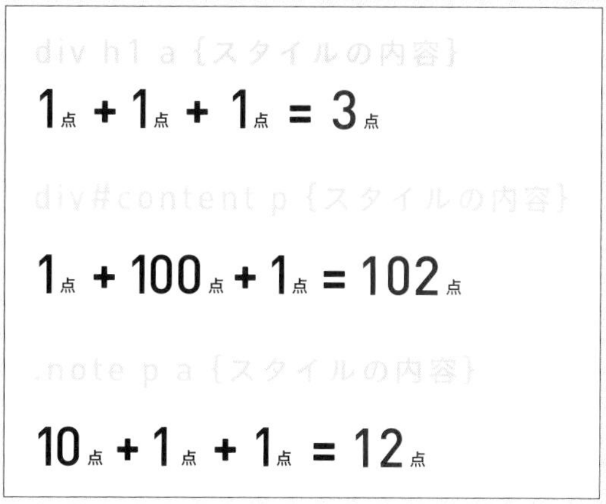

右の図にある個々のセレクタは上段から「div要素の中のh1要素の中にあるa要素」、「id="content"がつけられたdiv要素の中にあるp要素」（中段）、「class="note"がつけられた要素内のp要素の中にあるa要素」（下段）という意味になる

図3 セレクタを組み合わせたときの換算例

div h1 a ｛スタイルの内容｝

$1点 + 1点 + 1点 = 3点$

div#content p ｛スタイルの内容｝

$1点 + 100点 + 1点 = 102点$

.note p a ｛スタイルの内容｝

$10点 + 1点 + 1点 = 12点$

構成になっています。CSSをあとから修正するときは、一番下ではなく途中に書き足すケースが多いので、意図したようにスタイルを適用するために、CSSの適用に関する特性をしっかりと覚えておきましょう。

▶ 上書きの特性（スタイルの継承）を理解する

セレクタの優先順位と合わせて覚えておきたい特性のひとつが「上書き」です。同じ名前のセレクタが複数あると、下に記述したほうが優先的に適用されます。つまり、同じ要素を示すセレクタが複数あった場合、下に記述したセレクタの指定が適用されるということです。これが「上書きの特性」です。また、複数ある同名のセレクタで、それぞれプロパティが違うと、「最初のスタイル＋あとのスタイル」となり、両方のスタイルを合わせた装飾ができます■■。優先順位と上書きの特性をうまく利用すると、少ないコードで効率よくCSSが書けるようになります。

■■ CSSの優先順位のルールと上書き特性を利用した例

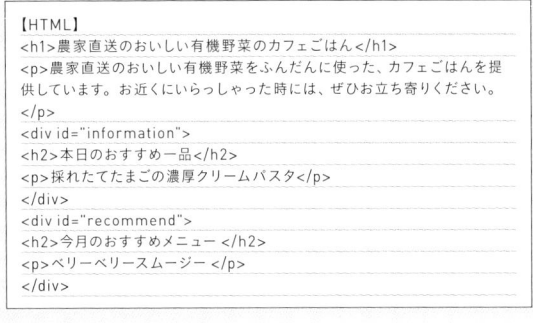

```
【HTML】
<h1>農家直送のおいしい有機野菜のカフェごはん</h1>
<p>農家直送のおいしい有機野菜をふんだんに使った、カフェごはんを提
供しています。お近くにいらっしゃった時には、ぜひお立ち寄りください。
</p>
<div id="information">
<h2>本日のおすすめ一品</h2>
<p>採れたてたまごの濃厚クリームパスタ</p>
</div>
<div id="recommend">
<h2>今月のおすすめメニュー </h2>
<p>ベリーベリースムージー </p>
</div>
```

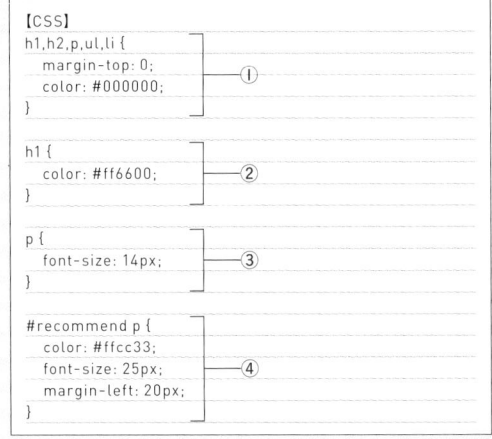

```
【CSS】
h1,h2,p,ul,li {
    margin-top: 0;              ──①
    color: #000000;
}

h1 {
    color: #ff6600;            ──②
}

p {
    font-size: 14px;           ──③
}

#recommend p {
    color: #ffcc33;
    font-size: 25px;           ──④
    margin-left: 20px;
}
```

①のスタイル指定でh1・h2要素・p要素などをまとめて上部のマージン（余白）を「0」、文字色を「黒」にしている。続いて、②ではh1要素の文字色を#ff6600（オレンジ）に上書き指定している。③ではp要素の文字サイズを14pxにした。そして、④でid「recommend」がつけられた要素（ここではdiv要素）の中のp要素を対象に文字色を#ffcc33（黄色）、文字サイズを25px、左のマージンを20px指定している

②の指定が上書きされたことで、h1要素の文字色はオレンジになっている。
④の指定が一番下のp要素だけに適用されている

リセットCSSとノーマライズCSS

Webブラウザには、HTMLを表示する上でデフォルトのスタイルが設定されています。要素によってはWebブラウザごとに表示が異なることがあります。CSSを適用する際に、この表示の違いをなくすために使用するのが、一般的に「リセットCSS」と呼ばれる手法です。

リセットCSSでは、さまざまな要素に設定された隙間や文字サイズ、太さなどをすべてリセットします。リセットすることでどの要素も隙間がなく、文字サイズがすべて同じになるので、その状態からそれぞれの要素のスタイリングを調整していきます ■■■ 。

以前は *{ margin: 0; padding: 0; font-size: 12px; } のように、全称セレクタを利用して、すべての要素の隙間をゼロにし、文字サイズをすべて統一するなどしていましたが、この手法は今ではあまり見られなくなってきまし

た。現在は、h1,h2,h3,p { margin: 0; padding: 0;}のように、調整が必要な要素を個別でリセットする手法がよく使われます。

一方、Webブラウザが本来持っているスタイルを活かそうという考え方が「ノーマライズCSS」です。ノーマライズには「標準化する」、「正規化する」という意味があります。

ノーマライズCSSは、各要素が本来持つスタイリング（隙間、文字サイズや太さ、リストマークなど）を残しつつ、Webブラウザ間の差異をなくすために細かいリセットを行うものです。ノーマライズCSSを使用すると、リセットCSSのように改めてスタイルを設定する手間がなく、HTMLのそもそものスタイリングを活かした実用的なデフォルトスタイルを作ることが可能です ■■■ 。

■■ リセットCSSの適用例

リセットCSSはあらゆる要素の隙間や文字サイズを統一する

■■ ノーマライズCSSの適用例

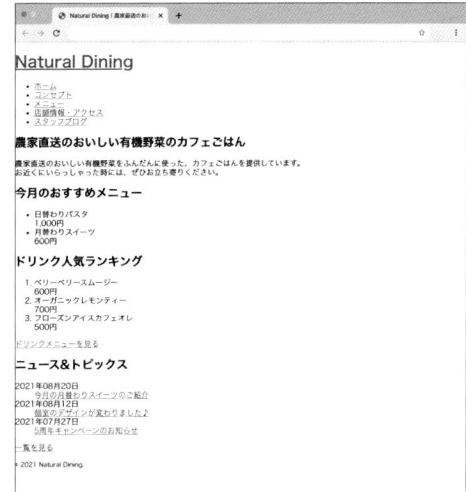

ノーマライズCSSはブラウザ本来のスタイルを活かす

SUMMARY
まとめ

〔1〕CSSでは下に書いてあるスタイルが優先される
〔2〕「個別性」の点数が高いものが優先的に適用される
〔3〕優先順位と上書きの特性を上手に利用する

08 CSSを書いてWebブラウザで表示してみよう

CSSの基本的な概念や特徴を把握したら、次は実際にCSSファイルを作成してブラウザで表示してみます。CSSは奥が深く、複雑になるほど記述も難しくなりますが、まずは簡単なコードから始めてみましょう。

THEME テーマ	▶ HTMLにCSSを読み込んで適用する
	▶ CSSファイルの文字コードの指定
	▶ CSSの中にメモ書きを記すには

▶ HTML文書とCSSファイルをつなげる

まずは、事前にCSSを適用するHTMLファイルを事前に用意します。ここでは **図1** を使います。h1要素、h2要素、p要素、div要素で構成したシンプルなHTMLです。次に、CSSファイルを準備します。CSSファイルはHTMLファイルと同様、単純なテキストファイルです。テキストエディタ でファイル拡張子は「.css」として作成します。

次に、HTMLファイルのhead要素の中にlink要素を記述して、適用するCSSファイルを指定します。link要素を使ってCSSを読み込むにはrel属性とhref属性の2つが必須です。<link rel="stylesheet" href="style.css">のように記述します。href属性にHTMLファイルから見たCSSファイルの場所を指定することでCSSファイルがリンクされ、HTMLファイルに適用される状態になります。CSSファイルがHTMLファイルと同じ階層にない場合などは、ディレクトリのパスに注意しましょう。

▶ CSSファイルを記述する

ファイル作成などの下準備ができたら、次は簡単なCSSを書いてみましょう 。準備したHTMLにCSSで装飾を施し、見た目を調整していきます **図2** 。

まずは、CSSファイルの1行目に文字コード宣言を記述します。HTMLに文字コード指定があるように、CSSにも文字コードがあります。CSSファイルの1行目は文字コード宣言から始めます。3行目に記述した「/* ここからスタイルを始めます */」は、CSSの「コメントアウト」を表します。

> CHECK_
62ページ、Lesson3-03 参照。

> CHECK_
126ページ、Lesson4-04 参照。

⌧ MEMO_
CSSを記述していくときは、適度に改行を入れて見やすくしておくとよいでしょう。実際のWeb制作では会社や案件によって、CSSの改行に関する規定があることも少なくありません。改行の規定がある場合はルールに従いましょう。

WHY?: CSSファイルでの文字コード宣言

CSSの文字コードは、一般的にはHTMLで採用している文字コードと同じ種類を適用します。HTMLファイルの文字コードがUTF-8であれば、CSSファイルのほうも文字コードはUTF-8にし、CSSファイルの1行目に「@charset "UTF-8";」と記述します。この際、「"」や「;」、@charsetの後ろに半角スペースを入れることを忘れないように気をつけてください。

次の「h1, h2, p, div {〜}」は要素同士の隙間をなくす指定を行っています。多くの場合、ブラウザの持つ隙間を一度消してから、新たに隙間を入れていくなど調整します。次の「h2 {〜}」は、h2要素に文字の色をつける指定です。

続く「#information p, #recommend p {〜}」ではp要素の隙間を調整し、背景色をつける指定をしています。この指定はHTMLでh1要素のすぐ下にあるp要素には適用したくないので、IDを使って特定のp要素だけを選択しています。最後の「div {〜}」では、div要素の下に隙間を空ける指定です。

このように、単純なHTMLでもCSSの装飾を施せば、見栄えのよいものになります 図3 。

図1 見出しと段落で構成されたシンプルなHTML

```
<!DOCTYPE html>
<html lang="ja">
<head>
<meta charset="UTF-8">
<title>Natural Dining｜農家直送のおいしい有機野菜のカフェごはん</title>
<meta name="description" content="">
<link href="style.css" rel="stylesheet">
</head>

<body>
<div>
<h1>農家直送のおいしい有機野菜のカフェごはん</h1>
<p>農家直送のおいしい有機野菜をふんだんに使った、カフェごはんを提供しています。</p>
</div>
<div id="infomation">
<h2>ニュース&amp;トピックス</h2>
<p>2021年08月20日 <a href="blog/2021-08-20.html">今月の月替わりスイーツのご紹介</a></p>
</div>
<div id="recommend">
<p>今月は「日替わりパスタ&amp;1,000円」と「ベリーベリースムージー &amp;600円」がおすすめです。</p>
</div>
</body>
</html>
```

link要素を記述して、外部のCSSファイルを適用させる

図2 適用させるCSSファイル

```
@charset "UTF-8";

/*ここからスタイルを始めます*/
h1,h2,p,div {
    margin: 0;
}

h2 {
    color: #bb8833;
}

#infomation p,#recommend p {
    margin-left: 2em;
    margin-right: 2cm;
    padding-top: 1em;
    padding-right: 2em;
    padding-bottom: 1em;
    padding-left: 2em;
    background-color: #eeeeee;
}

div {
    margin-bottom: 2em;
}
```

図3 CSS適用前(左)と、CSS適用後(右)のブラウザ表示

農家直送のおいしい有機野菜のカフェごはん

農家直送のおいしい有機野菜をふんだんに使った、カフェごはんを提供しています。

ニュース&トピックス

2021年08月20日 今月の月替わりスイーツのご紹介

今月は「日替わりパスタ&1,000円」と「ベリーベリースムージー&600円」がおすすめです。

農家直送のおいしい有機野菜のカフェごはん

農家直送のおいしい有機野菜をふんだんに使った、カフェごはんを提供しています。

ニュース&トピックス

2021年08月20日 今月の月替わりスイーツのご紹介

今月は「日替わりパスタ&1,000円」と「ベリーベリースムージー&600円」がおすすめです。

SUMMARY まとめ

〔1〕 CSSは外部ファイルとして作成してlink要素で読み込む

〔2〕 CSSファイルの文字コードはHTMLに合わせる

〔3〕 メモ書きなどをする場合はコメントアウトを利用する

09 プロパティを性質の違いで 大きく2つに分類してみる

CSSのプロパティは性質の違いによって「レイアウトに使用するもの」、「装飾・デザインに使用するもの」の大きく2つに分けられます。個々のプロパティの説明に入る前に、この性質の違いを理解しておきましょう。

THEME テーマ	▶ プロパティの2つの性質
	▶ レイアウトの調整に使用するプロパティ
	▶ 装飾・デザインに使用するプロパティ

▶ レイアウトを調整するプロパティの役割

　セレクタの解説で見てきたように、スタイル指定の記述の中には必ず「プロパティ」が含まれます。CSSのプロパティとはcolor（色）、font-size（文字の大きさ）など、要素の見た目を変えるさまざまな特性のことで、HTMLの各要素で使用できるプロパティはあらかじめ決まっています。プロパティには非常にたくさんの種類がありますが、性質や役割の違いによって大きく「レイアウトに使用するプロパティ」と「装飾・デザインに使用するプロパティ」の2つに分けることができます。まずは、この2つがどう違うのかを見ていきましょう。

　レイアウトに使用するプロパティは、HTML文書をWebブラウザに表示したときの、横幅や文章の回り込みの設定、見出しと段落の間隔設定など、レイアウトにかかわる調整を行うものです。一般的なWebページ（HTML文書）は大枠の構成を見ると、ヘッダー部分、ナビゲーション、コンテンツのメイン部分、その中にある見出しと段落のセットなどのように、大小の情報ブロック（テキストの意味に応じた情報のまとまり）で成り立っています。CSSでレイアウトを調整するという作業は、情報ブロックを形成する要素の大きさや配置、要素同士の間隔をCSSでスタイリングしていくことになります。ですから、レイアウトに使用するプロパティは、基本的には横幅や上下（要素の前後）の改行などの情報を持っているブロックレベル性質の要素に対して、配置などを調整するために使うと考えるとよいでしょう。

CHECK_
128ページ、Lesson4-05参照。

POINT_
HTML文書は適切にマークアップされていれば、CSSを適用しない状態でもコンピューターに情報構造が伝わります。ただ、そのままでは人間の目には情報構造がわかりにくいので、より見やすく・わかりやすくするためにCSSを使ってレイアウトを調整していくわけです。

WHY?: 左右の幅や改行の情報を 持つ要素・持たない要素

HTMLの個々の要素には初期状態のスタイリングで、左右の幅や上下の改行の情報を持つブロックレベルの性質のもの、左右の幅や改行の情報を持たず行内にひと続きで表示されるインラインの性質のものがあります（74ページ、Lesson3-08参照）。HTML 4.01ではこれらがブロックレベル要素、インライン要素という括りで分類されていました。HTML5ではこの分類や呼称はなくなりましたが、個々の要素が初期状態でブロックレベルの性質、インラインの性質を持っていることは覚えておきましょう。

▶ 装飾やデザインを行うプロパティの役割

CSSにはレイアウトのためのプロパティのほかに、装飾やデザインをするためのプロパティもたくさん用意されています。HTMLでも一部装飾の要素がありますが、HTMLで装飾を行うことは推奨されません。Webページを美しく見せるには、CSSの装飾やデザインのためのプロパティを使いましょう。各プロパティには太字・斜体・下線などの文字に対しての装飾や、背景に色をつける、要素に枠線をつけるなど、プロパティごとに明確な役割があります。細かいデザインになるほど、さまざまなプロパティを組み合わせて記述していくわけです。図1 に、さらに書体の変更・隙間の調整・枠線・背景色・太字を適用してみましょう 図2 。このようにCSSを使うことで、味気ないHTMLが装飾されていきます。

WHY?: 1つのプロパティで、
できることは1つ

CSSのプロパティは、一つひとつに明確な役割があり、適用される効果も異なります。例を挙げると、「h1要素を枠つきの黒背景」で表現したいときに、枠と黒背景を同時に指定できるようなプロパティはありません。この場合は、まずはborderプロパティを使って枠をつけ、次にbackgroundプロパティで背景色をつける、といった組み合わせで記述します。1種類のプロパティで効果・役割は1つです。

図1 CSSを使ってHTMLのレイアウトを調整

CSSを適用する前のHTMLでは、各要素が縦に重なって表示されている（左図）。
CSSで「floatプロパティ」というプロパティを使って、文章の右側に写真を回り込ませました（右図）

図2 CSSを使って 図1 のHTMLを装飾・デザイン

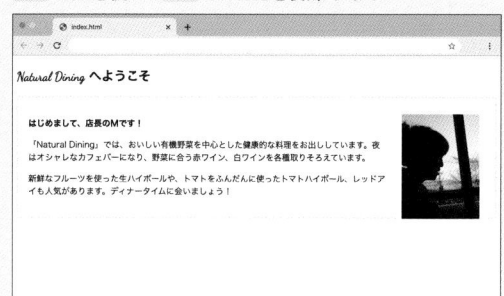

プロパティを組み合わせて文字の背景色を
変えるなど、装飾やデザインを施した

**SUMMARY
まとめ**

〔1〕 プロパティは「レイアウトを調整するもの」と「装飾・デザインするもの」に大別される

〔2〕 細かなデザインになるほど、多くのプロパティを組み合わせて実現する

10 文字や背景に色をつけてみよう

ここからは、CSSのセレクタやプロパティを利用して、実際にレイアウトやデザインを変えるスタイル指定の方法を説明していきます。まず最初に、文字や背景に色をつける方法を見ていきましょう。

THEME
テーマ

▶ 文字色や背景色の指定方法
▶ テキストの一部だけ色をつけるには
▶ 背景色を活用してデザイン的な「区切り」を作る

▶ テキストの一部分にだけ色をつける

まずは、文字に色をつける方法から見ていきましょう。文字に色をつけるには「colorプロパティ」を使用します。colorプロパティはどの要素にも適用することができ、段落や見出し全体はもちろん、特定の部分だけに色をつけることも可能です。ここでは例として、p要素の中の一部だけ文字色を変えてみましょう 図1 。色を変えたい部分はstrong要素でマークアップされているので、CSSでは「strong {color: #f00; }」のように記述 ▶ し、strong

WHY?: 複数の要素に色をつける

strong要素はインラインの性質の要素ですので、段落の中でstrong要素でマークアップしているところだけにセレクタの指定が適用され、文字の色が変わります。段落全体など、情報ブロック全体の文字色を変えるときは、p要素などブロックレベルにcolorプロパティを適用します。このように、CSSのスタイル指定ではスタイルを適用したい範囲や場所に応じて、適切にセレクタを設定していくことが重要です。

図1 テキストの特定の範囲だけに色をつける指定

```
【HTML】
<body>
<h2>Natural Diningへようこそ</h2>
<p>「Natural Dining」では、<strong>農家直送のおいしい有機野菜</strong>をふんだんに使った、カフェごはんを提供しています。お近くにいらっしゃった時には、ぜひお立ち寄りください。</p>
</body>
</html>
```

```
【CSS】
strong { color: #f00; }
```

一部分だけ色をつけるときには、インラインの性質の要素に対して指定を行う。
ここではstrong要素の文字色を赤くしている

CHECK_
色指定の方法については 230 ページ、Lesson6-03 参照。

CHECK_
92 ページ、Lesson3-17 参照。

POINT_
複数の要素に対して同じ色をつけたいときには、要素ごとに指定する方法もありますが、class属性を使うと効率がよく指定できます。例えば、ワイン、トマトジュースなどの赤い飲み物だけ文字を赤くしたい場合、CSSでは「.drink-red | color: #f00; |」のようなclassセレクタを記述します。そして、HTMLでセレクタを適用させたい要素に「class="drink-red"」と、class属性をつけるやり方です。

POINT_
Webページ全体に背景色をつけるには、background-colorプロパティでbody要素に対して色を指定します。body要素に背景色をつけた上で、コンテンツ表示部分（ID指定したdiv要素など）の背景色に違う色を設定する手法はよく利用されます。

要素に対して文字色を赤くする指定を行いました。

　ここではstrong要素をセレクタとして使用しましたが、変えたい部分のきっかけになる要素がないときには、span要素を使います。要素を限定せずに、複数の要素に色をつけたいときには、class属性を使うとよいでしょう。

▶ 背景に色をつける

　次に、背景に色をつける方法を見ていきます。背景に色をつけるには「background-colorプロパティ」を使います。background-colorプロパティもブロックレベルとインラインの両方に適用可能です。実際によく使われるのは、background-colorプロパティでWebページ全体に背景色を設定したり、見出し（h要素）の背景に色をつけたりする手法です。見出しの背景に色をつける例を見てみましょう。

　この例では、見出しをh2要素でマークアップしているので、「h2 { background-color: #f0e1b6; }」のように記述します。h2要素はブロックレベルとして扱われる要素ですので、文書の横幅いっぱいに背景色がつきます。見出しに背景色をつけると情報構造的にもわかりやすく、デザイン上もメリハリがつきます。

見出し（h2要素）に背景色をつける指定

```
【HTML】
<body>
<h2>Natural Diningへようこそ</h2>
<p>「Natural Dining」では、<strong>農家直送のおいしい有機野菜</strong>をふんだんに使った、カフェごはんを提供しています。お近くにいらっしゃった時には、ぜひお立ち寄りください。</p>

<h2>ごあいさつ</h2>
<p>はじめまして、店長のMです！</p>
<p>おいしい有機野菜を中心とした健康的な料理をお出ししています。夜はオシャレなカフェバーになり、野菜に合う赤ワイン、白ワインを各種取りそろえています。</p>
<p>新鮮なフルーツを使った生ハイボールや、トマトをふんだんに使ったトマトハイボール、レッドアイも人気があります。ディナータイムに会いましょう！</p>
</body>
```

```
【CSS】
strong { color: #f00; }
h2 { background-color: #f0e1b6; }
```

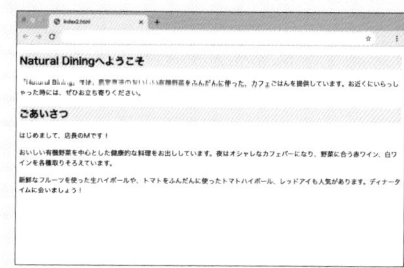

ブロックレベルの性質の要素に背景色をつけると、Webブラウザの横幅いっぱいに色がつく。この性質を利用すると、情報構造的にもわかりやすく、デザイン的にもメリハリをつけることができる

SUMMARY
まとめ

〔1〕 色をつける範囲に応じてブロックレベルの性質の要素と、インラインの性質の要素を使い分ける

〔2〕 セレクタのきっかけになる要素がないときはspan要素、div要素を活用する

11 背景に画像を表示する

Webページの背景には色をつけるほかに、画像を使うこともできます。背景画像はタイルのように繰り返してページ全体に表示したり、任意の場所に固定して表示したりと、さまざまな表現が可能です。

THEME
テーマ
▶ 背景に画像を指定するには
▶ 背景画像の繰り返し方法の調整
▶ 背景画像の位置を指定するには

▶ 背景画像の指定方法

要素の背景に画像を指定するには「background-imageプロパティ」を使います。background-imageプロパティはブロックレベル、インラインのどちらにも適用されます。実際のWebサイトでよくある背景画像の使い方には、「画像をタイルのように並べて表示する」、「特定の位置にワンポイントで画像を配置する」の2つがあります。この2つを、background-imageで行う方法を見ていきます。

画像をタイル状に並べて表示するには、background-imageを使い、背景に設定したい画像を「background-image: url(画像ファイル名);」のように指定します。背景画像はこのままの指定でも繰り返しタイル状に表示されますが ❷、さらに「back

MEMO
模様などが正確に繰り返されるパターン状の背景にしたいときは、継ぎ目のない画像を準備するのがポイントです。

図1 background-repeatによるさまざまな繰り返し方法の指定

```
【HTML】
<body>
<h2>background-repeat: repeat; (縦横にタイル上に繰り返し)</h2>
<p class="pattern-1">当カフェでは、おいしい有機野菜を中心とした健
康的な料理をお出ししています。夜はオシャレなカフェバーになり、野菜に
合う赤ワイン、白ワインを各種取りそろえています。</p>
<h2>background-repeat: repeat-x; (横方向に繰り返し)</h2>
<p class="pattern-2">(省略)</p>
<h2>background-repeat: repeat-y; (縦方向に繰り返し)</h2>
<p class="pattern-3">(省略)</p>
<h2>background-repeat: repeat-x; (繰り返しなし)</h2>
<p class="pattern-4">(省略)</p>
</body>
```

```
【CSS】
p { margin-top: 0.5em; }
.pattern-1 {
  background-image: url(pattern.png);
}

.pattern-2 {
  background-image: url(pattern.png);
  background-repeat: repeat-x;
}

.pattern-3 {
  background-image: url(pattern.png);
  background-repeat: repeat-y
}

.pattern-4 {
  background-image: url(pattern.png);
  background-repeat: no-repeat;
}
```

background-repeatの値によって、画像の繰り返し方が変わる

POINT

背景に色をつけるには「background-colorプロパティ」を使います。例えば、ページ全体に背景色をつけるには、「body {background-color: #色の値;}」のように、body要素に背景色を指定します。

POINT

数値には、−50%、−10px（ピクセル）など、マイナスの数値も指定することができます。要素の左上を基準になる「0」として、横方向がx軸の距離を示す値、縦方向がy軸の距離を示す値だと考えるとよいでしょう。つまり、プラスの数値を入れると、横方向は基準点0から数値の分だけ右に、縦方向は下に配置され、マイナスの数値を入れると、横方向は左、縦方向は上に配置されます。

WHY?: 指定の仕方による表示の違い

pxを使う方法は背景画像の絶対的な位置を指定するものです。pxを使って指定すると基準となるボックス（要素を形成している箱）のサイズが変わっても、常に左上を基準点として指定した位置に画像が表示されます。これに対して、left、centerなどのキーワードと%を使う方法は相対的な位置を指定するものです。そのため、基準となるボックスのサイズが変わると、それに合わせて画像の位置も変わります。要素の幅や高さが内容によって変動するようなときはパーセント指定、固定位置に表示したいときはpxで数値指定など、状況によって指定の単位を使い分けましょう。

ground-repeatプロパティ」を使うと、繰り返し方法を細かく指定することができます **図1 図2** 。

また、背景画像と合わせて背景色も指定しておきましょう 。

背景画像の位置を指定する

背景画像を特定の位置にワンポイントで表示する場合は、「background-positionプロパティ」で画像の表示位置を指定します。何も指定しない初期状態では、背景の開始位置は要素の左上です。ここを基準に表示位置を調整する指定を行います。

記述の仕方は「background-position: 50% 100%」のように2つの値を半角スペースで区切ります 。最初の数値が横方向、次の数値が縦方向の値 です。この場合は横方向に50%、縦方向に100%ずらした位置、つまり左右は中央に、上下は最下部に画像を配置する指定になります。パーセントを用いるほか、横方向の値にleft、center、rightのいずれか、縦方向の値にtop、center、bottomのいずれかを指定する方法と、数値で指定する方法があります。数値指定の場合、単位はピクセル（px）のため細かな位置の指定が可能です。

また、背景画像は通常Webブラウザの表示画面をスクロールするのに応じていっしょに動きます。スクロールに関係なく画像を画面上で固定して表示するには、「background-attachmentプロパティ」を使い、値を「fixed」に設定します。値を「scroll」とすると、通常の挙動になります。

図2 図1 をWebブラウザで表示

background-repeat: repeat; (縦横にタイル状に繰り返し)

当カフェでは、おいしい有機野菜を中心とした健康的な料理をお出ししています。夜はオシャレなカフェバーになり、野菜に合うワイン、白ワインを各種取りそろえています。

background-repeat: repeat-x; (横方向に繰り返し)

当カフェでは、おいしい有機野菜を中心とした健康的な料理をお出ししています。夜はオシャレなカフェバーになり、野菜に合うワイン、白ワインを各種取りそろえています。

background-repeat: repeat-y; (縦方向に繰り返し)

当カフェでは、おいしい有機野菜を中心とした健康的な料理をお出ししています。夜はオシャレなカフェバーになり、野菜に合うワイン、白ワインを各種取りそろえています。

background-repeat: repeat-x; (繰り返しなし)

当カフェでは、おいしい有機野菜を中心とした健康的な料理をお出ししています。夜はオシャレなカフェバーになり、野菜に合うワイン、白ワインを各種取りそろえています。

図3 background-positionを使った指定

```
【CSS】
.pattern-5 {
    border: 1px solid #ccc;
    background-image: url(mark.
png);
    background-repeat: no-repeat;
    background-position: 50% 100%;
```

```
    }

p {
    padding: 10px 13px 14px;
    line-height: 0;
```

Background-position: 50% 100% (背景画像の位置を指定)

時間がゆっくり流れるカフェです。　　　

SUMMARY
まとめ

〔1〕 背景画像はbackground-imageを使用する
〔2〕 表示の仕方はbackground-repeat、表示の位置はbackground-positionを使用する

12 文字のサイズを設定する

Webサイトでは読みやすさを考えて、それぞれの要素の文字の大きさを適切に設定することがとても大事です。ここでは、「font-sizeプロパティ」を使った文字サイズの設定方法を説明します。

> THEME
> テーマ
> ▶ 文字の大きさを変える指定方法
> ▶ 単位を使った指定
> ▶ Webブラウザごとに違う文字の大きさ

▶ 文字の大きさを変えるには

文字の大きさ（フォントサイズ）を変えるには、「font-sizeプロパティ」を使います。大きさの指定方法は「キーワードによる指定」、「パーセント指定」、「数値＋単位指定」がよく使われます。

キーワードによる指定では、絶対サイズでの指定と相対サイズでの指定があります。絶対サイズの指定は、小さいほうから順番にxx-small、x-small、small、medium、large、x-large、xx-largeの7つのキーワードを使うもので、mediumが標準サイズです。相対サイズの指定は、smaller、largerの2つのキーワードを使うものです。親要素❶の文字サイズを基準にして1段階小さく、あるいは大きくする指定になります。どちらの場合も、各キーワードの文字サイズはWebブラウザごとに決まっています。

パーセント指定は、親要素に対する割合で指定します。例えば、

WHY?: 絶対サイズと相対サイズ

キーワードによる指定で絶対サイズを使う場合、各キーワードごとにブラウザに設定されているサイズで表示されます。ほかの要素の文字サイズに影響を受けることはありません。これに対して、相対サイズを使う場合は、親要素の文字サイズに対して1段階小さく、大きくという相対的な指定のため、基準になる文字サイズによって変わります。

Word 親要素

HTMLの中で、ある要素から見たときに、その要素を含む1つ上の階層の要素を「親要素」と呼ぶ。また、その要素から見て、1つ下の階層にある要素は「子要素」と呼ぶ。

同じHTMLファイルを各ブラウザで表示した画面

IE11

Edge（Windows 10 に搭載）

Safari

POINT

HTML文書では、要素の中に要素があり、またその中に要素が含まれるという階層構造になっています。この関係を親子関係に例えて、親要素、子要素、孫要素と表現されます。例えば、body要素の中にul要素があり、さらにその中にli要素があった場合、ul要素から見てbody要素が親要素、li要素が子要素という関係になります。

POINT

文字サイズを指定する単位にpxを使った場合、IEでは、ブラウザ側で文字の大きさを変えることができなくなります（通常は「表示」メニューの「文字サイズ」で大きさを変更できます）。さらに、要素に対して、emなどの単位で指定している場合も、その親要素にpxが使われていれば、文字サイズは同じように変わらなくなります。ユーザーの利便性を考慮した上で、単位を採用するようにしましょう。

MEMO

最近のコンピューターのディスプレイは画面の解像度が高く、文字が全体的に小さく見える傾向にあります。Webサイトの文字サイズは大きめに指定するようにしましょう。

body要素にfont-size:100%;、p要素にfont-size: 80%;と指定した場合、p要素は8割のサイズで表示されます。

　数値＋単位指定では、数値にem（エム）、px（ピクセル）、pt（ポイント）などの単位をつけて指定します。

よく使用する単位

　このように、文字サイズの指定方法は複数ありますが、Web制作の現場で実際によく使われるものは、pxとemの単位による数値＋単位指定です。

　pxはOSやブラウザの環境に左右されることなく、文字サイズを完全に固定して表示するため、意図した通りのサイズで表示される使い勝手のよい単位です。ただし、pxで指定した場合、IEでは文字サイズの変更が効きません。

　emは親要素の文字サイズを基準にして、「○文字分」相対的な大きさを指定する方法です。例えば、親要素の文字サイズが20pxの場合に2emと指定すると、20pxの2文字分（2倍）の大きさ、40pxになります。emは相対的な数値として計算することができるので、文字の大きさのほかに、行間の高さなどを効率的に調整する際にも便利です。

　文字の大きさの初期値は、Webブラウザごとにバラツキがあります。従来の「すべての環境で文字サイズを同じにする」ような考え方から、最近では「文字サイズのバラツキはOSやWebブラウザごとの特性で、ユーザーごとに環境は異なるのが自然」という考え方に変わってきています。

Firefox　　　　Google Chrome

**SUMMARY
まとめ**

〔1〕　文字の大きさはキーワード、パーセント、数値＋単位（px、emなど）を使って指定できる

〔2〕　文字の大きさの初期値はブラウザで微妙に違う

〔3〕　文字サイズはemを使うと効率的に調整できる

13 書体（フォント）を指定する

Webサイトの文字を表示する書体（フォント）は1つだけではありません。コンピューターにインストールされているものなど、数多くある書体の中から目的に合ったものを選び、表示することができます。

▷ **書体の指定方法と種類**
▷ **Webフォントについて**
▷ **その他の文字装飾**

▷ **font-familyプロパティを使った書体の指定方法**

Webサイトで使われる書体（フォント）には数多くの種類があり、サイトの雰囲気や目的に合ったものを選んで表示することができます。表示する書体を指定するには「font-familyプロパティ」を使用します。「font-family: "ヒラギノ角ゴ Pro W3";」のように、値には書体名かキーワードを記述します。「ヒラギノ角ゴ Pro W3」などのように書体の名前自体に半角スペースが入っているときは、ダブルクォーテーション（"）、もしくはシングルクォーテーション（'）で囲みます。

また、書体は「font-family: "ヒラギノ角ゴ Pro W3", Meiryo, "ＭＳ Ｐゴシック", sans-serif;」のように、カンマ（,）で区切り複数指定することができます。macとWindowsでは、コンピューターにインストールされている書体の種類が違うため、1書体だけの指定では対応できない場合がほとんどです。複数の書体をカンマで区切って指定すると、ユーザーの環境によって利用できる書体を順番に選択していくようになります。この例では、macでは「ヒラギノ角ゴ Pro W3」を指定しており、ヒラギノ角ゴ Pro W3がインストールされていないWindowsでは「メイリオ」という書体で表示されるよう指定 しています。「sans-serif」はキーワード指定で、ゴシック系書体のひげがない書体で表示します 。

書体は、Webサイトのテイストやデザインに合わせて、適切なものを選びましょう。

MEMO

このように、指定した書体がなければ、次に指定している書体で表示する指定方法を「フォールバック」といいます。フォールバックは、もともとは通信やシステムなどの分野で使われている言葉で、システムに障害が発生したときに代替効能に切り替えるやり方です。WebサイトではJavaScriptを利用する際にもフォールバックを使うことがあります。

***WHY?*: 適切な書体選び**

書体を変えるとページの印象が華やかになりますが、使うポイントを絞りましょう。例えば、すべてのテキストを明朝系の書体にすると文字が細くなり、読みにくくなることも考えられます。見出しは明朝系、本文はゴシック系の書体にするなど、アクセントとして使うのがよいでしょう。見映えの変わっているフォントは、要所要所にさりげなく使用するのがデザイン性と可読性を両立するコツです。

▶ ユーザーの環境に依存しないWebフォント

　従来Webサイトで利用できる書体は、ユーザーのコンピューターにインストールされているものだけでしたが、CSS3ではWeb制作者が用意した書体 ⬤ を、「Webフォント」として表示させることができるようになっています。

　日本語のWebフォントを使いたい場合、書体を販売している会社（モリサワやフォントワークスなど）がサービスを提供しています。英語の場合は「Google Web Fonts」を利用すると、さまざまな書体を選んで使うことができます ⬛。

▦ キーワードによる書体の指定

```
【HTML】
<h2 id="font-sans-serif">書体（フォント）を指定する</h2>
<h2 id="font-serif">書体（フォント）を指定する</h2>
<h2 id="font-cursive">書体（フォント）を指定する</h2>
<h2 id="font-fantasy">書体（フォント）を指定する</h2>
<h2 id="font-monospace">書体（フォント）を指定する</h2>
```

書体（フォント）を指定する

書体（フォント）を指定する

書体（フォント）を指定する

書体（フォント）を指定する

書体（フォント）を指定する

```
【CSS】
#font-sans-serif { font-family: sans-serif; }
#font-serif { font-family: serif; }
#font-cursive { font-family: cursive; }
#font-fantasy { font-family: fantasy; }
#font-monospace { font-family: monospace; }
```

▦ Google Web Fontsを利用して指定した書体

```
【HTML】
<h1>Webフォントを指定した表示</h1>
<h2 class="webfont">Natural Dining</h2>
<h1>通常の表示</h1>
<h2>Natural Dining</h2>
```

Webフォントを指定した表示

Natural Dining

通常の表示

Natural Dining

```
【CSS】
h2.webfont {
font-family: 'Nothing You Could Do', cursive;
font-size:2em;
}
```

ユーザーのコンピューターに指定した書体がインストールされていなくても表示することができる

SUMMARY
まとめ

〔1〕 書体を指定するにはfont-familyプロパティを使う

〔2〕 書体はユーザーの環境を意識して複数指定する

〔3〕 Webフォントを利用する場合は著作権や使用条件に注意

14 文字の行間や開始位置を調整する

Webページの文章を読みやすいレイアウトにするためには、行間（行と行との間隔）や文章の開始位置を調整することが必要になってきます。それらの調整するプロパティとともに指定方法を見ていきましょう。

> THEME
> テーマ
> ▶ 文章の行間の考え方
> ▶ よく使用される指定方法は？
> ▶ 文字列の開始位置を操作するプロパティ

▶ 文章の行間を指定する

テキストの行間は、「line-heightプロパティ」で行の高さを指定することで調整します。行の高さ（line-height）から文字の大きさ（font-size）を引いた差分が行間になります ■1 。

line-heightプロパティの値は数値＋単位（pxやemなど）やパーセントで指定できます。単位をつけずに数値のみを指定すると、文字サイズとその数値をかけた値が行の高さになります。例えば、「font-size: 14px; line-height:2;」と指定した場合、200％や2emと同じ指定になります。つまり、現在の文字サイズを基準にして、行間を文字の高さと同じくらいに設定したければ2倍＝2を指定し、3倍広げたければ3を指定します。直感的に設定できるので、単位はつけずに指定するのがよいでしょう。

▶ 文字列の横位置を操作する

「text-alignプロパティ」は、文字列の横位置を調整する際に使用します。ブロックレベルの性質を持つ要素に対して「text-align: center;」と指定する❶と、文字列がWebページの左右中央に配置されます。text-alignプロパティは適用したブロックレベルのボックスの中に含まれている❶画像（img要素）も中央に配置することができます ■2 。

「text-indentプロパティ」は、文字の開始位置を調整することができます。日本語の段落では、1文字目に空白スペースを入れる場合があります。「text-indent: 1em;」とすることで、段落の先頭を1文字分空けることができます。数値にはマイナス値の指定も可能です ■3 。

WHY?: なぜ、単位はつけずに指定するほうがよいのか？

数値のみの指定は実際のWeb制作でよく使用される指定方法です。行間を設定する際に、line-heightの値に単位をつけず数値だけを指定した場合、文字サイズを基準にして何倍といった相対的な指定を行えます。これに対して、pxなどの単位を使って指定していると、文章の途中に文字サイズを大きくしたテキストがあるときなど、上下の行でテキストが重なって表示されることが起こりえます。相対的な指定であれば、テキストなどの内容に応じた行間を確保できるわけです。

❶ POINT_

text-alignプロパティの値には、center以外に、left（左寄せ）、right（右寄せ）を指定することができます。

❶ POINT_

HTML文書の中の要素はすべて「ボックス」と呼ばれる箱のような形で構成されています。このような考え方をCSSの「ボックスモデル」と呼びます（158ページ、Lesson4-18 参照）。

「text-decorationプロパティ」は、文字に下線❶、上線、打ち消し線を引くときに使用します。値はunderline（下線）、overline（上線）、line-through（打ち消し線）のいずれか、もしくは半角スペースで区切って複数指定も可能です 図4 。

「text-decoration: underline; 」と指定すると、文字に下線をつけることができますが、通常Webサイトで文字に下線はリンクを表します。一般的なユーザーには「下線のついた文字＝リンク」という意識があるため、リンクをしていないテキストを下線で装飾するのは、紛らわしい表現になることも多いので注意しましょう。

図1 行間の考え方

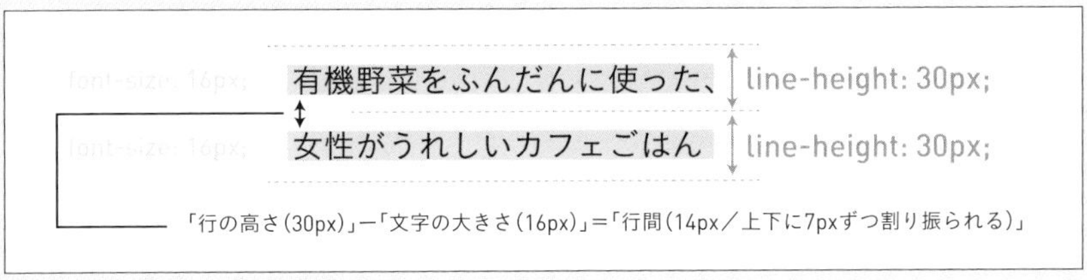

有機野菜をふんだんに使った、 line-height: 30px;
女性がうれしいカフェごはん line-height: 30px;

「行の高さ(30px)」−「文字の大きさ(16px)」＝「行間(14px／上下に7pxずつ割り振られる)」

「行の高さ」−「文字の大きさ」＝「行間」となる。図 の例では、30px −16px＝14pxが行の上下に7pxずつ割り振られるため、行間は7px＋7px＝14pxとなる

図2 text-align、text-indent、text-decorationをそれぞれに適用

```
【HTML】
<p class="left">左寄せ指定</p>
<p class="center">中央寄せ指定</p>
<p class="right">右寄せ指定</p>
```

左寄せ指定
中央寄せ指定
右寄せ指定

```
【CSS】
.left { text-align: left; }
.center { text-align: center; }
.right { text-align: right; }
```

図3 text-indentを適用

```
【HTML】
<p class="indent">農家直送のおいしい有機野菜をふんだんに使った、カフェごはんを提供しています。</p>
<p class="indent2">農家直送のおいしい有機野菜をふんだんに使った、カフェごはんを提供しています。</p>
```

農家直送のおいしい有機野菜をふんだんに使った、カフェごはんを提供しています。

農家直送のおいしい有機野菜をふんだんに使った、カフェごはんを提供しています。

```
【CSS】
.indent { text-indent: 1em; }
.indent2 { text-indent: -1em; }
```

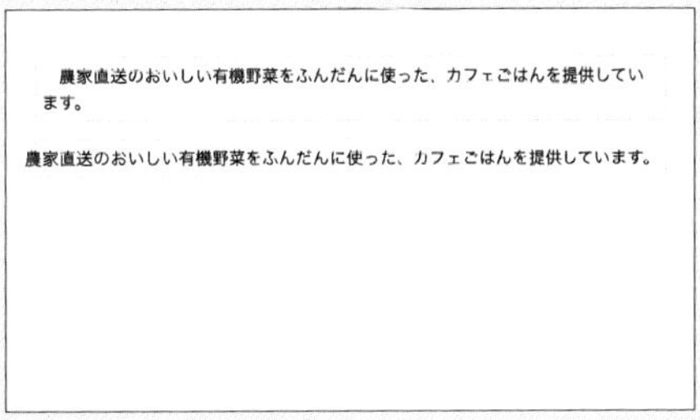

図4 text-decorationを適用

```
【HTML】
<h2 class="deco1">文字列に下線を引く。</h2>
<h2 class="deco2">文字列に上線を引く。</h2>
<h2 class="deco3">文字列に打ち消し線を引く。</h2>
```

文字列に下線を引く。
文字列に上線を引く。
文字列に打ち消し線を引く。

```
【CSS】
.deco1 { text-decoration: underline; }
.deco2 { text-decoration: overline; }
.deco3 { text-decoration: line-through; }
```

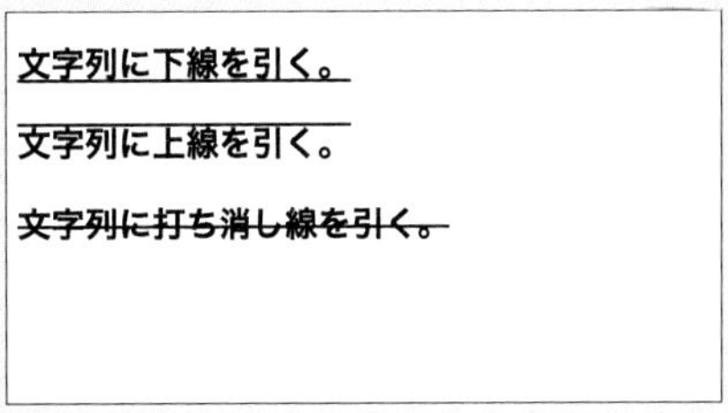

SUMMARY まとめ
【1】 行の高さを指定することで、行間を調整する
【2】 line-heightの値に数値のみを指定する方法が実践的
【3】 文字列の横位置を調整するプロパティを有効に活用する

15 リンクの色を変更する

テキストリンクの色を、Webサイトのデザインや配色に合ったものに変更してみましょう。リンクの色をWebサイトの雰囲気や配色に合わせることによって、バランスのとれたデザインになります。

THEME テーマ	▶ リンクの色を変更する方法 ▶ リンクの装飾バリエーション ▶ リンクの色を変更する際の注意

▶ テキストリンクの色を指定する

テキストリンクの色の設定はcolorプロパティを使って行います ❶。colorプロパティはa要素だけではなく、テキストの色を変えるときなどをはじめとして、すべての要素に対して指定が可能です。

「a { color: #f00; }」と指定すると、リンクの色を赤に変更す

> **❶ POINT_**
>
> テキストリンクは、何も指定していないデフォルトの状態だと、文字色が青で下線が引かれた状態で表示されます。これはリンクの基本形であり、ユーザーが最も見慣れている表現です。

図1 サイトの中でリンク色を変えている例

1. Webサイト全体の雰囲気に合うような、基本のリンク色を設定
2. 個別にリンク色や背景色を設定

まずは全体のリンク色を指定し、個別にブロック単位でリンク色を指定している

図2 リンクを装飾するバリエーション

【HTML】
```
<h3>通常のリンク</h3>
<p>ご予約、お問い合わせは<a href="mailform.html">ご予約専用フォーム</a>からお願いします。</p>
<h3>リンクの色を変更</h3>
<p>ご予約、お問い合わせは<a class="pattern1" href="mailform.html">ご予約専用フォーム</a>からお願いします。</p>
<h3>リンクの下線を非表示</h3>
<p>ご予約、お問い合わせは<a class="pattern2" href="mailform.html">ご予約専用フォーム</a>からお願いします。</p>
<h3>リンクの色と背景色を変更し、下線を非表示</h3>
<p>ご予約、お問い合わせは<a class="pattern3" href="mailform.html">ご予約専用フォーム</a>からお願いします。</p>
```

【CSS】
```
a.pattern1 { color: #f00;}
a.pattern2 { text-decoration: none; }
a.pattern3 { color: #f00; background: #fcc; text-decoration: none; }
```

ることができます。この指定はa要素をセレクタに設定しているため、Webページのすべてのリンクに対して適用されます。リンクの色を個別に指定するには、IDセレクタやclassセレクタなどを使って、対象を限定して指定します。このように、まずはWebサイト全体で使うリンク色を決めて、次はエリアごとに変更するなど、「情報のブロック」を意識してリンクの色を設定するようにしましょう 01 。

▶ リンクの装飾バリエーション

テキストリンクの装飾は、先に説明した文字色の変更が一番多く使われますが、それだけではありません。a要素に対してさまざまな装飾の指定をすることができます。例えば、「background-colorプロパティ」を使用して背景色をつけたり、「text-decorationプロパティ」を使って下線・上線の有無を指定したりと、アイデア次第で装飾のバリエーションはいくつもあります 02 。ただし、リンクを設定する際には、その部分がリンクであるとわかりやすい装飾を心がけましょう 03 。

WHY?: リンクの装飾は直感的に わかりやすいものにする

リンクを装飾するときは、「ここはクリックできる場所」とはっきりわかるように、リンクの色は通常のテキストと明確に違いをつけましょう。例えば、通常のテキストの色が黒で、テキストリンクの色は黒＋下線の場合、装飾の下線なのかテキストリンクなのか、実際にマウスを乗せてみないとわからないため、ユーザーに不親切です。通常のテキストの色とテキストリンクの色ははっきり区別できるものが望ましいといえます。

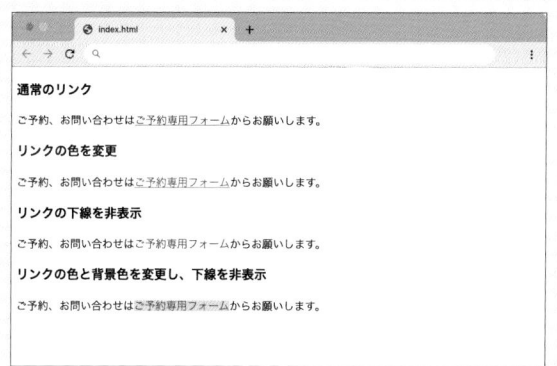

02 わかりにくいテキストリンクの例

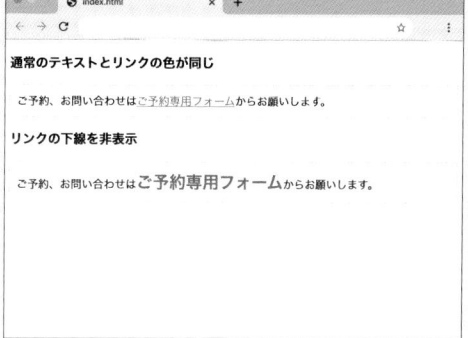

通常のテキストとリンクの色が近かったり、はっきり差別化がされていない装飾は、ひと目でリンクとわからない

SUMMARY
まとめ

〔1〕 リンク色の設定にはcolorプロパティを使う
〔2〕 リンクの装飾は文字色以外に、背景色、線などでもできる
〔3〕 通常のテキストとリンクは、はっきりした違いをつける

16 マウスの状態に応じて リンクのスタイルを変える

リンクは通常のテキストとは違い、マウスカーソルを重ねると文字の色が変わるなど、ユーザーの操作に反応するものです。操作状況に応じて、リンクに効果を与えるのが疑似クラスとダイナミック疑似クラスです。

THEME テーマ	▶ 未訪問リンクと訪問済みリンクを識別させるには
	▶ ユーザーの操作に応じてスタイルを変更するには
	▶ リンクでよく利用するスタイルの組み合わせ

▶ リンクの状態によってスタイルを変える

「リンク」とひと言でいうものの、正確には2つの状態があります。リンク先のページにまだアクセスしていない「未訪問リンク」と、すでにアクセスしたことのある「訪問済みリンク」です。通常、前節で説明したようなa要素に対する指定だけでは、この2つの状態を区別して別々のスタイルを適用することはできません。そこで、「疑似クラス」と呼ばれるセレクタを使って、それぞれの状態に文字色、背景色、下線などを指定します。

リンクの疑似クラスは、未訪問リンクの「a:link」と訪問済みリ

WHY?: リンクの状態によって 文字の色などを変えるには？

通常のWebサイトでは、ユーザーが未訪問リンクと訪問済みリンクを混同しないよう、訪問済みリンクの文字の色を変えるなど、装飾スタイルに違いをつけて視覚的にわかりやすくしています。ただ、リンクの状態に合わせてスタイルを変えることは、通常のa要素を使った指定だけでは実現できません。そこで、「疑似クラス」を利用して、未訪問と訪問済みそれぞれの状態に個別のスタイルを適用するわけです。

■1 未訪問リンクと訪問済みリンクの指定

```
【HTML】
<ul>
<li><a href="index.html">ホーム</a></li>
<li><a href="concept/">コンセプト</a></li>
<li><a href="menu/">メニュー</a></li>
<li><a href="access/">店舗情報・アクセス</a></li>
<li><a href="blog/">スタッフブログ</a></li>
</ul>
```

- ホーム
- コンセプト
- メニュー
- 店舗情報・アクセス
- スタッフブログ

```
【CSS】
a:link { color: #00f;}
a:visited { color: #aaa;}
```

未訪問リンク（a:link）と訪問済みリンク（a:visited）に別々の文字色を指定している。すでにアクセスしたリンクがわかりやすくなった

ンクの「a:visited」を使って指定します 図1 。

▶ ユーザーの操作に応じてスタイルを変更する

一方、リンクにマウスカーソルを乗せたり、キーボードのタブキーを押したりする、ユーザーの操作に応じてリンクのスタイルを変える場合には「ダイナミック疑似クラス」を利用します。リンクに使用する主なダイナミック疑似クラスは「:hover」、「:active」、「:focus」の3つがあります。

:hoverはリンクにマウスカーソルが重なった状態に適用されます。リンクの色を変更するだけで手軽に視覚的な効果を与えることができるため頻繁に使用されます。:activeで指定したスタイルは、マウスでクリックしてから離すまでの間に適用されます。:focusは、キーボードのショートカットや、タブキーを押したときなど、リンクがフォーカスされたときに適用されます。

これらのダイナミック疑似クラスはリンクだけではなく、ほかの要素に対しても指定が可能 です。ダイナミック疑似クラスを使うことで、リンク部分がマウスやキーボードの操作に動的に反応し、視覚的にわかりやすい表現になります 図2 。

Word_ 疑似クラス

要素が特定の状態にある場合にスタイルを指定するもの。「a:link」、「a:hover」のようにセレクタとなる要素名のあとに、半角コロン（:）をつけて記述する。:linkと:visitedはa要素のみに使用できる疑似クラス。

Point_

リンクは疑似クラスとダイナミック疑似クラスを併用して、コントロールするのが一般的です。意図した通りに効果を適用するには、「a:link」、「a:visited」、「a:hover」、「a:active」、「a:focus」の順番で記述します。

MEMO_

ダイナミック疑似クラスはリンク（a要素）以外にも適用可能です。例えば、:focusを入力フォームのinput要素に使用して、現在選択している項目に背景色をつけたり、大きなテーブルでは今自分がどのエリアにマウスカーソルを乗せているかを示したりなど、ユーザーの操作を手助けするような使い方もできます。

図2 ダイナミック疑似クラスの指定

```
【CSS】
a { color: #00f; }
a:hover { color: #e00a44; }
a:active {
 color: #059f72;
 background: #daffea;
 }

a:focus {
 color: #f56618;
 font-weight: bold;
 font-size: xx-large;
}
```

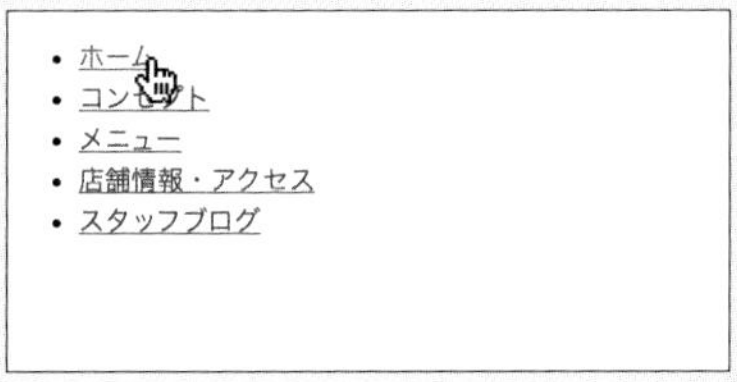

- ホーム
- コンセプト
- メニュー
- 店舗情報・アクセス
- スタッフブログ

リンクにマウスカーソルを重ねた状態（a:hover）

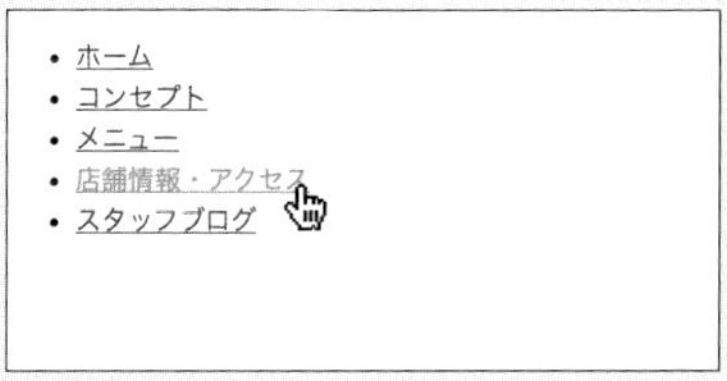

- ホーム
- コンセプト
- メニュー
- 店舗情報・アクセス
- スタッフブログ

マウスでクリックしてから離すまで（a:active）

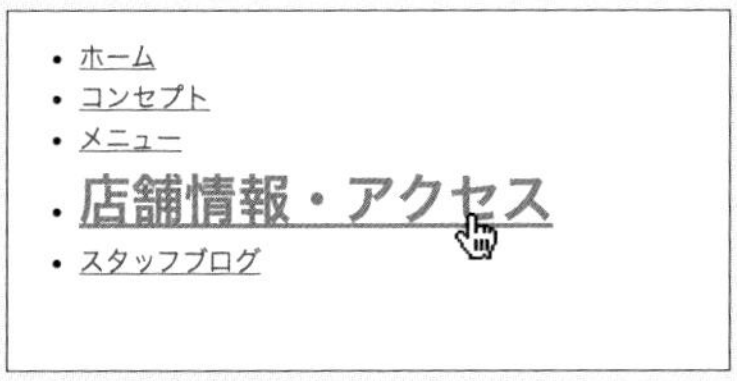

- ホーム
- コンセプト
- メニュー
- **店舗情報・アクセス**
- スタッフブログ

リンクがフォーカスされた状態（a:focus）

SUMMARY まとめ

〔1〕 疑似クラスで未訪問リンク、訪問済みリンクの装飾を区別

〔2〕 ダイナミック疑似クラスで操作に応じた動的な表現が可能

〔3〕 疑似クラス、ダイナミック疑似クラスは記述順に注意する

17 疑似要素の使い方と効果

セレクタのひとつに「疑似要素」と呼ばれる特殊なものがあります。疑似要素を使用すると、要素の前や後ろにCSS側で内容を入れたり、要素の最初の文字や1行目に効果を与えることができます。

THEME
テーマ
> 要素の前後に内容を追加するには
> 要素の1行目や1文字目を選択するには

▷ 要素の前後に内容を追加する疑似要素

セレクタのひとつに「疑似要素」(ぎじようそ)と呼ばれるものがあります。要素の前後に文字や画像を追加したり、要素の中の特定の文字や行に対してスタイルを指定したりするものです。疑似要素は複数あり、それぞれできることが違います。

「::before疑似要素」を使うと要素の前に、「::after疑似要素」を使うと要素の後ろに、指定した内容を追加することができます。この2つの疑似要素をセレクタにするときは、「contentプロパティ」と合わせて使用します ◎。使い方としては、見出しの行頭に飾りをつけたり、要素の最後に注意書きを加えたりなどできます。

見出しの装飾を例にします。「店舗情報・アクセス」という見出しを「▯店舗情報・アクセス▯」と飾りつけるとき、「▯」は文書構造やHTMLのテキスト的には本来不要なもののため、HTML側には記述しないほうが適切です。::before疑似要素、::after疑似要素を使って、「h2::before { content:"▯"; } ◎」のように記述すると、HTMLに ■1 のように反映されます。このように、::before疑似要素、::after疑似要素は、HTMLのソースコードに記述したくない内容をつけ加えるときなどに有効です。

▷ 1行目や1文字目を特定する疑似要素

疑似要素にはこのほか、要素の1行目を特定する「::first-line疑似要素」と、要素の1文字目を特定する「::first-letter疑似要素」があります。

::first-lineは、指定した要素の1行目 ◎、またはbr要素で

Word 疑似要素

要素の中の特定の文字や行に対してスタイルを指定したり、文字や画像を追加することができる。「h2::after」のように、セレクタになる要素名のあとに、ダブルコロン(::)をつけて記述する。

POINT

contentプロパティは、HTML文書の中に存在していない文字や画像をCSSだけで追加し、Webページ上に表示することができるプロパティです。::before疑似要素、::after疑似要素とセットで使うもので、要素の直前、もしくは直後に文字や画像などを追加できます。

WHY?: HTMLに記述しないほうがよい内容を追加できる

::before疑似要素、::after疑似要素をセレクタにして追加する内容は、CSS側だけに記述されるものです。HTMLの文書構造に影響を与えずに、文字や画像を追加することができます。ただし、追加する内容はHTMLの文書構造的には認識されないため、マークアップ上なくても支障のない補足的なテキストや装飾画像などを追加するときに使いましょう。

POINT

■1 ではcontentプロパティの値に絵文字を入れています。この絵文字はWindows 10、macOS、iOS、Androidに共通で使用できます。こうした絵文字を表現するには、すでに表示してある絵文字をコピー&ペーストするほか、特定キーワードでの変換(この例では「フォーク」「皿」など)、HTMLで使用する場合は実体参照(🍽)の手法を用います。絵文字の一覧や使用方法については、下記のWebサイトで詳しく解説されています。
絵文字一覧 ¦ Let's EMOJI
https://lets-emoji.com/emojilist/

1行目がテキストのどこからどこまでにあたるかは、Webブラウザの左右幅や、その要素に対して指定している固定幅によって変動します。

Word DropCaps
雑誌などでよく見られる「段落の1文字目を拡大して回り込ませる」表現。まとまった文章の中で、デザインのワンポイントとして活用される。

強制改行されるまでの範囲に、スタイルを適用します。1行目だけ装飾スタイルを変えて強調し、拾い読みをしてもらう用途などで使われます。::first-letterは、指定した要素の1文字目に対して、スタイルを適用するものです。1文字目の背景色や幅を調整することで、「DropCaps」(ドロップキャップス)と呼ばれるレイアウトの手法を表現することができます 図2 。

図1 ::before、::after疑似要素の使用例

```
【HTML】
<h2>店舗情報・アクセス</h2>
<h3>店舗情報</h3>
<table>
 <tr>
  <th>店名</th>
  <td>Natural Dining</td>
 </tr>
 <tr>
  <th>住所</th>
  <td>宮城県仙台市青葉区本町1-11-14</td>
 </tr>
 <tr>
  <th>定休日</th>
  <td>毎週火曜日・年末年始・お盆休み</td>
 </tr>
 <tr>
  <th>席数</th>
  <td>カウンター席 5 / テーブル席 16</td>
 </tr>
</table>
```

```
【CSS】
h2 {
 background: #f5e1b5;
 color: #6f5729;
}
h2::before { content:"🍴 "; }
h2::after { content:"🍴 "; }
table, tr, td { border: 1px solid #000; }
```

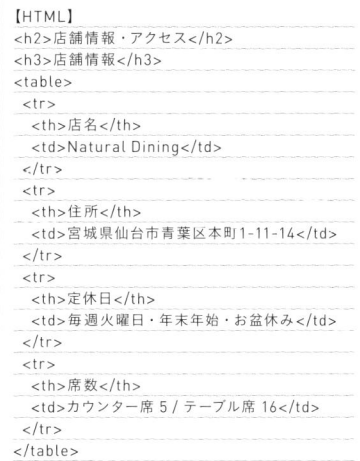

HTMLには記述していない絵文字を、「店舗情報・アクセス」(h2要素)の前後に追加した

図2 ::first-line疑似要素、;;first-letter疑似要素の使用例

```
【HTML】
<h2>1行目を選択して指定をかける
(::first-line) </h2>
<p class="case1">今週の週替わりスイーツは、「クリームとフルーツたっぷりのパンケーキ」です。
お好みでアプリコットジャムもプラスしてお召し上がりください。<br>
週替わりスイーツは、通常600円ですが、このブログをご覧になった方で、お約束のキーワードを言ってくれた方限定で、550円でご提供いたします!! </p>

<h2>1文字目を選択して指定をかける
(::first-letter) </h2>
<p class="case2">今週の週替わりスイーツは、「クリームとフルーツたっぷりのパンケーキ」です。
お好みでアプリコットジャムもプラスしてお召し上がりください。<br>
週替わりスイーツは、通常600円ですが、このブログをご覧になった方で、お約束のキーワードを言ってくれた方限定で、550円でご提供いたします!! </p>
```

```
【CSS】
p.case1::first-line {
 font-weight: bold;
 font-size: 1.7em;
}

p.case2::first-letter {
 font-size: 2em;
 float: left;
 background: #cceeff;
 width: 1.5em;
 text-align: center;
 margin:0 0.2em 0 0;
}
```

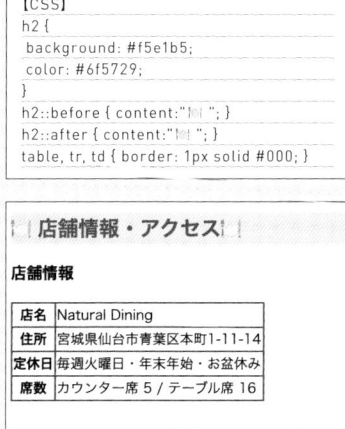

1行目や1文字目を選択して、そこだけにスタイルを適用できる

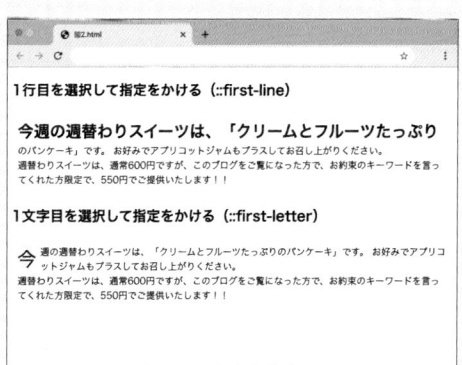

〔1〕 ::before擬似要素、::afterは擬似要素、要素の前後に内容を追加する

〔2〕 ::first-line擬似要素は1行目、::first-letter擬似要素は1文字目を選択する

18

CSSを書く前に覚えておきたい
ボックスモデル

CSSには「ボックスモデル」と呼ばれる領域の考え方があります。ボックスモデルを理解しなければ、CSSでHTMLのレイアウトや装飾はできないというぐらい重要な考え方ですので、しっかり習得しましょう。

THEME テーマ	▶ 「ボックスモデル」とはどんなもの?
	▶ ボックスの計算方法
	▶ ボックスと背景の扱い

▶ ボックスモデルを理解する

「ボックスモデル」とはHTML文書の中のすべての要素は、「ボックス」と呼ばれる箱のような形で構成されているという考え方です。CSSでレイアウトを行うということは、ボックスの幅や高さを変えたり、配置を変更したりすることといえます。ボックスの構造を理解していないと、思うようなレイアウトはできません。

ボックスの構造から見ていきましょう。1つのボックスは4つの領域から成り立っています。要素が入る「内容 (content)」、内容の周囲の余白である「パディング (padding)」、枠線の「ボーダー (border)」、ボーダーの外側の余白である「マージン (margin)」です。各領域の境界線を「辺」と呼びます。それぞれの領域は上下左右 (top、bottom、left、right) の四辺に分けられ、一つひとつにCSSでスタイルを適用できます ①②①。

▶ 幅、高さ、余白の計算方法

次に、ボックスの幅と高さの考え方を説明します。ボックス全体の幅は「width＋左右のpadding＋左右のborder＋左右のmargin」、高さは「height＋上下のpadding＋上下のborder＋上下のmargin」で算出します ②②。ボックスの横幅＝内容が入る数値とは限らないので注意しましょう ①。

「box-sizingプロパティ」は、ボックスの幅 (width) と高さ (height) の算出方法を指定するプロパティです。初期値 (content-box) では、「widthプロパティ」と「heightプロパティ」で指定する幅と高さの値がcontent (内容) のみに適用されます。

WHY?: CSSで意図したように
レイアウトするためには?

CSSを適用する前のHTMLをWebブラウザで見ると、見出し、段落などの情報ブロックが上から下に、縦に積み重なった状態になっています。このブロック一つひとつを「箱のようなもの」とイメージすると、ボックスモデルを理解しやすいでしょう。CSSでレイアウトするということは、この箱を左右に並べて配置したり、箱同士の間隔を調整したりなどの作業になります。箱の構造を理解していなければ、思い通りのレイアウトはできないのです。

① POINT_

個々の要素にはそれぞれブロックレベルとインラインの性質があります (74 ページ、Lesson3-08 参照)。どちらの性質でも同じようにボックスモデルの構造を当てはめて考えます。ただし、インラインの性質を持つ要素は左右の幅や上下の改行の情報を持っていないため、そのままの状態では横幅や縦方向のマージン、高さをCSSで指定しても適用されません。

① POINT_

スマートフォン・タブレット端末などの普及により、Webサイトが閲覧される画面サイズは多種多様になりました。さまざまな画面サイズに対応するため、widthプロパティには「% (パーセント)」など相対的な値で指定をする機会が多くなりました。

● CHECK_
161 ページ、COLUMN 参照。

boxsizingプロパティの値を「border-box」にする ② と、width
・heightで指定した幅と高さにcontentに加えてpadding・

■1 初期値のボックスの構造

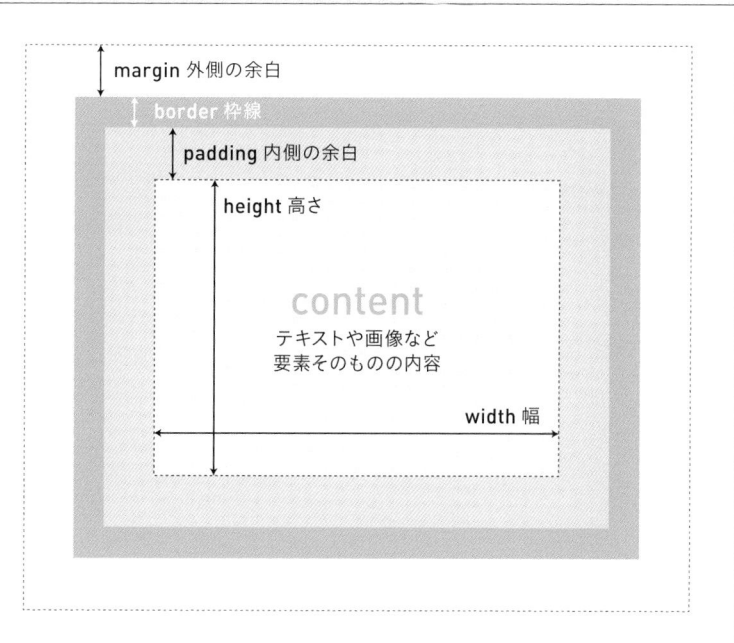

■2 初期値のボックスモデルの計算

左右のmarginが10px、左右のborderが5px、左右のpaddingが10px、widthが500pxだった場合

$$10px + 10px + 5px + 5px + 10px + 10px + 500px = 550px$$

margin   border   padding   width   ボックスの幅

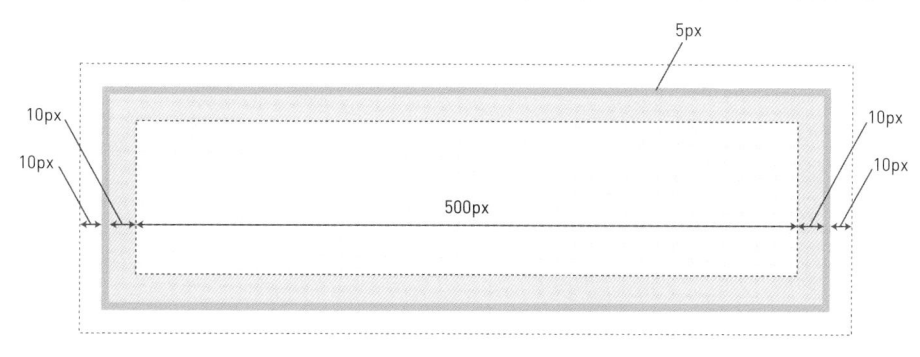

borderが含まれるようになります 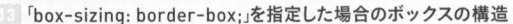。この場合、ボックス全体の横幅は「width＋左右のmargin」の合計となります 図4 。

　また、CSSで背景色、背景画像を指定した場合はパディングとボーダーの領域まで適用されます。マージン部分は透明ですが、親要素に何かしらの背景設定があれば、その設定が適用されます。

図3 「box-sizing: border-box;」を指定した場合のボックスの構造

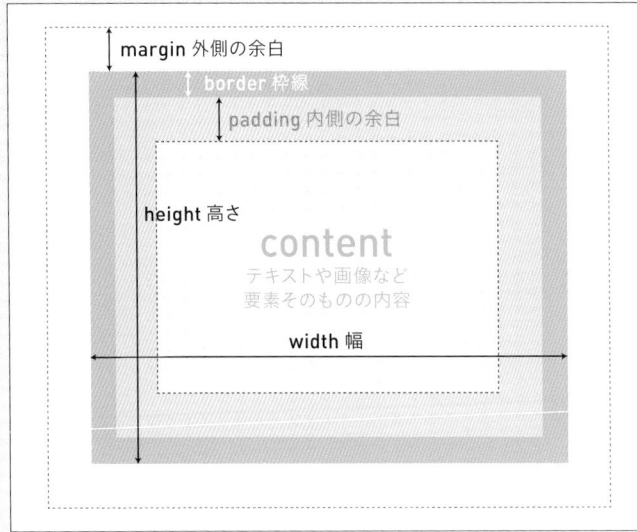

margin 外側の余白
border 枠線
padding 内側の余白
height 高さ
content
テキストや画像など
要素そのものの内容
width 幅

ボックスの幅と高さに
paddingとborderが
含まれるようになる

図4 「box-sizing: border-box;」を指定した場合のボックスモデルの計算

左右のmarginが10px、左右のborderが5px、左右のpaddingが10px、widthが500pxだった場合

$$10px + 10px + 500px = 520px$$

margin　　　　width　　　ボックスの幅

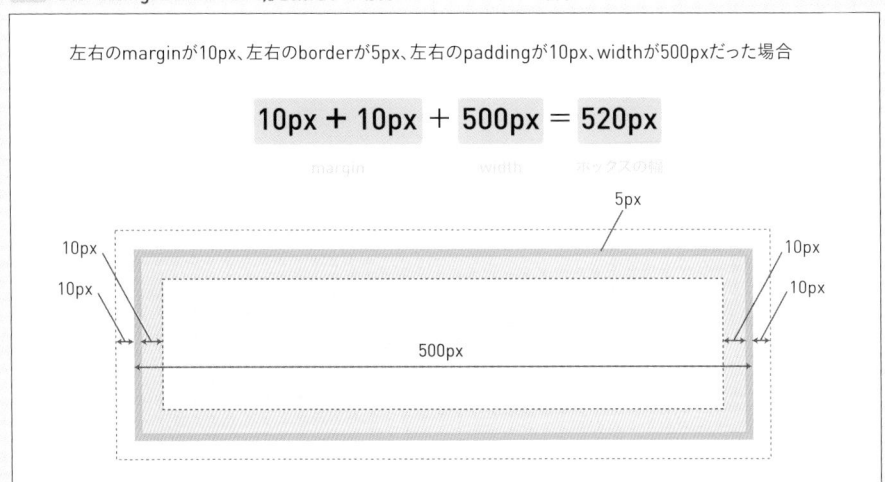

5px
10px
10px
500px
10px
10px

SUMMARY
まとめ

〔1〕 すべての要素に「ボックス」の各領域がある
〔2〕 要素の幅、高さの計算はボックスモデルに基づいて行う
〔3〕 背景色、背景画像はパディング、ボーダーの領域まで有効

「box-sizing: border-box;」が便利な点

158 〜 160ページで解説した「box-sizing: border-box;」を使う一番のメリットは、ボックスサイズの計算が簡単になることです。

親要素の中に子要素として4つのボックスが含まれる場合を例に、この4つの子要素をすべて横並びにしてみます。親要素の横幅は1000px、子要素はcontentの横幅250px、左右にそれぞれpaddingとboderが10pxがついています 図1 。

通常のボックスサイズの算出方法では、各子要素の幅は「width＋左右のpadding＋左右のborder」となるため、

子要素1つの全体幅は290pxとなります。4つを横並びにすると幅の合計は1160pxとなり、親要素の横幅を超えてしまいます 図2 。親要素の中に横並びできれいに収めるには、各子要素の幅を250px以下にする必要があります。

子要素に「box-sizing: border-box;」を指定すると、widthで指定した数値にpadding・borderを含むように計算されるため、子要素1つの幅が250pxとなります。4つを横並びにした子要素全体の幅が1000pxとなるので、親要素の中にきれいに収めることができます 図3 。

図1 親要素の横幅は1000px、子要素の幅は全体で290px

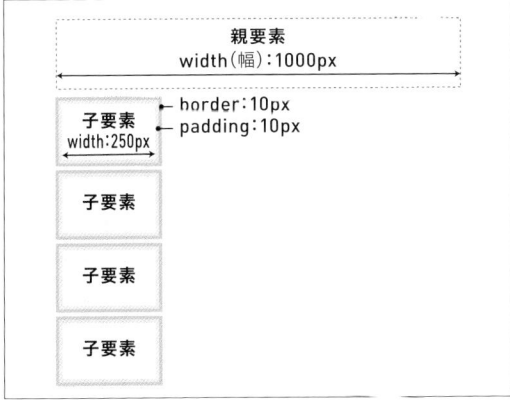

図2 4つの幅の合計が1000pxを超えて親要素の中に収まらない

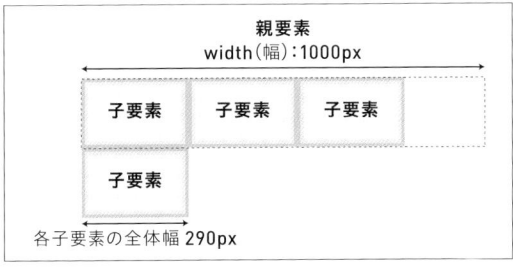

図3 4つの子要素の幅を250px以内にすると親要素の中に収まる

「box-sizing: border-box;」を指定すると、widthに指定した幅の値にpaddingとborderを含むようになるため、横幅の算出や配置の調整が容易になる

19 内容の幅と高さを指定する

前節ではボックスモデルの考え方と、ボックスの構造を説明しました。ここからは、ボックスを構成する各領域の特徴とそれぞれの指定方法を解説します。まずは内容と幅、高さについて見ていきましょう。

THEME テーマ	▶ 内容の幅と高さを指定する方法
	▶ 幅と高さの最小値・最大値を指定するには
	▶ 最小値・最大値の使いどころ

▶ 内容の幅と高さを指定する

ボックスの中でテキストや画像などの要素が入る内容（content）の領域では、幅と高さを指定します。幅の指定には「widthプロパティ」、高さの指定には「heightプロパティ」を使います。幅と高さの値は、「auto（初期値）」、「パーセント」、「数値と単位」のいずれかで指定します 図1 。

図1 widthプロパティとheightプロパティを使って、内容の幅と高さを固定

```
【HTML】
<p>「Natural Dining」では、農家直送のお
いしい有機野菜をふんだんに使った、女性が
うれしいカフェごはんを提供しています。安
全でおいしい野菜をたくさん食べてもらいたい、
そんな想いを込めて、カフェごはんを毎日つ
くっています。</p>
```

```
【CSS】
p {
  width: 400px;
  height: 250px;
  background-color: #edecd5;
}
```

「Natural Dining」では、農家直送のおいしい有機野菜をふんだんに使った、女性がうれしいカフェごはんを提供しています。安全でおいしい野菜をたくさん食べてもらいたい、そんな想いを込めて、カフェごはんを毎日つくっています。

図2 min-heightプロパティで高さの最小値を指定することができる

```
【HTML】
<h2>高さを無指定</h2>
<div id="normal">
<p>（省略）</p>
<p>（省略）</p>
<p>（省略）</p>
</div>

<h2>高さにmin-heightを指定</h2>
<div id="min-h">
<p>（省略）</p>
<p>（省略）</p>
<p>（省略）</p>
</div>
```

```
【CSS】
h2 {
  margin-bottom: 0;
  clear: both;
}
#min-h p {
  min-height: 160px;
}
p {
  width: 180px;
  margin-right: 1em;
  float: left;
  outline: 1px solid #ccc;
  padding: 10px;
}
```

高さを無指定

今月は秋の味覚特集です。シェフ自慢の「きのこと野菜のヘルシー蒸し野菜」をぜひオーダーしてみてください。

「Natural Dining」では、農家直送のおいしい有機野菜をふんだんに使った、女性がうれしいカフェごはんを提供しています。

夜はワインを飲みながらゆっくりとくつろげるスペースです。女子会、デート、いろんなシーンで使ってくださいね。

高さにmin-heightを指定

今月は秋の味覚特集です。シェフ自慢の「きのこと野菜のヘルシー蒸し野菜」をぜひオーダーしてみてください。

「Natural Dining」では、農家直送のおいしい有機野菜をふんだんに使った、女性がうれしいカフェごはんを提供しています。

夜はワインを飲みながらゆっくりとくつろげるスペースです。女子会、デート、いろんなシーンで使ってくださいね。

WHY?: heightプロパティの
実践的な使い方

Webサイトは作ったら終わりではなく、常に更新していくものです。内容が流動的で、段落単位でテキストが入れ替えて更新するケースも多いでしょう。こうした場合に、段落にheightプロパティで高さを指定したのでは、入るテキストの長さに合わせて、更新のたびに高さの数値も変更しなければいけません。内容のボリュームが変動しやすい箇所には、高さの指定は行わないか、min-heightプロパティを使って指定しておくと、メンテナンス性が向上します。

どちらのプロパティも、p要素やdiv要素などのブロックレベルで表示される要素と、img要素や入力フォームのinput要素、textarea要素などに有効です。heightプロパティはナビゲーションや写真など、高さをはっきりと決める必要があるものに対して使用するのが一般的です。

幅・高さの最大値・最小値を制限する

内容の幅・高さを指定するプロパティはこれ以外にもあります。「max-widthプロパティ」、「max-heightプロパティ」は、それぞれ幅・高さの最大値を指定するものです。また、「min-widthプロパティ」と「min-heightプロパティ」は、幅・高さの最小値を指定します。値の指定方法はwidth、heightと同様です。

入る内容によって高さの違うボックスが横に並ぶと、ボックスの下の部分にばらつきが出ます。このようなときはmin-heightを指定すると、高さをきれいに揃えることができます 02 。

COLUMN

レイアウトの手法の変化

スマートフォンやタブレットが普及する以前、Webサイトを閲覧する端末はデスクトップPCが主流でした。そのため、Webサイトの表示幅は「ソリッドレイアウト」01 と呼ばれる、ピクセル数などで指定して横幅を固定し、多くの環境で同じように固定されたレイアウトを表示する手法が主流でした。

しかし、スマートフォンやタブレットなどの画面サイズが小さい端末では、デスクトップPCの画面に合わせた固定的なレイアウトのまま表示されると、視認性や可読性が低くなってしまいます。そのため、レスポンシブWebデザイン 02 と呼ばれる、表示するデバイスに合わせてレイアウトを変える手法が登場しました。レスポンシブWebデザインは1つのソースコード（HTML）に対し、CSSでデバイスに応じて表示幅などを切り替えることができ、今のWeb制作の現場ではこの手法が標準化しています。

01 ソリッドレイアウト

ソリッドレイアウトはWebブラウザの領域に関係なく固定幅で表示する

02 レスポンシブWebデザイン

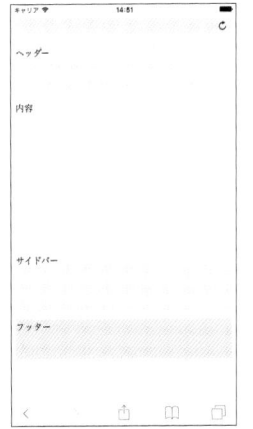

レスポンシブWebデザインは表示されるデバイスの特性に応じて表示内容を変化させる

SUMMARY
まとめ

〔1〕 内容の幅はwidthプロパティ、高さはheightプロパティで指定
〔2〕 幅と高さの最大値はmax-width、max-heightで指定
〔3〕 幅と高さの最小値はmin-width、min-heightで指定

20 情報の含まれるブロックに ボーダーを設定する

要素に対してボーダーを指定するには「borderプロパティ」を使用します。ボーダーは上下左右を個別に指定できるほか、すべてを一括で指定することができ、囲みの罫線や、区切り線などに使います。

THEME
テーマ

▶ borderプロパティと効率のよい指定方法
▶ ボーダーの使用例を見てみよう
▶ もうひとつのボーダー「outlineプロパティ」

▷ **ボーダーを指定するborderプロパティ**

要素にボーダーを指定するには「borderプロパティ」を使います。ボーダーは上下左右それぞれの辺に対して、太さ、形状、色を個別に指定することができ、「border-top-width（上のボーダーの太さ）」、「border-top-style（上のボーダーの形状）」、「border-top-color（上のボーダーの色）」などのように、上下左右に対応する各プロパティに値を設定します。しかし、このように、各辺の太さ・形状・色を別々に指定する方法はCSSのコードが長くなり、あまり効率的ではありません。

「border-top」（上のボーダー）、「border-bottom」（下のボーダー）、「border-left」（左のボーダー）、「border-right」（右のボーダー）のプロパティを使って、各辺ごとに太さ、形状、色をまとめて指定するやり方が一般的です。「上下左右の辺」を基本にして、装飾していく考え方です ❶ 。また、borderプロパティを使うことで、ボーダーの四辺すべてを一括で指定できます。

ボーダーの形状にはさまざまなものがあります 図1 。例えば、h2要素の下に区切りとしてのボーダーをつけたい場合には「h2 { border-bottom: 2px dotted #ffcc00; }」のように記述します。borderプロパティで上下左右のボーダーを指定し、border-leftプロパティを使用して左のボーダーだけを変えるような使い方も可能です。上手に組み合わせることで、短いコードでさまざまな形のボーダーが表現できます 図2 。

▷ **もうひとつのボーダー「outlineプロパティ」**

要素にボーダーをつけるプロパティには、border関連のプロ

❶ POINT_

太さ、形状、色を一つひとつ指定していくやり方はコードが長くなるだけでなく、スタイル指定自体も煩雑になるためおすすめできません。border-top、border-bottom、border-left、border-rightを使って、上下左右の辺ごとに指定するやり方が実践的です。

WHY?: borderプロパティの値

border-top、border-bottom、border-left、border-rightの指定は、プロパティの値に「線の太さ」、「線の種類」、「線の色」の3つを指定します。値と値の間は半角スペースで区切って記述するのがルールです。この3つはどの順番で記述してもかまいません。borderプロパティの記述も同様で、「border: 2px dotted #ffcc00;」（太さ2px、点線、オレンジ）のように記述すると、四辺のボーダーがすべて同じ装飾になります。

パティのほかに「outlineプロパティ」があります。outlineプロパ
ティは上下左右で個別に指定するのではなく、一括でボーダー
の外側に囲み線をつけるものです。borderプロパティと違い、
ボックスの数値の計算には含まれません。隣接する要素や位置
に影響することなく囲み線がつくため、レイアウトが崩れる心配
がなく、非常に使いやすいプロパティです。

ボーダーのさまざまな装飾

```
【HTML】
<p class="case1">solidを指定 (1本線で表示) </p>
<p class="case2">doubleを指定 (2本線で表示) </p>
<p class="case3">dashed (破線で表示) </p>
<p class="case4">dotted (点線で表示) </p>
<p class="case5">groove (立体的にへこんだ状態で表示) </p>
<p class="case6">ridge (立体的に盛り上がった状態で表示) </p>
<p class="case7">inset (左と上の枠線が暗く、立体的にへこんだ状態で表示) </p>
<p class="case8">outset (右と下の枠線が暗く、立体的に盛り上がった状態で表示) </p>
```

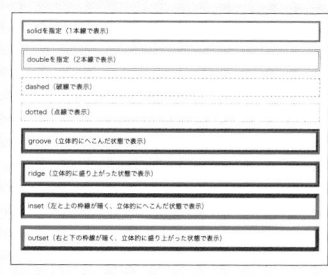

```
【CSS】
.case1 { border: 5px solid #357cc7; }
.case2 { border: 6px double #357cc7; }
.case3 { border: 2px dashed #357cc7; }
.case4 { border: 2px dotted #357cc7; }
.case5 { border: 10px groove #357cc7; }
.case6 { border: 10px ridge #357cc7; }
.case7 { border: 10px inset #357cc7; }
.case8 { border: 10px outset #357cc7; }
```

見出しをボーダーで装飾

```
【HTML】
<h2 class="case1">ごあいさつ</h2>
<p> (省略) </p>
<p> (省略) <br>
(省略) </p>

<h2 class="case2">ごあいさつ</h2>
<p> (省略) </p>
<p> (省略) <br>
(省略) </p>
```

ごあいさつ

はじめまして、店員のM☆です!

「Natural Dining」では、おいしい有機野菜を中心とした健康的な料理をお出ししています。夜はオシャレなカフェバーになり、野菜に合う赤ワイン、白ワインを各種取りそろえています。
新鮮なフルーツを使った生ハイボールや、トマトハイボール、レッドアイも人気があります。ディナータイムにお会いしましょう!

ごあいさつ

はじめまして、店長のM☆です!

「Natural Dining」では、おいしい有機野菜を中心とした健康的な料理をお出ししています。夜はオシャレなカフェバーになり、野菜に合う赤ワイン、白ワインを各種取りそろえています。
新鮮なフルーツを使った生ハイボールや、トマトハイボール、レッドアイも人気があります。ディナータイムにお会いしましょう!

上は、h2要素にborder-topプロパティとborder-bottomプロパティを指
定して装飾したもの。下は、borderプロパティで四辺を一括指定したあと、
左のボーダーだけを上書き指定したもの

```
【CSS】
h2.case1 {
  border-top: 5px solid #ffcc00;
  border-bottom: 2px dotted #ffcc00;
}

h2.case2 {
  border: 5px dotted #ffcc00;
  border-left: 10px solid #f00;
}
```

SUMMARY
まとめ

〔1〕 ボーダーは上下左右の辺単位で指定するのが実践的
〔2〕 borderプロパティを使うと四辺を一括で指定できる
〔3〕 outlineプロパティはボックスモデルの計算に含まれない

21 パディングを調整する

前々節で内容の幅・高さの指定、前節でボーダーの指定について見てきました。次に、内容とボーダーの間の余白（パディング）について見ていきましょう。適度な余白を設定することがよいデザインにもつながります。

THEME テーマ	▶ paddingプロパティではどんなことができるのか
	▶ paddingプロパティの基本的な書き方
	▶ 余白を効率的に指定するには

▶ 余白（パディング）の基本的な仕組み

ボックスの構造では、内容とボーダーの間に余白（パディング）があります。パディングを調整するには「padding-top」、「padding-bottom」、「padding-left」、「padding-right」の各プロパティを使用します。それぞれ上下左右ごとに要素の内側の余白を指定するプロパティです ❶ 。これらpadding関連のプロパティはブロックレベル、インラインのどちらにも使用できます 図1 が、インラインに対しては左右のパディングのみ反映されます。また、マイナスの値を指定することはできません。

padding関連のプロパティは、要素に対して適度な余白を与えて文字を読みやすくしたり、デザインのバランスを整える際に

❶ POINT_

ボックスの構造では内側の余白は「パディング（padding）」、外側の余白は「マージン（margin）」ですが、最初のうちは内側と外側、どちらがどちらか混乱しがちです。パディングは「詰め物、当て物」といった意味があります。例えば、ボーダーが洋服だとしたら、パディングは「肩パッド」という風に考えるとイメージがつきやすいでしょう。肩パッドは服の内側の詰め物であり、内側にくる余白がパディングとなります。

❷ POINT_

paddingプロパティで指定した余白部分に対しては、背景色や背景画像は有効であることに注意しましょう。図1 を見るとわかるように、p要素に対して指定している背景色（background: ffea9e;）はボーダーぎりぎりまで色がついています。

図1 パディングによる余白の指定

```
【HTML】
<h2>p要素のパディングが無指定の状態</h2>
<p>今月は秋の味覚特集です。シェフ自慢の「きの
こと野菜のヘルシー蒸し野菜」をぜひオーダーして
みてください。低カロリーでおいしいですよ♪</p>

<div class="case1">
<h2>p要素に上下左右のパディングを指定</h2>
<p>今月は秋の味覚特集です。シェフ自慢の「きの
こと野菜のヘルシー蒸し野菜」をぜひオーダーして
みてください。低カロリーでおいしいですよ♪</p>
</div>

<div class="case1">
<h2>strong要素にパディングを指定</h2>
<p>今月は<strong>秋の味覚特集</strong>で
す。シェフ自慢の「きのこと野菜のヘルシー蒸し野菜」
をぜひオーダーしてみてください。低カロリーでお
いしいですよ♪</p>
</div>
```

```
【CSS】
p { background: #ffea9e;
border: 3px solid
#a7965c; }

.case1 p {
  padding-top: 15px;
  padding-bottom: 15px;
  padding-left: 15px;
  padding-right: 15px;
}
.case1 strong {
  padding-left: 20px;
  padding-right: 20px;
  background: #ffad41;
}
```

p要素のパディングが無指定の状態

今月は秋の味覚特集です。シェフ自慢の「きのこと野菜のヘルシー蒸し野菜」をぜひオーダーしてください。低カロリーでおいしいですよ♪

p要素に上下左右のパディングを指定

今月は秋の味覚特集です。シェフ自慢の「きのこと野菜のヘルシー蒸し野菜」をぜひオーダーしてみてください。低カロリーでおいしいですよ♪

strong要素にパディングを指定

今月は　　秋の味覚特集　　です。シェフ自慢の「きのこと野菜のヘルシー蒸し野菜」をぜひオーダーしてみてください。低カロリーでおいしいですよ♪

<div class="case1">タグ内のp要素（ブロックで表示される）に対して上下左右のパディング, strong要素（インラインで表示される）に対して左右のパディングを指定している

使用する、とても重要なプロパティです。

ショートハンドプロパティによる効率のよい書き方

パディングは、基本的にpadding-topのように上下左右を個別で指定しますが、「-top」などをつけない「paddingプロパティ」を使うと、上下左右の四辺（padding-top、padding-bottom、padding-left、padding-right）を一括で指定できます。これをショートハンドプロパティといいます。ショートハンドプロパティでは、値は1つ、2つ、3つ、4つ指定する方法があり、それぞれ適用される位置が決まっています 図2 。

例えば「padding: 20px;」と値を1つ記述した場合は、上下左右すべてに同じ20pxという値を指定することになります。「padding: 20px 10px;」と2つ記述すると、最初の値が「上下」、2番目の値が「左右」を指定することになります。さらに、「padding: 20px 20px 20px 20px;」と値を4つ記述すると、上、右、下、左の順に指定することになります。値を4つ記述する場合は、上から時計回りに適用されると覚えておきましょう 図3 。

ショートハンドプロパティは、コードも短くなり便利ですが、通常のpadding-topなどの個別指定と混在すると、コードが煩雑になり管理が大変になることがあります。ルールを決めて、効率よく使用するようにしましょう。

***WHY?:* ショートハンドプロパティとは？**

ショートハンドプロパティとは、「padding」などの1つのプロパティを使用して、複数の値を指定する書き方のことです。上下左右の余白がすべて同じ値であったり、左右で共通の値がある場合は、ショートハンドプロパティを利用することでCSSを短く記述することができます。Web制作の現場ではよく使う手法ですので、必ずマスターしましょう。

図2 ショートハンドプロパティで適用される位置

値の数	適用位置
1つ指定	「上下左右」
2つ指定	「上下」と「左右」
3つ指定	「上」と「左右」と「下」
4つ指定	「上」と「右」と「下」と「左」

paddingのショートハンドプロパティでは、記述する値の数によって適用される余白位置が決まっている

図3 ショートハンドプロパティの記述例

```
p { padding:  10px; } … 上下左右がすべて10px
              上下左右
p { padding:  10px 20px; } … 上下が10px、左右が20px
              上下  左右
p { padding:  10px 20px  7px; } … 上が10px、左右が20px、下が7px
              上    左右  下
p { padding:  0 10px 15px 5px } … 上が0、右が10px、下が15px、左が5px
              上 右    下   左 ←時計回り
```

記述する値の数によって、それぞれ適用される余白位置の順序が変わることに注意しよう

SUMMARY まとめ

(1) paddingプロパティはボーダーと内容の間の余白を指定する
(2) paddingプロパティは上下左右、それぞれ個別に指定できる
(3) ショートハンドプロパティを使えば、短く効率的なコードを記述できる

22 隣接するブロックとの間隔を調整する

HTMLはいくつもの要素が隣り合ってできています。要素の種類によって、外側の余白があったりなかったりとさまざまです。この外側の余白をコントロールするには、マージンの指定を行います。

THEME
テーマ

▶ marginプロパティでできること
▶ ブロックで表示される要素をセンタリングするには
▶ マージンの相殺ってなんだろう？

▶ ボーダーの外側に余白を指定するマージン

ボックスの外側にはマージンと呼ばれる余白があり、マージンを調整することでボックス同士の間隔をコントロール ◉ します。隣接するボックス同士の間隔を調整するには「marginプロパティ」を使用します。paddingプロパティと同様に「margin-top」、「margin-bottom」、「margin-left」、「margin-right」の各プロパティで上下左右の余白を個別に指定することができます ❶ 。

margin関連のプロパティは、マイナスの値を指定することもできます。ブロック同士の間隔をあける以外に、本来あいている間隔をつめる際にマイナスの値を指定します 図1 。

マージンの指定もpaddingプロパティ同様、ショートハンドプロパティとして「margin」が使用できます。

▶ marginプロパティでブロックをセンタリング

marginプロパティは、ブロックレベルの性質を持つ要素をセンタリングする際にも使います。横幅（widthプロパティ）が指定されている要素に対して、左右のマージンの値を「auto」にすると、その要素は左右中央に配置されます。また、左マージンだけにautoを指定した場合は、その要素は結果的に右に寄せられることになります 図2 。

▶ 上下のマージンは相殺される

CSSでは、要素同士の左右マージンは重なり合わずにそれぞれの余白として表示されますが、上下マージンは重なり合うと解釈され、どちらか値の大きいほうがマージンとして設定されると

◉ CHECK_
158 ページ、Lesson4-18 参照。

🛈 POINT_
margin関連のプロパティは、ブロックレベル、インラインのどちらにも使用できますが、インラインに対して上下方向のマージンは無効です。

WHY?: ネガティブマージンとは？

marginプロパティにマイナスの値を入れることを「ネガティブマージン」といいます。ネガティブマージンを使うことで、例えば見出しを左に少しずらして、その下の内容をぶらさげるように表示したり、2行で表示されている内容を、1行に重ねて表示するなど、レイアウトの調整に利用できます。ネガティブマージンは、うまく使えば少ないコードで特別なレイアウトを表現でき、ポイントを押さえれば非常に便利なテクニックです。

いう仕様です。例えば、p要素が上下に2つ並んでいるとして、1つ目の下マージンが20px、2つ目の上マージンが50pxだった場合、数値が大きい50pxがマージンとして設定されます[3]。

　上下にマージンが重なる場合は大きいほうの数値、片方がマイナスの値の場合は足し引きした数値、どちらもマイナスの値の場合は小さいほうの値がマージンとして設定されます。隣り合う要素の上下にマージンを指定する際には、マージンが相殺されることを頭に入れながら調整しましょう。

1 マージンによるボーダー外側の余白指定

```
【HTML】
<h2>h2要素〜（省略）〜 </h2>
<p>今月は〜（省略）〜 </p>

<div class="case1">
<h2>h2要素〜（省略）〜 </h2>
<p>今月は〜（省略）〜 </p>
</div>
```

```
【CSS】
p { background: #ffea9e;
border: 3px solid #a7965c; }

.case1 h2 { margin-bottom: 0;}
.case1 p { margin-top: 0; }
```

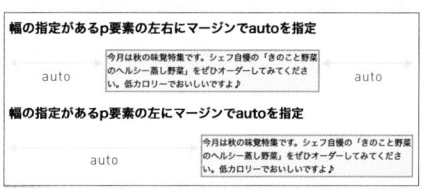

h2要素、p要素のマージンが無指定の状態
今月は秋の味覚特集です。シェフ自慢の「きのこと野菜のヘルシー蒸し野菜」をぜひオーダーしてみてください。低カロリーでおいしいですよ♪

h2要素の下、p要素の上にマージンを指定
今月は秋の味覚特集です。シェフ自慢の「きのこと野菜のヘルシー蒸し野菜」をぜひオーダーしてみてください。低カロリーでおいしいですよ♪

上は見出しと本文の間にブラウザ初期値のマージン（余白）があるが、下は見出し（h2要素）のmargin-bottom、本文（p要素）のmargin-topの値を0に設定して間隔をつめている

2 マージンによるセンタリングなどの指定

```
【HTML】
<div class="case1">
<h2>幅の指定〜（省略）〜 </h2>
<p>今月は〜（省略）〜 </p>
</div>

<div class="case2">
<h2>幅の指定〜（省略）〜 </h2>
<p>今月は〜（省略）〜 </p>
</div>
```

```
【CSS】
p { background: #ffea9e;
border: 3px solid #a7965c; }

.case1 p {
  width: 400px;
  margin-left: auto;
  margin-right: auto;
}
.case2 p {
  width: 400px;
  margin-left: auto;
}
```

幅の指定があるp要素の左右マージンにautoを指定

auto　今月は秋の味覚特集です。シェフ自慢の「きのこと野菜のヘルシー蒸し野菜」をぜひオーダーしてみてください。低カロリーでおいしいですよ♪　auto

幅の指定があるp要素の左にマージンにautoを指定

auto　今月は秋の味覚特集です。シェフ自慢の「きのこと野菜のヘルシー蒸し野菜」をぜひオーダーしてみてください。低カロリーでおいしいですよ♪

<div class="case1">タグ内のp要素には左右マージンの値にautoを記述してセンタリング、<div class="case2">タグ内のp要素には左マージンにのみautoを記述して右寄せを指定している

3 隣接する上下マージンの相殺

```
【HTML】
<p class="case1">夜は〜（省略）
〜 </p>

<p class="case2">夜は〜（省略）
〜 </p>
```

```
【CSS】
p { border: 3px solid #999;
padding:10px; }

.case1 { margin-bottom: 20px;
}
.case2 { margin-top: 50px; }
```

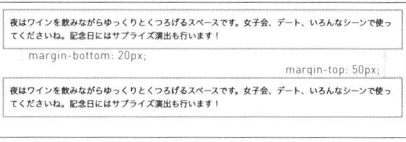

夜はワインを飲みながらゆっくりとくつろげるスペースです。女子会、デート、いろんなシーンで使ってくださいね。記念日にはサプライズ演出も行います！

margin-bottom: 20px;　　　　　　　　　　　　margin-top: 50px;

夜はワインを飲みながらゆっくりとくつろげるスペースです。女子会、デート、いろんなシーンで使ってくださいね。記念日にはサプライズ演出も行います！

<p class="case1">タグは下マージンの値に20px、<p class="case2">タグは上マージンの値に50pxを指定。重なり合う上下マージンは相殺され、結果的に数値が大きい下段落のmargin-topの値50pxで表示される

SUMMARY まとめ

〔1〕 マージンは隣接するブロック同士の間隔を指定する
〔2〕 autoという値によりセンタリング（中央寄せ）や右寄せを行う
〔3〕 左右のマージンは相殺されず、上下のマージンは相殺される

23 情報をブロック単位で並べる

WebサイトはHTMLによるマークアップで文書構造化を行ったあと、CSSでブロックを並べ替えるなどして、デザインを整えていきます。ここでは、情報ブロックを並べるにはどんな手法があるのか見てみましょう。

THEME テーマ	▶ 情報ブロックはどんなふうに配置するのか
	▶ 情報ブロックを並べる2つのテクニック
	▶ フレックスボックスとポジションはどう違う？

▶ レイアウトのためのCSS

CSSは、文書に対してさまざまな装飾を指定するほか、レイアウトのためにも使用します。CSSをマスターするということは、レイアウトをマスターすることといっても過言ではありません。CSSで行った装飾は、どのWebブラウザで見てもだいたい意図するように表示されます。しかし、レイアウトに関してはWebブラウザごとの解釈が微妙に違ったりと、なかなか思うように表示されない❶ことが多いものです。

レイアウトする手法の基本をしっかりと押さえておくことで、「なぜこのWebブラウザでは表示崩れが起きるのか？」といったトラブルの解決方法を見つけ出しやすくなり、それ以前に表示崩れを未然に防ぐことにもつながります。CSSレイアウトを行う上で必須の考え方とテクニックをしっかりとマスターしましょう。

❶ POINT_

FirefoxやGoogle ChromeなどのWebブラウザでは表示に問題がなくても、Internet Explorerなど一部の古いWebブラウザでは表示が崩れてしまうことがあります。これは、古いブラウザではCSSの解釈が違ったり、一部バグがあったりするためで、思い通りのレイアウトにならないときがあります。古いブラウザにも対応させる必要がある場合は、Webブラウザの挙動やクセを考慮してCSSによるレイアウトを行う必要があります。

▶ ブロックを並べる2つの手法

HTMLによるマークアップは、ヘッダー、ナビゲーション、主要な内容、フッターのように、それぞれを情報の役割ごとにブロックとして構造化していくのが一般的です。こういった大きなブロック単位でレイアウトを調整したり、ブロックの中に含まれるさまざまな要素の配置場所を調整したりしてWebページをデザインしていくのがCSSの役割です。

Webページ上でブロックを配置する、つまりレイアウトする代表的な方法には、「フレックスボックス」(Flexbox：Flexible Box Module)と「ポジション」(position)の2つがあります。

フレックスボックスは、表示方法を制御する「displayプロパ

WHY?: 情報を役割に応じたグループ分け

一般的なHTMLは、大枠でとらえるとh要素（見出し）やp要素（段落）など、さまざまな要素の繰り返しで構成されています。マークアップする過程で複数の要素を、別の要素でまとめるなど、情報の役割に応じてグループ分けしていきます。複数の要素（箱）をさらに大きな箱にまとめていくとイメージするとよいでしょう。例えば、複数の見出しと段落をdiv要素で括り、コンテンツ（主要な内容）としてまとめるような場合です。こうした役割別の情報グループを「ブロック」という呼び方をします。CSSを使ったレイアウトでは、このブロックを左右に並べたり順番を入れ替えたりして、配置を調整していくわけです。

● CHECK_
180 ページ、Lesson4-26 参照。

ティ」の値に「flex」を使った指定 ● のことで、ボックス同士を水平方向（横方向）に並べる目的で使われます。ボックスを横並びにするには、これまでフロート（float）という要素を回り込ませる手法が用いられていましたが、フレックスボックスのほうが並べ方の順序や幅の割り振りなどを簡単に調整できます。

一方、ポジションとは「位置」を意味します。スポーツでは、守備位置のことをポジションといいます ■1 。例えば野球ではポジションはあらかじめ決められていますが、状況によって立ち位置を変えたり、入れ替えたりもします。HTMLでも、ポジションという手法を使うと要素を自由な位置に移動することができます。

「フレックスボックスは水平方向（横並び）に配置する」、「ポジションは好きな場所に配置する」と覚えておきましょう ■2 。

■1 ポジションによる自由な配置

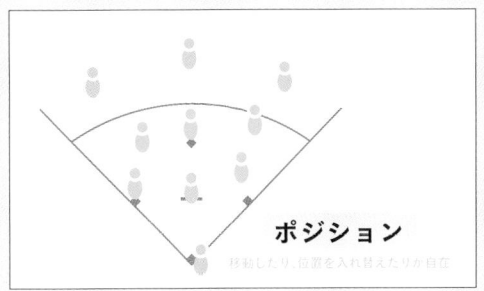

ポジションは「位置」の意味があり、移動や入れ替えなどが自在に行える

■2 フレックスボックスとポジションのレイアウトの違い

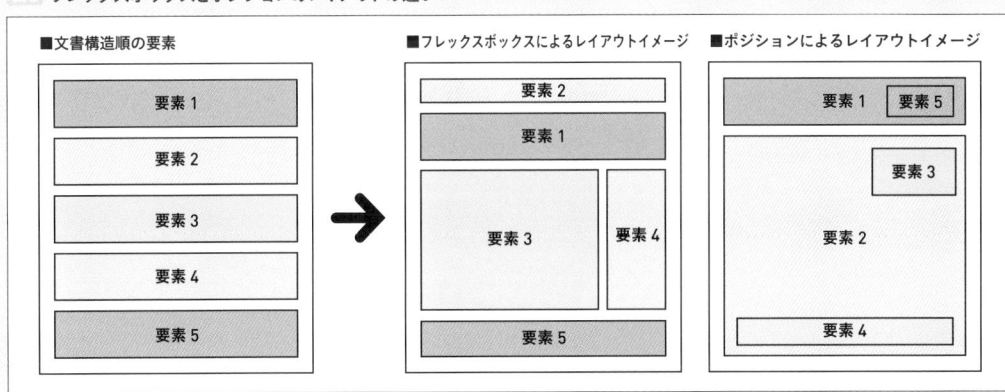

フレックスボックスはブロックを水平方向に横並びで配置し、ポジションはブロックを好きな場所に配置する。フレックスボックスはHTMLの記述順を変えずに表示の順番を入れ替えたり並列に配置することができる。一方のポジションでは要素1の上に要素5を表示するなど大胆な配置ができる

SUMMARY
まとめ

〔1〕 CSSレイアウトはフレックスボックスかポジションを利用する
〔2〕 フレックスボックスは要素を横並びに配置できる
〔3〕 ポジションは要素を自由な位置に配置できる

Lesson 4

24 要素を回り込ませるCSS float

HTMLの要素を浮かせて、次にある内容を回り込ませることに特化したプロパティがあります。雑誌などでも
よく目する、写真の周りを文章が囲うようなデザインを表現することができます。

THEME テーマ	▶ floatプロパティでできること ▶ 画像と文章の回り込み表現 ▶ 回り込みの解除

▶ floatについて

「float」は要素を浮かせるという効果を持ったプロパティです。
floatプロパティは前節で紹介したフレックスボックスが広がる
以前、要素を横並びに配置するCSSレイアウトの基本的な手法
として頻繁に利用されてきました。現在でも用いられていますの
で、しっかりと理解しておきましょう。

HTML要素は縦方向に並んで表示されますが、floatで浮か
せた要素は、その要素の次にくる要素や内容が浮いたスペース
に回り込んでいきます。この特性を活かして、写真に文章が回り

図1 floatプロパティの値と動き

値	定義用途
none	要素を浮動させない
left	要素を左側に浮動させる
right	要素を右側に浮動させる

図2-1 フロートを指定していない画像とテキスト

【HTML】
```
<h2>カルボナーラ</h2>
<p><img src="carbonara.jpg" alt="カルボナーラ">
「Natural Dining」定番のカルボナーラ。濃厚なクリー
ムの香りとピリッとした黒胡椒の刺激が食欲をかき立て
る一品。とろーりとした半熟卵とパスタをからめると、さ
らに濃厚な味わいをお楽しみいただけます。</p>
```

img要素に続けてテキストデータを記述した場合、フロー
トを指定していない状態では画像の下端からテキストが始
まる

カルボナーラ

「Natural Dining」定番のカルボナーラ。濃厚なクリームの
香りとピリッとした黒胡椒の刺激が食欲をかき立てる一品。とろーりとした半熟卵とパスタをからめると、さらに
濃厚な味わいをお楽しみいただけます。

込むレイアウトを表現することができます。floatで要素を浮かせる場合は、左に浮動させる、右に浮動させるのいずれかの指定を行い、配置していくことが基本になります 図1 。ただし、浮動させる要素は、widthプロパティで横幅が指定されていなければなりません。div要素などのブロックレベルの要素はデフォルトの横幅が100%、つまりWebブラウザの横幅いっぱいに表示されるため、浮動させても直下の要素は回り込めません。ブロックレベルの要素はwidthプロパティで幅を指定してから左右に浮動させましょう。なお、画像は横幅を指定しなくてもそれ自体が横幅のサイズを持っているため、あえて横幅を指定しなくても左右に浮動させることができます。

▶ 画像に文章を回り込ませる

画像を左側に配置し、空いたスペースに続く文章が回り込むように指定してみましょう。floatを指定してない場合、画像と文章がひと続きで表示されます 図2-1 。画像に対して「float: left;」を指定すると、画像が左に不動して右側に文章が回り込みます 図2-2 。

また、背景に色がついたブロックの中で画像と文章を回り込ませるといったレイアウトも簡単に実装できます。

WHY?: align属性ではなく float プロパティを使う

画像（img要素）に対してテキストを回り込みさせるのは、floatプロパティを使わなくても、HTMLでimg要素にalign属性を設定すれば実現できます。そのほうが簡単と考える方もいるかもしれません。しかし、レイアウトや見た目に関わる指定をHTML側に記述するやり方は推奨されません。HTMLには文書構造だけを記述し、装飾やレイアウトの視覚的な指定はCSSで行うのがルールです。テキストの回り込みにはfloatプロパティを利用しましょう。

図2-2 フロートを指定した画像とテキスト

```
【HTML】
<h2>カルボナーラ</h2>
<p><img src="carbonara.jpg" alt="カルボナーラ">
「Natural Dining」定番のカルボナーラ。濃厚なクリー
ムの香りとピリッとした黒胡椒の刺激が食欲をかき立て
る一品。とろーりとした半熟卵とパスタをからめると、さ
らに濃厚な味わいをお楽しみいただけます。</p>
```

```
【CSS】
img { float: left;}
```

img要素にCSSで「float:left;」と指定すると画像が浮かび、左寄せとなり、さらに画像の上端からテキストが始まり、すべてのテキストが回り込むようになる

カルボナーラ

「Natural Dining」定番のカルボナーラ。濃厚なクリームの香りとピリッとした黒胡椒の刺激が食欲をかき立てる一品。とろーりとした半熟卵とパスタをからめると、さらに濃厚な味わいをお楽しみいただけます。

このとき、画像や文章を囲む親要素に背景色を指定しますが、子要素をfloatプロパティで浮動させると、親要素の高さが消えるという現象が発生します。すると背景色は全体には表示されず、回り込む文章の高さ分で途切れてしまいます 図3-1 。

これを回避するにためには親要素に「overflow: hidden;」を指定すると背景色は全体に表示されるようになります ❶ 図3-2 。

▶回り込みを解除する

floatプロパティで要素を浮動させると、その後に続く要素すべてが空いたスペースに回り込もうとします。表現したいレイアウトによって、回り込みが続く状態が場合もあります 図4 。そのと

❶ POINT_
「overflowプロパティ」はコンテンツがボックス内に収まらない場合に、はみ出たコンテンツの表示を制御するものです。floatプロパティを指定して高さが認識されなくなった親要素に「overflow: hidden;」または「overflow: auto;」を指定すると、浮いた子要素がコンテンツとして認識されるので、親要素の高さが再認識されるようになります。

図3-1 フロートで要素が浮動したことで親要素の高さが消えた状態

【HTML】
```
<div class="pasta">
<h2>カルボナーラ</h2>
<p><img src="carbonara.jpg" alt="カルボナーラ">「Natural Dining」定番のカルボナーラ。濃厚なクリームの香りとピリッとした黒胡椒の刺激が食欲をかき立てる一品。とろーりとした半熟卵とパスタをからめると、さらに濃厚な味わいをお楽しみいただけます。</p>
</div>
```

【CSS】
```
.pasta {
 background: #f9f7df;
 padding: 20px;
}

img {
 float: left;
}
```

カルボナーラ

「Natural Dining」定番のカルボナーラ。濃厚なクリームの香りとピリッとした黒胡椒の刺激が食欲をかき立てる一品。とろーりとした半熟卵とパスタをからめると、さらに濃厚な味わいをお楽しみいただけます。

この例の場合、テキスト群の高さよりも画像の高さのほうがある。その画像が浮動したため、背景色がテキスト量による高さとなった

図3-2 親要素に「overflow: hidden;」を指定した状態

【CSS】
```
.pasta {
 background: #f9f7df;
 padding: 20px;
 overflow: hidden;
}
```

カルボナーラ

「Natural Dining」定番のカルボナーラ。濃厚なクリームの香りとピリッとした黒胡椒の刺激が食欲をかき立てる一品。とろーりとした半熟卵とパスタをからめると、さらに濃厚な味わいをお楽しみいただけます。

親要素の<div class="pasta">に対して「overflow: hidden;」を指定することで、そもそも存在していた内容物の高さが算出される

WHY?: フロートしたらどこかでclearしないとどうなる?

CSSでは、ある要素をfloatすると、そのあとに続く要素にはすべて回り込みの指定が適用されます。図2-9のような「画像とテキスト」の関係でも、もし1番目のp要素のテキスト量が多ければ、結果的にあとに続く要素が回り込まない状況になります。見た目は問題ありませんが、実際にはフロートがクリアされていないため、コンテンツを更新してテキスト量が少なくなった場合に、意図せずレイアウトが崩れてしまうことも起こりえます。

きは回り込んだ要素に「clearプロパティ」を使用して、要素の回り込みを解除することができます 図5 。ここではあらかじめ文章の回り込みを行ったものでclearプロパティを指定してみましょう。見出し「アレルゲン情報」に「clear: left;」を指定することで回り込みが解除されます 図6 。この例では簡単なレイアウトでしたが、実際のWebページではレイアウトが複雑であったりするため、回り込みを解除するポイントがどこか見極めるのが難しいこともあります。「フロートしたらどこかでクリアする」ことを意識しておきましょう。

図4 浮動した要素の後に続く要素が回り込んだ状態

図5 回り込みを解除するclearプロパティ

値	定義用途
left	左の回り込みを解除
right	右の回り込みを解除
both	左右の回り込みを解除

画像に対して「float: left;」を指定し、左に浮動させた。後に続く内容がそれに回り込むように配置される

図6 回り込みを解除した状態

```
【CSS】
h3 {
  clear: left;
}
```

h3見出し「アレルゲン情報」に対して「clear: left;」を指定すると、この要素以下の回り込みが解除される

SUMMARY まとめ

〔1〕 要素を左右に浮動させて横並びのレイアウトを実現

〔2〕 フロートして浮いたスペースに続く要素が回り込む

〔3〕 回り込みはclearプロパティで解除する

25 意図した場所にブロックを配置する

フロートを使ったレイアウトは、ブロックを浮かせて左右に移動するものでした。これに対して「ポジション」を使ったレイアウトは、要素を自由に配置するものです。ポジションを使うレイアウトを見ていきます。

THEME
テーマ

▶ ポジションレイアウトの基本
▶ フロートとポジションはどう使い分ける?
▶ 効果的なポジションの使い方とは

▶ positionプロパティによるレイアウトの基本

CSSの代表的なレイアウト手法に「ポジション」を使ったレイアウトがあります。ポジションを使うレイアウトは「positionプロパティ」を利用して、ブロックを自分の意図した場所に自由に配置するものです 図1 。

positionプロパティは、その要素自身を配置するための値と、配置する位置を指定するプロパティの組み合わせで使います。自身を配置するための値には「relative」、「absolute」、「fixed」、「static」の4つがありますが、fixedとstaticは利用する機会が少ないため、まずはrelativeとabsoluteを中心に覚えましょう。

WHY?: 文書構造を守りながら、要素を自由に配置する

HTML文書は文書構造を意識して、要素を正しい順番で記述することが大前提ですが、ブラウザに表示するためのデザインはその順番通りではないことがよくあります。positionプロパティを利用すれば、HTMLの文書構造をしっかり守りつつ、自由なレイアウトを行うことができます。positionプロパティは要素の持つ性質がブロックレベル、インラインのどちらかを問わず、すべての要素に対して適用できます。

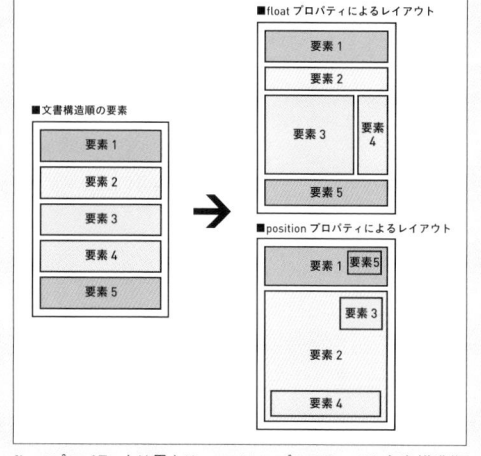

図1 positionプロパティによる自由なレイアウト

floatプロパティとは異なり、positionプロパティでは文書構造順で書かれた要素を自由な位置に配置できる

図2-1 positionプロパティの指定なし

【HTML】
```
<div id="box1">ボックス1</div>
<div id="box2">ボックス2</div>
```

【CSS】
```
#box1 {
  width: 200px;
  height: 200px;
  background: #faa3a3;
}

#box2 {
  width: 200px;
  height: 200px;
  background: #afc9f1;
}
```

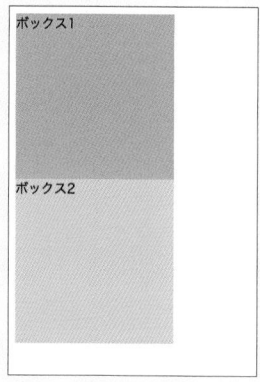

positionプロパティの指定がない場合、ボックスはHTMLに記述された順に縦方向に並ぶ

また、配置する位置の値は「topプロパティ」または「bottomプロパティ」、「leftプロパティ」または「rightプロパティ」で指定します。

▶ positionプロパティの挙動と特徴

positionプロパティで、実際によく利用する値は「relative（相対配置）」と「absolute（絶対配置）」です。それぞれに挙動と特徴があるので、順番に見ていきましょう。

relativeを使用した例として、div要素でボックスを2つ作り、縦に並べます 図2-1 。1つ目のボックスに対して「position: relative;」と「top: 50px;」、「left: 50px;」を指定すると、少し右下にずれます 図2-2 。relativeは、もともとそのブロックがあったスペースを残したまま、topおよびleftプロパティなどの値に従って表示位置をずらします。

次にpositionプロパティの値をabsoluteに変更すると、先ほど空いていたスペースがなくなり、2つ目のボックスが上のほうにスライドした状態で表示されます 図2-3 。つまりabsoluteを指定すると、そのボックスが本来あったスペースが保持されないわけです。relativeは元の位置のスペースが保持され、absoluteは保持されないと覚えておきましょう。

図2-2 **position: relative;を指定**

```
【CSS】
#box1 {
  width: 200px;
  height: 200px;
  background: #faa3a3;
  position: relative;
  top: 50px;
  left: 50px;
}
```

positionプロパティにrelativeを指定すると、そのボックスがもともと表示されていたスペースをそのまま保持しつつ、元の位置を基準にボックスの表示位置をずらすことができる

図2-3 **position: absolute;を指定**

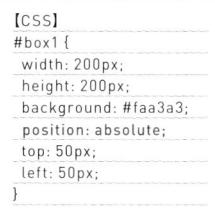

```
【CSS】
#box1 {
  width: 200px;
  height: 200px;
  background: #faa3a3;
  position: absolute;
  top: 50px;
  left: 50px;
}
```

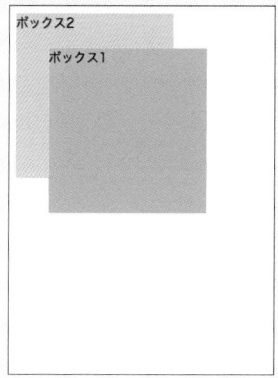

positionプロパティにabsoluteを指定すると、そのボックスがもともと表示されていたスペースは保持されず、次の要素が入り込んでくる

positionプロパティで位置指定を行ったボックスが重なった場合、通常は要素を記述した順番としてあとのほうが前面に重なります 図3-1 。要素の記述順を変更せずに、この重なりをコントロールするには「z-indexプロパティ」を使用します。

z-indexプロパティの値には、0を基準として整数で指定します。数値が大きくなるほど前面に表示されますので、この数値を調整して重なり順をコントロールします。 図3-2 の例では、ボックス1に「z-index: 3;」、ボックス2に「z-index: 1;」、ボックス3に「z-index: 2;」と指定することにより、意図した通りの重ね順で表示しています。

▶ 効果的なポジションの使い方

positionプロパティはとても便利で万能なプロパティのように思えますが、実はページ全体のレイアウトに使用するのはあまり現実的ではありません。文書構造の順番上どうしても配置のコントロールがしにくい場合や、スポット的に自由な表現を行いたいときなど、使いどころをしぼってpositionプロパティを利用する

WHY?: positionプロパティは多用しないように注意

positionプロパティはブロックを自由に配置できる半面、位置を数値で指定するため、コンテンツ内容の変動に対応しきれない場合があります。実際、positionプロパティでレイアウトのための枠組みを作ることもできますが、Webサイトはページによって内容量が異なったり、更新のたびにテキストの量が増減したりと、常に変動するものです。それに応じて毎回表示位置を調整するやり方は、あまり効率的ではありません。さらに、positionプロパティの使い方を少しでも間違えると、意図したレイアウトになりにくいどころか、レイアウトが崩れてしまう可能性が非常に高い、危険な側面もあります。

図3-1 要素の重なり順

【HTML】
```
<div id="box1">ボックス1</div>
<div id="box2">ボックス2</div>
<div id="box3">ボックス3</div>
```

【CSS】
```
#box1 {
  width: 200px;
  height: 200px;
  background: #faa3a3;
  position: absolute;
}

#box2 {
  width: 200px;
  height: 200px;
  background: #afc9f1;
  position: absolute;
  top: 50px;
  left: 50px;
}
#box3 {
  width: 200px;
  height: 200px;
  background: #bcf3b1;
  position: absolute;
  top: 100px;
  left: 100px;
}
```

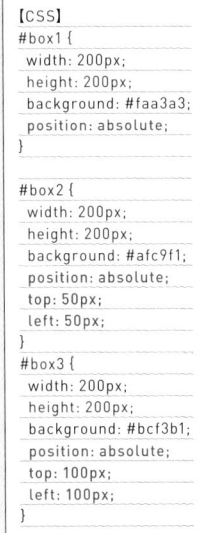
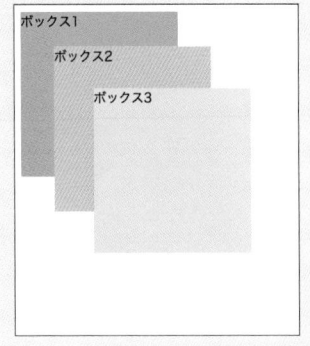

HTMLデータにを記述した順番に、あとのほうの要素が前面に重なるように表示される

図3-2 z-indexプロパティで重なり順を制御

【CSS】
```
#box1 {
  width: 200px;
  height: 200px;
  background: #faa3a3;
  position: absolute;
  z-index: 3;
}

#box2 {
  width: 200px;
  height: 200px;
  background: #afc9f1;
  position: absolute;
  top: 50px;
  left: 50px;
  z-index: 1;
}
#box3 {
  width: 200px;
  height: 200px;
  background: #bcf3b1;
  position: absolute;
  top: 100px;
  left: 100px;
  z-index: 2;
}
```

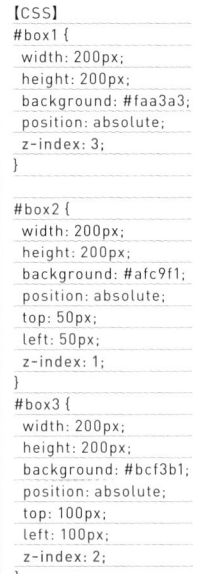

z-indexプロパティを使用すると、重なり順を自由にコントロールすることができる

のがよいでしょう。実際、ポジションを使用したレイアウトはあまりなく、フレックスボックスやフロートを使用する場合がほとんです。

positionプロパティは、例えば 図4-1 のような見出し、テキストが入った段落と画像が入った段落を重ねて、 図4-2 のように固定的なデザインにしたい場合に効果的です。まずは全体をセンタリングさせるために、見出しと段落を囲むdiv要素に対して幅を指定し、左右のマージンをautoにします❶。そして、このdiv要素に対して、「position: relative;」を指定します。relativeの値を指定することで、見出しや段落から見たポジションの基準位置が、body要素からそのdiv要素に変わります❷。

次に見出しとテキストが入った段落の幅や色などの装飾を施してから、それぞれに対して「position: absolute;」を指定します。これにより、それぞれの大きさ（スペース）がなくなり、その次の画像の入った段落が上部にスライドしてきます。あとはtopプロパティとrightプロパティで表示位置と、z-indexで重なり順を整えれば、このようなレイアウトが実現できます。

---

❶ POINT

全体をセンタリングさせる場合、それぞれの要素を一つひとつセンタリングするのではなく、それらを囲むdiv要素などに幅を指定しマージンをautoにして、ボックスとしてセンタリングさせます。「箱自体をセンタリングして、その中の要素は左寄せ状態から表示させる」ためです。

❷ POINT

「position: relative;」を指定していない状態では、見出し（h2要素）と段落（p要素）の基準位置はbody要素です。h2要素とp要素の親要素（ここではdiv要素）に対して「position: relative;」を指定すると、div要素が新たな基準位置となります。

図4-1　適正に文書構造化したHTMLデータ

```
【HTML】
<div id="container">
<h2>インフォメーションボード</h2>
<p class="information">今月は秋の味覚特集です。<br>
シェフ自慢の「きのこと野菜のヘルシー蒸し野菜」をぜひオーダーしてみてください。低カロリーでおいしいですよ♪</p>
<p><img src="photo.jpg" alt="メイン写真"></p>
</div>
```

見出し（h2要素）、テキストの段落（p要素）、画像の段落（p要素）の順に記述している

図4-2　positionとz-indexプロパティによるCSSレイアウト

```
【CSS】
#container {
  width: 700px;
  margin: auto;
  position: relative;
}
h2 {
  width: 300px;
  background: #237;
  color: #fff;
  text-align: center;
  position: absolute;
  top: 150px;
```

```
  right: 40px;
  z-index: 3;
}
p.information {
  width: 480px;
  padding: 15px;
  background: #fff;
  position: absolute;
  z-index: 1;
  top: 170px;
  right: 30px;
}
```

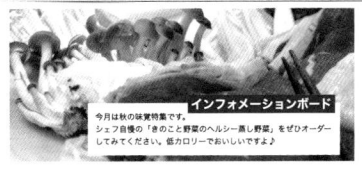

HTMLデータの文書構造は変えずに、positionプロパティとz-indexプロパティを使用して表示状態を変えて意図したデザインにしている

SUMMARY
まとめ

〔1〕自由に配置するにはpositionプロパティ
〔2〕positionは使いどころをしぼり、必要に応じて用いる
〔3〕固定的なデザインにはpositionが効果的

26 要素を横方向に並べる CSS Flexbox

Webサイトデザインをレイアウトする基本的な手法は、要素をブロックに見立てて配置を行うことです。
要素を配置する方法はさまざまありますが、ここではWeb制作の現場で主流となっている手法を紹介します。

THEME
テーマ

▶ Flexboxとはどんなもの？
▶ Flexboxの使い方
▶ Webサイトのレイアウトに活用するには？

▶Flexboxについて

Flexbox（フレックスボックス）とは「Flexible Box Layout Module」の略で、CSSのレイアウト手法のひとつです。HTMLの要素の位置や表示順序を簡単に指定できることから、Web制作の現場では広く使われています。通常、HTMLの要素はデフォルトの状態では縦に並びますが、Flexboxを使うことで簡単に横並びにできます。こうした点で、Webサイト全体のレイアウトはもちろん、リストを横並びにするなどコンテンツを装飾するのにも向いており、使い勝手がよいのも特長のひとつです。

▶子要素を横並びにする

Flexboxでレイアウトを行うには、子要素を含んだ親要素に対して「display: flex;」を指定します ❶。上から順に並んでいた子要素が横並びになります 図1 。基本的に子要素は左から順に横並びになります。子要素の並ぶ方向を指定するには「flex-directionプロパティ」を親要素に使用します。このプロパティの値は4つあり、子要素の並び・表示順序を左から右へ、右から左へ、上から下へ、下から上へと指定することができます 図2 。親要素に「flex-directionプロパティ」で値を「row-reverse」と指定して、子要素を右から順にと並べ替えてみましょう 図3 。

▶子要素の水平方向の配置を指定する

Flexboxは単に子要素の並び方・HTMLの表示順序を変えるだけではなく、子要素の水平方向の配置の指定が可能です。指定するには「justify-contentプロパティ」を親要素に使用します。

❶ POINT
Flexboxでは、親要素をFlexコンテナ、子要素をFlexアイテムと呼びます。あるいは単にコンテナ、アイテムと呼ぶこともあります。

このプロパティの値は5つあり、子要素の配置を左から右、右から左、中央に、最初と最後の子要素を両端に配置し間は均等、すべて均等にと指定することができます。親要素にjustify-contentプロパティで値を「space-between」と指定して、子要素の最初と最後を両端に配置してみましょう。

▶ 子要素の折返しを指定する

Flexboxで横並びにした子要素は基本的にすべて1行で配置されます。これは初期値として子要素の並びを折り返さないとい

Flexboxの基本的な動き

```
【HTML】
<div class="box">
  <div>子要素1</div>
  <div>子要素2</div>
  <div>子要素3</div>
</div>
```

```
【CSS】
.box {
display: flex;
}
.box div {
background: #def4dc;
width: 100px;
height: 100px;
padding: 10px;
margin: 10px;
}
```

親要素に「display: flex;」を指定すると、縦並びだった子要素が水平方向に並列に配置される

flex-directionはHTMLの記述順を変更することなく、子要素の並ぶ方向をコントロールできる

flex-directionプロパティの値と動き

値	定義用途
row	子要素を左から順に右に並べる(初期値)
row-reverse	子要素を右から順に左に並べる
column	子要素を上から順に下に並べる
column-reverse	子要素を下から順に上に並べる

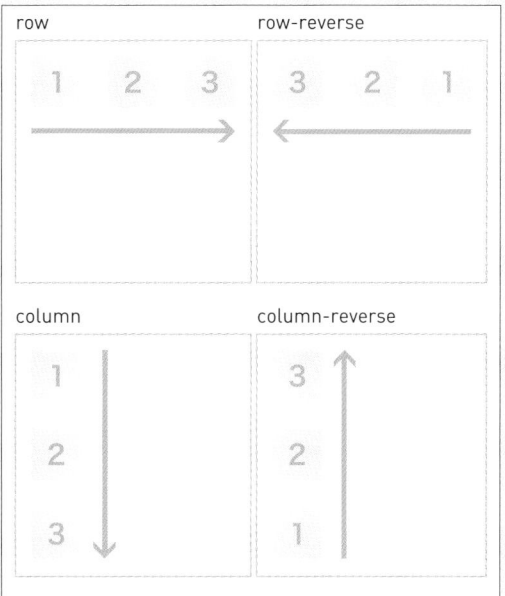

子要素を右から順に並び替え

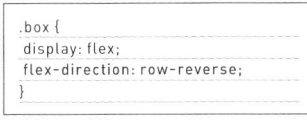
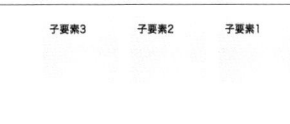

```
.box {
display: flex;
flex-direction: row-reverse;
}
```

値に「row-reverse」を指定すると、その子要素は右から順に配置される

181

う指定がなされているためです。「flex-warpプロパ
ティ」を親要素に使用することで折り返しについて指定できます。このプロパティには値が3つあり、折り返さない、折り返す、下から上に折り返すと指定することができます 図6 。子要素を複数行で表示したい場合はこのプロパティを使用しましょう。

▶ 2カラムレイアウトを組んでみる

Flexboxを使用して子要素の並びを変更して、2カラムのレイ

図4 **justify-contentプロパティの値と動き**

値	定義用途
flex-start	子要素を左揃えで配置（初期値）
flex-end	子要素を右揃えで配置
center	中央揃えで配置
space-between	最初と最後の子要素を両端に配置し、間隔は均等に空ける
space-around	すべての子要素を均等な間隔で配置

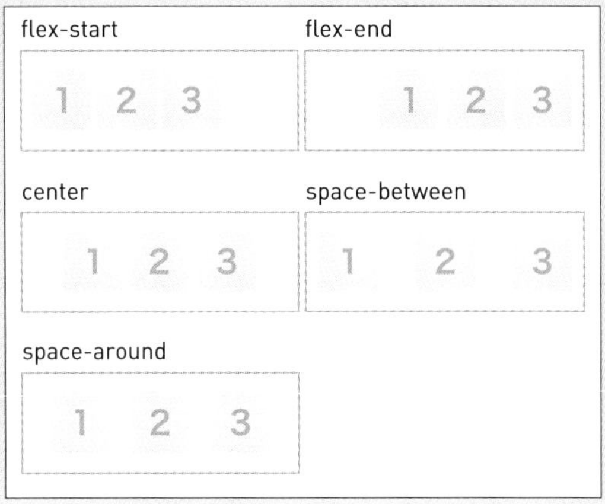

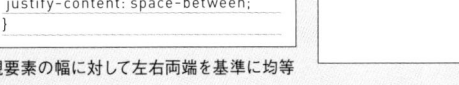

justify-contentプロパティは配置の間隔を調整する。左詰め、右詰め、均等配置などが可能

図5 **最初と最後の子要素を両端に配置**

```
.box {
  display: flex;
  justify-content: space-between;
}
```

子要素1   子要素2   子要素3

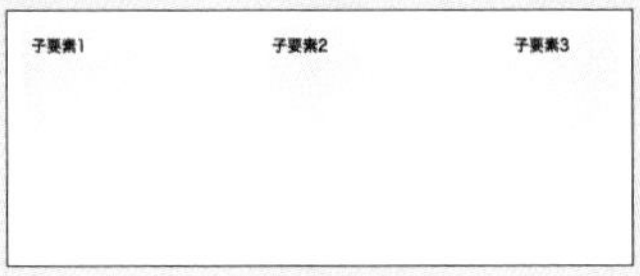

親要素の幅に対して左右両端を基準に均等配置ができる

図6 **子要素の折返し指定flex-wrapプロパティの値と動き**

値	定義用途
nowrap	子要素を折り返しさせず、一行に並べる（初期値）
wrap	子要素を折り返しさせる、上から下へ並べる
wrap-reverse	子要素を折り返しさせる、下から上へ並べる

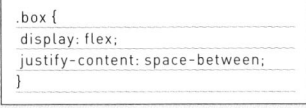

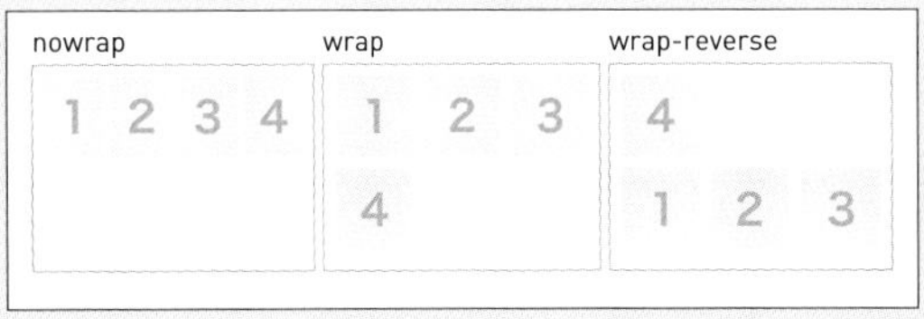

flex-wrapプロパティは子要素の折り返しの挙動を指定できる

図7 **完成させるレイアウト**

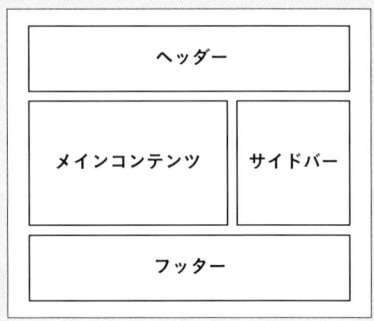

メインコンテンツとサイドバーが並列になるようにレイアウトをする

アウトを実際に表現してみましょう。ここではレイアウトは header要素の下の左側にmain要素、右側にaside要素、その 下にfooter要素が配置されるようにします。子要素に対してはブロック感がわかりやすいように、あらかじめ幅や高さ、背景色を 指定しています。横並びにしたいのはmainとasideのため、 この2つ用の親要素として記述したdiv要素に対して「diplay: flex;」を指定します。これで2カラムレイアウトとなりました。

🖼 レイアウトを行う前の段階

```
【HTML】
<div class="container">
 <header>ヘッダー </header>
 <div class="content">
 <main>メインコンテンツ</main>
 <aside>サイドバー </aside>
 </div>
 <footer>フッター </footer>
</div>
```

ヘッダー

メインコンテンツ

サイドバー

フッター

レイアウトの際、視覚的なブロック感がわかりやすいように、あらかじめ幅や高さ、背景色を指定するとよい

```
【CSS】
.container {
width: 960px;
margin: 0 auto;
}

header {
width: 960px;
height: 100px;
box-sizing. border-box;
background: #d9e4eb;
```

```
}

main {
 width: 700px;
 height: 100px;
 box-sizing: border-box;
 background: #f9f7df;
}

aside {
 width: 260px;
```

```
height: 100px;
box-sizing: border-box;
background: #def4dc;
}

footer {
 width: 960px;
 height: 100px;
 box-sizing: border-box;
 background: #e9ddf2;
}
```

🖼 Flexboxで横並びにした

```
.content {
display: flex;
}
```

ヘッダー

メインコンテンツ   サイドバー

フッター

横並びにしたい要素の親要素に対してdisplay: flexを指定する

SUMMARY まとめ

〔1〕 親要素に「display: flex;」をつける
〔2〕 子要素の並び方・表示順序を簡単に変更できる
〔3〕 Webサイト全体のレイアウトにも応用できる

27 要素を縦横に並べる CSS Grid Layout

CSSの代表的なレイアウト手法「フレックスボックス」は要素を横並びにすることに長けていました。これに対して「グリッド」を使ったレイアウト手法（CSS Grid Layout）は要素を横・縦方向どちらもまとめて配置することができます。

THEME
テーマ

▶ グリッドレイアウトの考え方
▶ グリッドレイアウトの基本
▶ ベンダープレフィックス

▶ グリッドレイアウトを組む前に

グリッドレイアウト（CSS Grid Layout）は、body要素全体もしくは親要素を何列×何行に分割するかを事前に決め 図1 、その中に子要素を配置していくレイアウト手法です。これまでに解説してきたフレックスボックスなどにはなかった要素の垂直方向（縦方向）の位置を指定できるので、Webサイトの全体レイアウトを構築するのに向いています。また、要素の幅を○列分、高さを○行分など縦横のサイズ感を設定できるため、複雑なレイアウトの表現も行いやすくなります。まずは定番のレイアウトを表現してみましょう 図2 。HTMLで「ヘッダー」、「ナビゲーション」、「メインコンテンツ」、「サイドバー」、「フッター」のブロックを分けるための要素を用意します 図3 。

▶ 実際にCSSを適用してみる

ここではbody要素全体を親要素とするのでbody要素に「display: grid」を指定します。displayプロパティの値を「grid」にすることで、グリッドレイアウトを始めることができます。この段階では見た目に変化はありません。次にブラウザ全体を何列×何行に分割するかを指定します。横方向の列数を指定するには「grid-template-columnsプロパティ」、縦方向の行数を指定するには「grid-template-rows プロパティ」を使用します。ここでは「3列×4行」と指定します。列と行は、値を半角スペースで区切ることで区分することができます。指定はautoの値か数字＋単位（pxなど）で行います。グリッドレイアウトでは新しい単位として「fr」も使用できます。単位「fr」は「fraction（分割、分

WHY?: CSS Grid Layoutの利点

従来から使われているCSSのスタンダードなレイアウト手法は、floatプロパティやdisplayプロパティ（display: flex）を使うものです。floatは連続する要素を回り込ませて並列に扱います。display: flexは親要素（コンテナ）に指定することで、子要素（アイテム）を並列に扱うものです。いずれの方法も「1行単位」の指定が基本となっており、1行単位のレイアウトを縦に積み重ねていくことでページ全体のレイアウトを構築していく手法です。これに対して、CSS Grid Layoutは列（水平方向）・行（垂直方向）に要素を配置できるため、多段のレイアウトを含め、文字通り「ページ全体」のレイアウトを一括で制御できます。

POINT_

「fr」という単位で指定すると、利用可能なスペースを分割（fraction）して、グリッドのトラック（行と列）のサイズを設定できます。列を3等分にしたい時は「grid-template-columns: 1fr 1fr 1fr;」と指定すれば、1つの列の幅が全体の1/3となります。

数の意味）」の略❶です。グリッドレイアウトで使える幅（長さ）を指定する単位で、ブラウザ幅に応じて可変します 図4-1 図4-2 。

図1 親要素の分割イメージ

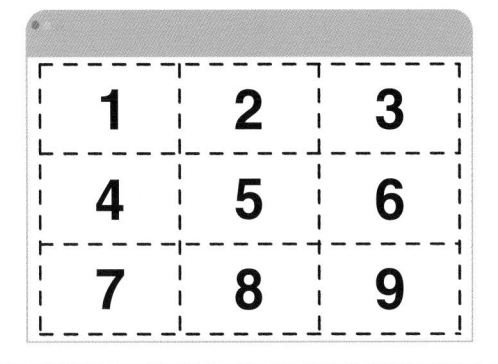

図2 ここで表現するレイアウト

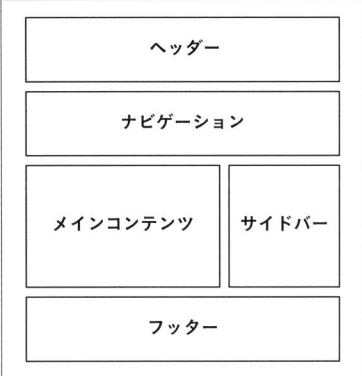

図3 グリッドレイアウト前に用意する素材

```
【HTML】
<body>
 <header>ヘッダー </header>
 <nav>ナビ</nav>
 <main>メイン</main>
 <aside>サイド</aside>
 <footer>フッター </footer>
</body>
```

```
【CSS】
header {
 background: #d9e4eb;
}

nav {
 background: #e8d9d9;
}
```

```
main {
 background: #f9f7df;
}

aside {
 background: #def4dc;
}

footer {
 background: #e9ddf2;
}
```

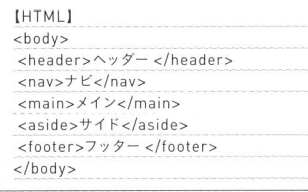

図4-1 3列×4列に分割したCSS

```
body {

    display:  grid;

    grid-template-columns:  1fr  1fr  1fr;
    （1列目  2列目  3列目）

    grid-template-rows: 100px  100px  200px  100px;
    （1行目  2行目  3行目  4行目）

}
```
列
行

図4-2 3列×4列の分割イメージ

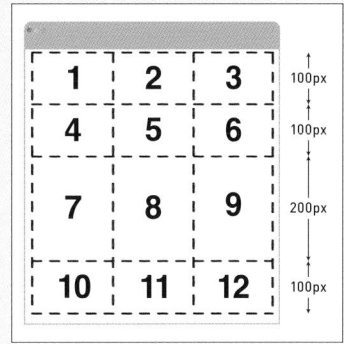

185

▶ 子要素の大きさ・配置を決める

分割された領域は「グリッドセル」と呼ばれ、「グリッドライン」で区切られます。グリッドラインは列では左から右の方向に正の番号が順に割り振られ、行では上から下に順に正の番号が順に割り振られます 図5 。あとはこの番号を使って子要素の配置場所、大きさを指定します。

子要素にそれぞれに、列の◯番目から◯番目まで、行の◯番目から◯番目までというように、列と行から見た位置・大きさをセットで指定します。列の指定には「grid-columnプロパティ」、行の指定には「grid-rowプロパティ」を使用します ❶ 。指定する値は数値で、開始位置と終了位置を/（スラッシュ）で区切ります。4列分の幅、1行分の高さのヘッダーであればheaderプロパティに対して「grid-column: 1/4;」「grid-row: 1/2;」というように指定します。実現したいレイアウトに合わせてグリッドラインの番号を意識しながら各子要素にしてしきましょう 図6 。さらに「grid-areaプロパティ」というものがあり、子要素の位置・大きさをショートハンドプロパティで指定できます 図7 。

また、グリッドセル間の余白を指定する「gapプロパティ」が用意されていて親要素に指定することで、子要素間にスペースを持たせることができます 図8 。

▶ IE11、IE10では使い方に注意

グリッドレイアウトは便利なレイアウト手法で、ブラウザのMicrosoft EdgeやSafariなど多くのブラウザでサポートされていますが、IE11、IE10ではベンダープレフィックスが必要になります。IE9以前はサポートされていません。IE11、IE10でグリッドレイアウトを行うには、displayプロパティで「-ms-grid」を指定します。grid-columnプロパティは「-ms-grid-column」、grid-rowプロパティは「-ms-grid-row」とそれぞれプロパティ名の先頭に「-ms-」を追加して記述する必要があります 図9 。gapプロパティなどグリッドセル間の余白関連のプロパティにはベンダープレフィックスが用意されていないので注意が必要です。

実際には、グリッドレイアウトをIEに完全対応させることはあまり現実的ではないため、対応ブラウザにIEを含める場合は別のレイアウト手法を検討するのがよいでしょう。

❶ POINT_
グリッドレイアウトではレイアウト全体（親要素）をグリッドコンテナ、列をグリッドカラム、行をグリッドロウ、子要素をグリッドアイテムと呼びます。

Word ベンダープレフィックス
ベンダープレフィックス（接頭辞）とは、Webブラウザが独自の拡張機能を実装したり、まだ正式に採用されていないプロパティを先行実装する場合に使用する識別子のこと。プロパティや値の前に、Firefoxであれば「-moz-」、Safariであれば「-webkit-」などを先頭につけて記述する。

図5 グリッドラインの順番

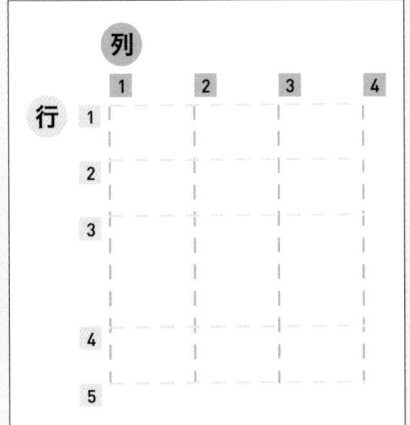

列
1　2　3　4

行
1
2
3
4
5

図6 レイアウトを表現するCSSと表示結果・グリッドイメージ

```
body {
  display: grid;
  grid-template-columns: 1fr
1fr 1fr;
  grid-template-rows: 100px
100px 200px 100px;
}

header {
  grid-column: 1/4;
  grid-row: 1/2;
  background: #d9e4eb;
}

nav {
  grid-column: 1/4;
  grid-row: 2/3;
  background: #e8d9d9;
}
```

```
main {
  grid-column: 1 /3;
  grid-row: 3/4;
  background: #f9f7df;
}

aside {
  grid-column: 3:/4;
  grid-row: 3/4;
  background: #def4dc;
}

footer {
  grid-column: 1/4;
  grid-row: 4/5;
  background: #e9ddf2;
}
```

ヘッダー	
ナビ	
メイン	サイド
フッター	

図2 のイメージに近いレイアウトが表現できた

図7 子要素の位置・大きさを一括指定するプロパティ

子要素 {

　　　列の開始位置　列の終了位置　行の開始位置　行の終了位置

　grid-area: 値 / 値 / 値 / 値;

}

図8 子要素間に余白を設けるプロパティ

プロパティ	定義用途
gap	縦方向と横方向の余白を指定する
column-gap	横方向の余白を指定する
row-gap	縦方向の余白をしてする

図9 ベンダープレフィックスの記述例

```
body {
  display: -ms-grid;
  display: grid;
}
header {
  -ms-grid-column: 1/4;
```

```
  grid-column: 1/4;
  -ms-grid-row: 1/2;
  grid-row: 1/2;
  background: #d9e4eb;
}
（省略）
```

SUMMARY
まとめ

〔1〕グリッドレイアウトは親要素を○列×○行に分割
〔2〕分割した各セルに子要素を縦横位置を決めて配置する
〔3〕IE11・10に対応させるにはベンダープレフィックス使用

28 CSSによるレイアウトの実践

ここまでCSSの基本的な手法を学習してきました。次はいよいよページをレイアウトしてみましょう。まずは一般的なWebサイトに用いられる、シングルカラムのレイアウトから始めてみましょう。

THEME
テーマ
- ▷ Webサイトのレイアウトについて
- ▷ 文章の意味を考えながらマークアップする
- ▷ ページをレイアウト・装飾する

▷ Webサイトのレイアウトについて

　Webサイトは、デザイナーの発想で自由にレイアウトを行いますが、思うままに作成したものが必ずしもよいとは限りません。Webサイトには昔から定番のレイアウトがあります。まずはそこを理解した上で、オリジナルのアイデアを加えていくのがよいでしょう。まずは、定番のレイアウトから始めてみましょう。Webページのレイアウトは、「ヘッダー」、「ナビゲーション」、「内容」、「フッター」の組み合わせが一般的です。また、Webページの横幅は事前に設計しておきましょう。

▷ 文章の意味を考えながらマークアップしてみる

　ここでは「Natural Dining」というカフェのWebサイトをテーマに、ページを作成していきます。事前に用意したHTMLファイルを書き替えていきます。body要素の中には原稿のテキストがそのまま入っています。それぞれの言葉の意味を考えながらマークアップしていきましょう。

　次に、「ヘッダー」、「ナビゲーション」、「内容」、「フッター」のブロックを分けるための要素を書き足します。ここではそれぞれ「header」、「nav」、「main」、「footer」という要素を利用し、ページ内のすべてを囲む要素にはdiv要素を使用します。マークアップが終わったら、head要素に外部のCSSファイルを参照する記述をします。これでHTMLファイルの準備ができました 図1 。

WHY?: Webページの横幅

コンテンツを表示する幅の指定は、広い横幅が必ずしも正しいわけではなく、作成するWebサイトの情報量やジャンル、ターゲットとするデバイスなどに応じて適切なサイズを採用するのがよいでしょう。また、年々コンピューターの画面サイズは大きくなる一方、スマートフォンの普及により小さい画面も閲覧環境として多くなってきています。本書はHTMLとCSSの基本としてコンピューター向けの解説が中心となっていますが、Lesson9（273ページ〜）のサンプルサイトの作成などを通して、スマートフォン対応についても、ぜひ学習してみてください。

例1 マークアップして仕上げた状態

```
<!DOCTYPE html>
<html lang="ja">
<head>
<meta charset="UTF-8">
<title>Natural Dining│農家直送のおいしい有機野菜のカフェご
ん</title>
<meta name="description" content="農家直送のおいしい有機野
菜のカフェごはん「Natural Dining」の公式ホームページです。">
<link href="css/style.css" rel="stylesheet">
</head>
<body>

<div id="container">

<header>
<h1>Natural Dining</h1>
<nav>
<ul>
 <li><a href="index.html">ホーム</a></li>
 <li><a href="concept/index.html">コンセプト</a></li>
 <li><a href="menu/index.html">メニュー</a></li>
 <li><a href="access/index.html">店舗情報・アクセス</a></li>
 <li><a href="blog/index.html">スタッフブログ</a></li>
</ul>
</nav>
</header>

<main>
<img src="images/visual.jpg" alt="パスタ">

<h2>農家直送のおいしい有機野菜のカフェごはん</h2>
<p>農家直送のおいしい有機野菜をふんだんに使った、カフェごはんを
提供しています。<br>
お近くにいらっしゃった時には、ぜひお立ち寄りください。</p>

<h2>今月のおすすめメニュー</h2>
<ul>
 <li>日替わりパスタ 1,000円</li>
 <li>月替わりスイーツ 600円</li>
</ul>

<h2>ドリンク人気ランキング</h2>
<ol>
 <li>ベリーベリースムージー 600円</li>
 <li>オーガニックレモンティー 700円</li>
 <li>フローズンアイスカフェオレ 500円</li>
</ol>
<p><a href="menu/index.html#drink">ドリンクメニューを見る
</a></p>
</main>

<footer>
<small>&copy; 2021 Natural Dining.</small>
</footer>

</div>

</body>
</html>
```

main 要素内に、配置する
画像を挿入している

Natural Dining

- ホーム
- コンセプト
- メニュー
- 店舗情報・アクセス
- スタッフブログ

農家直送のおいしい有機野菜のカフェごはん

農家直送のおいしい有機野菜をふんだんに使った、カフェごはんを提供しています。
お近くにいらっしゃった時には、ぜひお立ち寄りください。

今月のおすすめメニュー

- 日替わりパスタ 1,000円
- 月替わりスイーツ 600円

ドリンク人気ランキング

1. ベリーベリースムージー 600円
2. オーガニックレモンティー 700円
3. フローズンアイスカフェオレ 500円

ドリンクメニューを見る

© 2021 Natural Dining.

▶ ページをレイアウトしてみる

　HTMLファイルとは別にCSSファイルを用意し、CSSを記述していきます。CSSファイルの1行目で文字コード宣言 ○ をします（図2 - ①）。最初に、全体レイアウト・基本となる装飾ルールを記述していきましょう。body要素に対して、ページ全体に適用させる基本の文字の色・サイズ・書体・行間を指定します（図2 - ②）。次にリンクの装飾を指定します。リンクの文字の色を指定します。ここではマウスカーソルが重なったときは下線を消して、文字の色も変更しました（図2 - ③）。ページ全体をセンタリングするために、全体を囲む<div id="container">に対して、幅と左右のマージンを指定します（図2 - ④）。

● MEMO_
文字コードの記述は「UTF-8」（大文字）、「utf-8」（小文字）のどちらでも認識されます。

▶ パーツをレイアウト・装飾する

　header要素の内部のパーツについて指定していきます。まずは、区切りをわかりやすくするために「/* header */」とコメントアウト ○ を記述します（図2 - ⑤）。header要素の内部のテキストを中央寄せにします（図2 - ⑥）。Flexboxを使用して、ナビゲーションのリンクを横並びにします。親要素であるul要素にjustify-contentプロパティで値を「space-around」と指定して、li要素を均等に配置します。

● CHECK_
139ページ、Lesson4-08参照。

　さらに、ul要素にデフォルトで付いている装飾・パディングは打ち消す記述をします（図2 - ⑦）。a要素の下線を消し、文字の色を変更します（図2 - ⑧）。

　同様に、main要素・footer要素について指定しましょう。main要素の見出し「h2」の下部に線を付け、文字のサイズを変更します（図2 - ⑨）。footer要素はマージンで上部に余白を設け、テキストを中央寄せにします（図2 - ⑩）。これでページは完成です。

図2 文字コードのほか全体レイアウト・基本となる装飾ルールを記述

```css
@charset "UTF-8";          ①

body {                     ②
line-height: 1.8;
font-family: "Helvetica Neue", "游ゴシック Medium",
YuGothic, YuGothicM, sans-serif;
font-size: 16px;
color: #333;
}
a {                        ③
color: #058;
}
a:hover {
text-decoration: none;
color: #058;
}
#container {               ④
width: 800px;
margin: 0 auto;
}

/* header */               ⑤
header {                   ⑥
text-align: center;
}

header nav ul {
display: flex;
justify-content: space-around;    ⑦
list-style: none;
padding: 0;
}
header nav ul li a {
text-decoration: none;            ⑧
color: #333;
}

/* main */
main h2 {
border-bottom: solid 1px #807060;  ⑨
font-size: 20px;
}

/* footer */
footer {
margin-top: 30px;          ⑩
text-align: center;
}
```

Natural Dining

ホーム　　　コンセプト　　　メニュー　　　店舗情報・アクセス　　　スタッフブログ

農家直送のおいしい有機野菜のカフェごはん

農家直送のおいしい有機野菜をふんだんに使った、カフェごはんを提供しています。
お近くにいらっしゃった時には、ぜひお立ち寄りください。

今月のおすすめメニュー

- 日替わりパスタ 1,000円
- 月替わりスイーツ 600円

ドリンク人気ランキング

1. ベリーベリースムージー 600円
2. オーガニックレモンティー 700円
3. フローズンアイスカフェオレ 500円

ドリンクメニューを見る

© 2021 Natural Dining.

「/* header */」などとコメントアウトを記述することで区切りがはっきりし、
あとから見返す際にも読みやすいコードになる

SUMMARY
まとめ

〔1〕 Webサイトの一般的なレイアウトを抑える
〔2〕 まずは全体レイアウト・基本となる装飾ルールを記述
〔3〕 コメントアウトも使用して、見やすいコードに仕上げる

191

29 displayプロパティで要素の表示状態を切り替える

HTMLの要素には、初期状態でブロックレベルで表示されるものとインラインで表示されるものがあり、幅や改行など表示の性質がそれぞれ異なるため、適用できるCSSプロパティにも違いがあります。

THEME テーマ	▶ 要素の表示上の性質を切り替える
	▶ 要素の表示・非表示を切り替える
	▶ 要素を透明にするには

▶ ブロックとインラインの切り替え

　HTMLの要素にはデフォルトの状態で、ブロックレベルで表示されるものとインラインで表示されるものがあり、幅や改行などの表示の性質が異なります▶。この性質を切り替えるのが「displayプロパティ」です。displayプロパティはすべての要素に対して使用することができ、値に「block」を指定するとブロックレベルで、「inline」を指定するとインラインで表示されるようになります。

　例えば、リンクを指定するa要素はインラインで表示される性質を持っていますが、これに「display: block;」と指定すると、

● CHECK_
74ページ、Lesson3-08参照。

WHY?: 要素本来の意味や役割は変わらない

displayプロパティは、あくまで要素の性質だけを変えるものです。要素本来の意味づけや役割は変わりません。ですから、要素の意味づけを無視した、strong要素の中にp要素を入れるような記述の仕方は間違いなので注意しましょう。

■1 インライン要素に対するdisplay: block;の指定

```
【HTML】
<p>農家直送のおいしい有機野菜をふ
んだんに使った、カフェごはんを提供し
ています。<br>
お近くにいらっしゃった時には、ぜひお
立ち寄りください。</p>
<p><a href="shop.html">店舗情報
を見る</a></p>
```

農家直送のおいしい有機野菜をふんだんに使った、カフェごはんを提供しています。
お近くにいらっしゃった時には、ぜひお立ち寄りください。

[店舗情報を見る]

```
【CSS】
a {
 display: block;
 background: #543;
 border-radius: 30px;
 padding: 10px;
 text-decoration: none;
 text-align: center;
 color: #fff;
}
```

農家直送のおいしい有機野菜をふんだんに使った、カフェごはんを提供しています。
お近くにいらっしゃった時には、ぜひお立ち寄りください。

[店舗情報を見る]

「display: block;」を指定すると、a要素がブロックレベルとして認識され、横幅いっぱいに広がった

■2 display: none;の指定

```
【HTML】
<h1>アプリ版をダウンロード</h1>
<p class="button"><a href=
"https://apps.apple.com/jp/app/
id123456789">ダウンロード</a></
p>
<p>「App Store」または「Google
Play」で「ナチュラルダイニング」と検
索してください。</p>
```

```
【CSS】
p.button {
 display: none;
}
```

「display: none;」を指定すると、要素そのものがなくなり、あとに続く内容や要素がその位置に表示される

a要素がブロックレベルとして扱われ、Webブラウザの左右いっぱいに広がる横幅と改行がつきます　　　。また、インラインの性質を持つstrong要素をブロックレベルで表示した場合は、div要素などブロックレベルの要素のような挙動になるなど、要素によって挙動に細かい違いがあります。

ブロックの可視・不可視の切り替え

displayプロパティで「display: none;」を指定すると、その要素が非表示となります。このとき、その要素を含むボックス自体がなくなり、空いたスペースにはあとに続く内容が入り込みます　　　。「display: none;」は、Webページを印刷する場合に不要となる情報(例えばバナーやナビゲーションなど)に、印刷専用のCSSとして記述しておくときなどに使用します。

要素を非表示にするもうひとつのプロパティが「visibilityプロパティ」です。「visibility: hidden;」を指定すると、その要素が非表示になります。ただし、その要素のあったスペースはそのまま残り、あとに続く内容が入り込んできません　　　。

要素を不可視にするdisplayプロパティとvisibilityプロパティですが、むやみに要素を消したりすると、検索エンジンからスパム行為と見なされる場合がありますので、使いどころは十分に考慮しましょう。

---

visibility: hidden;の指定

アプリ版をダウンロード

ダウンロード

「App Store」または「Google Play」で「ナチュラルダイニング」と検索してください。

```
【HTML】
<h1>アプリ版をダウンロード</h1>
<p class="button"><a href="https://
apps.apple.com/jp/app/id123456789">
ダウンロード</a></p>
<p>「App Store」または「Google Play」で「ナ
チュラルダイニング」と検索してください。</
p>
```

アプリ版をダウンロード

「App Store」または「Google Play」で「ナチュラルダイニング」と検索してください。

アプリ版をダウンロード

「App Store」または「Google Play」で「ナチュラルダイニング」と検索してください。

```
【CSS】
p.button {
  visibility: hidden;
}
```

visibility: hidden;を指定すると、要素自体はそこに存在しており、内容が透明になったような状態になる

SUMMARY まとめ

〔1〕 displayプロパティはブロックレベル、インラインの表示特性を切り替える

〔2〕 「display: none;」は要素自体がなくなる

〔3〕 「visibility: hidden;」は要素が透明となりスペースは残る

30 リストを装飾する

Webサイトでは、リスト項目を使用する機会がとても多くあります。リストをマークアップする要素にはul要素、ol要素、dl要素の3つがありますが、この中でも特に利用頻度の高いul要素に対して装飾を行ってみましょう。

THEME
テーマ

▶ リスト項目のスタイルを調整するには
▶ リストマーカーを変更するには
▶ リスト項目の装飾

▶ リスト項目のスタイリング

ul要素でマークアップしたリストに綿密なスタイリングを行うために、まずはあらかじめ与えられている装飾を取り払う ❶ ことから始めます。デフォルトのスタイルを取り去ることで、リストマーカーと余白がなくなり、スタイル調整がしやすくなります。

その上で、改めてリストマーカーに画像を指定します。リストマーカーを画像にするには、「list-style-imageプロパティ」か「backgroundプロパティ」で背景画像として指定する方法があります。list-style-imageプロパティの場合、画像サイズや閲覧環境の関係で、思い通りの表示にならないことがあるため、backgroundプロパティを利用する方が現実的です 図1 。

▶ リスト項目を横方向に並べる

Webサイト内のリンク付きのリストは、ほとんどの場合ul要素とli要素でマークアップをします。デザインによってはリストを横並びにすることも多いでしょう。li要素を横並びにするには、手軽に行えるdisplayプロパティを指定する方法があります。

displayプロパティの場合は「display: inline;」を指定して、デフォルトではブロックレベルで表示されるli要素をインライン表示に変更します。これによって横幅と改行がなくなりリストが横に並びます 図2 。項目同士の間隔の調整はwidthプロパティが使用できない ❶ ので、marginプロパティで行います。displayプロパティの手法はあくまで簡易的な並べ方であり、インライン表示のリスト項目に対して複雑な装飾は行うことはできません。

---

❶ POINT_

ul要素、ol要素でマークアップしたテキストは、CSSを適用しないデフォルト状態でWebブラウザに表示すると、先頭にリストマーカーと呼ばれる「・」や数字がつきます（94ページ、Lesson3-18 参照）。また、これらの要素には、あらかじめブラウザごとにマージンや余白が設定されています。こうしたデフォルトのスタイルを取り去り、ブラウザごとの表示差をなくした上で、改めて装飾を行っていくわけです。

**WHY?: 意図した通りに
　　　　 リストマーカーを表示する**

リストマーカーに使用する画像のサイズやWebブラウザの種類によって、list-style-imageプロパティによるマーカーの変更は思い通りの表示にならない場合があります。単純にリスト部分のマーカーを置き換えるだけなので、表示位置などの細かい調整ができず、リストマーカーとテキストの縦位置が調整できない場合もあります。その場合、各ブラウザが独自に表示しているリストマーカーは消して背景画像で代用するようにしましょう。

❶ POINT_

「display: inline;」を指定することで、本来ブロックレベルの挙動を持つli要素がインラインの性質となります。インラインの性質では、widthプロパティを使った横幅の指定は反映されません。

■1 背景画像を指定

【HTML】
```
<h3>ドリンクメニュー </h3>
<ul>
<li>プレミアムモルツ　500円</li>
<li>シシルクエビス　500円</li>
<li>ハイト　400円</li>
<li>角ハイボール　400円</li>
<li>マッコリ　450円</li>
</ul>
```

【CSS】
```
ul {
  list-style: none;
  margin: 0;          ─┐①
  padding: 0;
}

li {
  padding-left: 1.5em;
  background-image: url(list-marker.png);  ─┐②
  background-position: 5px 3px;
  background-repeat: no-repeat;
}
```

ドリンクメニュー

- プレミアムモルツ　500円
- シシルクエビス　500円
- ハイト　400円
- 角ハイボール　400円
- マッコリ　450円

「list-style: none;」でリストマーカーをなくし、さらにマージンとパディングを0に設定して余白もなくすことで、ブラウザごとの表示差を排除する（①の記述）。その上で、改めてli要素の背景画像としてリストマーカーを設置する（②の記述）

■2 displayプロパティによるデザイン

【HTML】
```
<h2>すべてのメニュー </h2>
<ul>
<li><a href="MENU/pickup.html">今月のおすすめ</a></li>
<li><a href="menu/food.html">フード</a></li>
<li><a href="menu/drink.html">ドリンク</a></li>
<li><a href="menu/dessert.html">デザート</a></li>
<li><a href="menu/takeout.html">テイクアウト</a></li>
</ul>
```

【CSS】
```
ul {
  list-style: none;
  margin: 0;
  padding: 0;
}

li {
  display: inline;
  margin: 0 1.5em 0 0;
}
```

すべてのメニュー

今月のおすすめ　　フード　　ドリンク　　デザート　　テイクアウト

ul要素に対してリストマーカー、マージン、パディングを除去し（ul要素内のli要素に継承）、li要素をインラインで表示する。メニュー項目（li要素）同士の隙間の調整はマージンを使用する

SUMMARY
まとめ

〔1〕ul要素やol要素はスタイルを一度リセットしてから調整を行う
〔2〕リスト項目を単純な横並びにするにはdisplayプロパティを使用
〔3〕横並びにdisplayプロパティを使用したら項目同士の間隔調整はmarginプロパティを使う

31 テーブルを装飾する

Webサイトでは、一覧表や年表など表形式で情報をまとめる際にtable要素を使用します。HTMLでのテーブルの表示はきわめてシンプルですので、CSSを使ってデザインを整えていきます。

> THEME
> テーマ
> ▶ テーブルを装飾する基本的な考え方
> ▶ セル同士の間隔はどのように調整する?
> ▶ CSSでテーブルを装飾

テーブルの基本構成

テーブル（表組み）の基本構成　　は、table要素（テーブル全体の外枠）、tr要素（行）、th要素（見出し）、td要素（内容）で成り立っています。これらの組み合わせで、表組みは　　のように構成されます。

見出し、内容のセル同士の隙間には、table要素の背景が表示されます。セル同士の間隔を調整するには、table要素に対して「border-spacingプロパティ」を指定します。border-spacingプロパティの値を0にすると、セル同士がピッタリとくっつきますが、隣り合うセル同士の枠線が合わさり、境界は太く見えます。デザイン上、細い罫線で表現したいときには、table要素に対して「border-collapse: collapse;」を指定します。border-collapseプロパティの値にcollapseを指定すると、セルの境界が重なり合います　　　　。また、値に「border-collapse: separete;」を指定した場合は、セル同士が離れた表示となります。

CSSでテーブルを装飾

次に、CSSでtable要素、th要素、td要素に対して枠線をつけます。それぞれの要素に同じプロパティや値を指定する場合は、「table, th, td」のようにセレクタをカンマで区切って連続させると、コードが短くなります。通常は枠線同士を重ねるため、table要素に「border-collapse: collapse;」を適用します。さらにth要素とtd要素に対しては、幅、パディング、文字色、背景色を整えます。

最後にひと工夫して、テーブルをストライプ状にしてみましょう　。ここでは特定の行全体に背景色をつけるためtr要素を利

> ● CHECK
> 98ページ、Lesson3-19 参照。

> **WHY?:** テーブルや表組みに
> 1ピクセルの枠線をつける
>
> Webサイトをデザインするときに、太さ1ピクセルの細い枠線が非常によく利用されます。箇条書きの項目間を区切る罫線として利用したり、ボックスの四辺に枠線をつけて囲んだりします。1ピクセルの枠線は必ずといっていいほど使う重要なものです。枠線は太さや色、形状を工夫することで繊細なニュアンスを加えるなど、多様な表現が可能です。

> ● POINT
> border-collapse: collapse;を指定すると、セル同士の枠線が重なり合いますが、その重なりには順番があります。一般的なWebブラウザでは、th要素が最前面で、続いてtd要素、table要素の順で重なります。枠線の色をそれぞれ違うものにするようなときは、重なり順にも注意しましょう。

> ● POINT
> テーブルの行をストライプ状にするには、CSS3を利用する方法もあります。「:nth-child()疑似クラス」という新たなセレクタで、特定の要素を奇数か偶数で選択したり、"7番目の要素だけ"などピンポイントで選択が可能です。

用します。ただし、tr要素そのものに対してスタイルを指定すると、すべてのtr要素にスタイルが適用されるため、classセレクタを利用しましょう。奇数行のtr要素に対してclass指定を行えば、ストライプ状のテーブルの完成です 図3 。

図1 テーブルの基本的な構成

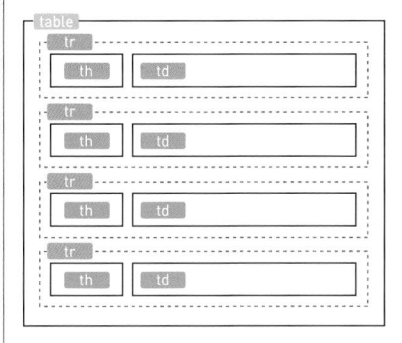

図2 セル同士の間隔と枠線の指定

値にseparate（初期値）を指定		値にcollapseを指定	
店名	Natural Dining	店名	Natural Dining
住所	宮城県仙台市青葉区本町1-11-14	住所	宮城県仙台市青葉区本町1-11-14

table、th、td要素いずれも「border: 1px solid #000;」で1pxの枠線を指定。table要素でborder-collapseの値がseparate（初期値）の場合、枠線が隣り合う（図左）。値にcollapseを指定すると枠線同士が重なり合い1本の枠線として表示される

図3 テーブルのストライプデザイン

```
【HTML】
<table>
<tr>
 <th>モデル名</th>
 <th>トランスミッション</th>
 <th>車両本体価格（円）</th>
</tr>
<tr>
 <td>X1 xDrive20i</td>
 <td>8速AT</td>
 <td>4,240,000</td>
</tr>
<tr class="stripe">
 <td>X5 xDrive35i</td>
 <td>8速AT</td>
 <td>7,980,000</td>
</tr>
<tr>
 <td>320i Sport</td>
 <td>8速AT</td>
 <td>4,700,000</td>
</tr>
<tr class="stripe">
 <td>535i</td>
 <td>8速AT</td>
 <td>8,400,000</td>
</tr>
<tr>
 <td>650i クーペ</td>
 <td>8速スポーツAT</td>
 <td>12,350,000</td>
</tr>
</table>
```

```
【CSS】
table, th, td { border: 1px solid #000; }

table {
 border-collapse: collapse;
}

th {
 width: 230px;
 padding: 0.5em;
 color: #fff;
 background: #7f7f7f;
}

td {
 padding: 0.5em;
}
.stripe { background: #eee; }
```

HTML側で奇数行のtr要素にclass="stripe"をつけ、CSS側ではclassセレクタを使って、奇数行にだけ背景色をつけた

モデル名	トランスミッション	車両本体価格（円）
X1 xDrive20i	8速AT	4,240,000
X5 xDrive35i	8速AT	7,980,000
320i Sport	8速AT	4,700,000
535i	8速AT	8,400,000
650i クーペ	8速スポーツAT	12,350,000

SUMMARY まとめ

〔1〕 テーブルの各要素に対して背景や枠線の指定を行うのが基本

〔2〕 枠線を重ねるには「border-collapse: collapse;」を使う

〔3〕 特定のセルを装飾する場合は、classやIDを使用

Lesson 4

32 フォームを装飾する

フォームは、Webページをインタラクティブにするために欠かせないものです。問い合わせやアンケートはもちろん、身近なところでは検索するための入力や、ID、パスワードを入力する欄にも使われます。

THEME テーマ	▶ ブラウザごとの表示に違いがあるの？
	▶ フォームの基本的なコーディングとは
	▶ フォームのスタイリングを変えるには

▶ フォームのスタイリング

HTMLでは、input要素やtextarea要素などを利用してさまざまな形状のフォームパーツを作成 ⊙ できます。フォームパーツは視覚的にもわかりやすいよう、ブラウザごとに独自のスタイリング情報を持っているため、基本的にはWebブラウザが本来持つスタイリングを活用するほうがよいでしょう 図1 。

追加のスタイリング例として、フォームパーツそのものの見た目を変更するのではなく、マウスポインタが重なった状態や、ク

> CHECK_
> 100ページ、Lesson3-20参照。

図1 ブラウザごとのフォームデザインの違い

OSやWebブラウザの違いにより、フォームパーツのスタイリングが若干異なる

図2 フォームパーツへの追加装飾

■:hover疑似クラスを指定して、フォームの上にマウスが乗ったときに背景色を指定

input:hover { background-color: #ffc; }

■:focus疑似クラスを指定して、選択したフォームの背景色を変更

input:focus { background-color: #e0ffd4; }

:hover疑似クラスを利用してマウスが乗ったときに背景色を変えたり、:focus疑似クラスを利用してクリック後の背景色を変えたりすることができる

図3-1 フォームパーツをdl要素でマークアップした基本的なHTML

```
<form>
<h2>お問い合わせフォーム</h2>
<dl>
<dt>お問い合わせ種別</dt>
<dd>
 <input type="checkbox"
name="category" value="質問">
質問
 <input type="checkbox"
name="category" value="資料請
求"> 資料請求
 <input type="checkbox"
name="category" value="問い合
わせ"> 問い合わせ
</dd>
<dt>お名前</dt>
<dd>
 <input name="name"
type="text">
</dd>
<dt>性別</dt>
<dd>
 <input name="gender"
```

```
type="radio" value="男性"> 男性
 <input name="gender"
type="radio" value="女性"> 女性
</dd>
<dt>電話番号</dt>
<dd>
 <input name="tel"
type="text">
</dd>
<dt>ご意見</dt>
<dd>
 <textarea name="comment"
cols="45" rows="5"></
textarea>
</dd>
</dl>
<p>
<input name="submit"
type="submit" value="この内容で
送信">
</p>
</form>
```

WHY?: 本来持つスタイリングを活用

フォームパーツは、ブラウザごとにそれぞれ独自のスタイル情報を持っています。もちろん、CSSでこのスタイルを変更することは可能ですが、ボーダーの色や形状など、そのままでも十分に利用できる見た目です。Webブラウザが本来持っているスタイルをそのまま活用することも選択肢のひとつです。

POINT

dl要素は対になる情報に使うものなので、ここで作成しているフォームのように、「項目名＝dt要素」と「項目の内容＝dd要素」といった関係で考えると、マークアップにふさわしい要素といえます（97ページ、Lesson3-18参照）。

POINT

フォームパーツは、主に「input要素」、「textarea要素」、「select要素」を使用して作成します。特にinput要素はtype属性で項目の性質を切り替えて使用するもので、1つのフォームの中で何度も使用する要素です。CSSで、個別に装飾や幅の調整を行う際には、classやIDを使用しましょう。

リックしてそのフォームを選択した状態での見た目をさり気なく変更するのも効果的です。「:hover疑似クラス」や「:focus疑似クラス」を利用すると、マウスの操作に応じて背景色をつけるなどの効果を与えることができます 。

▶ フォームパーツを包括する要素のスタイリング

form要素はただ単に必要な項目を並べればいいわけではなく、それ自体を正しくマークアップする必要があります。一般的には、定義リストの「dl要素」、表組みの「table要素」、段落の「p要素」などを使用します。ここでは、よく使用するdl要素を使ってマークアップし 、その調整方法を解説します。

まずは、基本となるHTMLを用意します 。input要素を複数記述し、それぞれに違うスタイリングを行う際にはIDやclassを利用しましょう 。dd要素は、ほとんどのブラウザでデフォルトでインデントがつきます。このインデントを利用しつつ、dt要素とdd要素に少しのCSSを指定するだけでも、見た目を整えることができます 。また、floatプロパティを使用して、表組みのような状態で整えることもできます 。

図3-2 シンプルなCSSの記述例

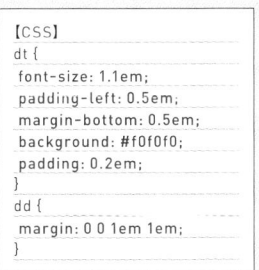

dt、dd要素に対してCSSでスタイルを適用するだけでもフォームをデザインできる

図3-3 floatにより表組みのように表示

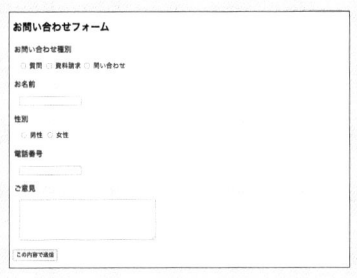

フロートを利用して、定義リストを表組みのようなデザインで表示する。ここでは、CSSでdt要素（項目名）に対して「float: left;」を適用した

SUMMARY まとめ

〔1〕 フォームはデフォルトのスタイリングを利用することも検討

〔2〕 マウス操作に応じた、背景色などの振る舞いで装飾を行う

〔3〕 フォームパーツを包括する要素には、dl要素、table要素などを使用

33

CSS3でデザインの細部を調整する

CSSでの装飾は色をつける、背景色を塗る、線を引く、サイズを変更するといったものですが、CSS3で登場したプロパティでは、デザインの細部を整えるのに役立つものが多数です。デザインの表現の幅が広がります。

THEME テーマ	▶ デザイン表現の幅を広げるプロパティ
	▶ 実務的な使いどころを知っておこう
	▶ 複雑な指定を手軽に行うには

▶ ボックスの角丸を表現する

すべての要素は長方形の形をしていて、背景や枠線をつけると四隅に角ができているのがわかります。「border-radiusプロパティ」を使用すると、四隅の角を丸くすることができます。画像に対してborder-radius: 30px;を指定した場合、四隅の角が30pxの半径で丸くなります ■1-1 。また、値を「30px 20px 20px 30px」のように4つ記述した場合、左上の角を起点として時計回りにそれぞれの値が適用されます ❶ 。

また、ボックスに枠線が指定されていた場合、枠線ごと角が丸くなります ■1-2 。

▶ ボックスに影をつける

ボックスに影をつけるには「box-shadowプロパティ」を使用します。記述方法はいくつかありますが、汎用性の高い書き方は「box-shadow: 20px 20px 20px #ccc;」のように数値3つと色コードを記述する方法です ❶ ■2 。値は先頭からX座標、Y座標、ぼかし具合、色の指定になります。この例ではX座標つまり横方向右に20px、Y座標の縦方向下に20px、ぼかしの強さを20px、色はグレーという指定です。座標はマイナス値も指定することができますので、デザインの表現方法によって微調整を行います。色はRGBaなどの半透明も扱うことができます。

▶ 文字に影をつける

文字に影をつけるには「text-shadowプロパティ」を使用します。box-shadowと同様、3つの数値と色味の指定を行うこと

❶ POINT_

border-radiusは最大8つの数値を書き入れることで複雑な角丸を表現することができます。ここまで来ると角丸というよりも複雑な図形に近いものです。こういったものを手動で作るのは難しいため、ジェネレーターと呼ばれる自動でコードを作成してくれるサービスを活用するのもひとつです。
Fancy Border Radius Generator
https://9elements.github.io/fancy-border-radius/

❶ POINT_

ボックスシャドウはそこまで複雑な記述ではありませんが、ジェネレーターを活用すると見た目から調整してコードを作成することができます。
box-shadow ジェネレーター
https://www.bad-company.jp/box-shadow

1-1 ボックスの角丸を表現する

```
【HTML】
<img src="baby.jpg" alt="お宮参り">
```

```
【CSS】
img {
  border-radius: 30px;
}
```

写真の角を30pxの半径で丸くした。数値を変えることによって
印象も変わる

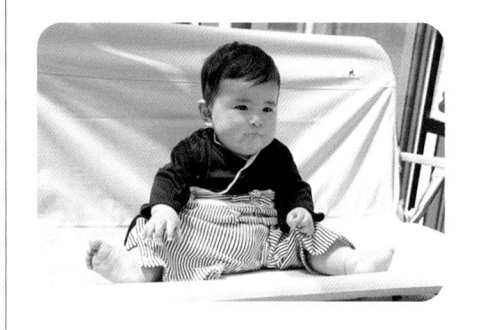

1-2 ボックスに枠線が指定されていた場合

```
img {
  border-radius: 30px;
  border: solid 10px #ade;
}
```

枠線をつけた場合、枠に対しても角丸が適用される

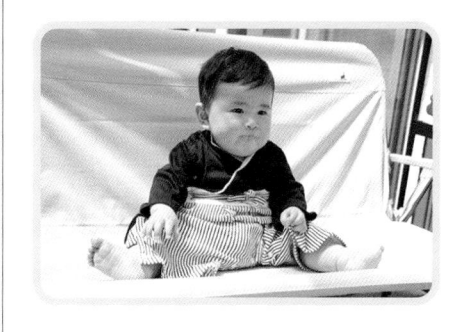

2 ボックスに影をつける

```
【HTML】
<img src="museum.jpg" alt="美術館">
```

```
【CSS】
img {
  box-shadow: 20px 20px 20px #ccc;
}
```

写真の右下に影がつくように、X座標とY座標を正方向に指定し
た

が基本です 図3 。文字に影をつけるため、文字サイズが小さかったり、文字と近い濃度の影の場合、見やすさを損なってしまうことも考えられますので、使いどころに注意しましょう。大きめの文字、見出し、キャッチコピーなどの目立つ部分のアクセントに使用したり、写真に文字を乗せる際の縁として活用したりするのが効果的な使い方です。いずれも自然に見えるように使うのがポイントです。

▶ 要素の透明度を変化させる

要素の透明度を変化させるには「opacityプロパティ」を使用

図3 文字に影をつける

```
【HTML】
<h1>CONCEPT</h1>
```

```
【CSS】
h1 {
  text-shadow: 5px 5px 10px #f1aeae;
  font-size: 80px;
  color: #f10000;
}
```

文字にドロップシャドウをかけた。同系色だが色が薄いため文字の可読性は確保されている

図4-1 要素の透明度を変化させる

```
【HTML】
<p><a href="drink.html">ドリンクメニューを見る</a></p>
```

```
【CSS】
a:hover {
  opacity: 0.75;
}
```

要素にマウスポインタを重ねた際の透明度を調整した。少しの変化で視覚的な効果をつけた

します。数値の指定は0〜1までの間で、小数点以下1桁、または2桁で記述します。0は完全に透明で、1が不透明です。例えば値を0.75とした場合、75%の不透明度となります。リンクにマウスポインタが重なったとき、透明度を変化させて視覚効果をつけるのにも利用します 図6-1 。

利用する際の注意として、opacityを指定した要素の子要素も対象となります 図4-2 。文字を含むすべての内容物が透明化の対象となるため、背景色や枠線にのみ使用したい場合は、bakcgroundプロパティやborderプロパティに対して、rgba()を指定しましょう。

CHECK_
231ページ、Lesson6-03参照。

図4-2 opacityを利用する際の注意

要素に透明を指定をすると、その子要素に対しても透明が適用される

背景色のみ透過した例。backgroundプロパティで値を「rgba(255,255,255,0.7);」とした

▶ グラデーションを利用する

CSSでは背景色の指定でグラデーションを指定することができます。backgroundプロパティを指定する際、通常は16進数やRGBaなどの色コードを指定しますが、値に「linear-gradient()」（線形）または「radial-gradient()」（円形）を指定すると、グラデーションを指定することが可能です ⊘。基本な書き方は()の中に開始点から終了点の色指定を書きます 図5。

グラデーションは、複数の色を指定したり、色の配分の位置調整、角度など複雑な調整が可能です。目視や手動で細かな表現を行うのは困難なため、グラデーションにおいてもジェネレーターを活用して作成するのが便利です ⓘ。

図5 グラデーションを利用する

```
【HTML】
<div>グラデーション</div>
```

```
【CSS】
div {
 width: 300px;
 height: 300px;
 background: linear-gradient(#ff7272, #8899ff);
}
```

赤から青にかけてのグラデーション指定。中間は2色間で自動的に補完される

グラデーション

5

Lesson

Webサイトを
構成する素材

コンテンツ（内容）を魅力的に見せるために、
Webサイトでは画像や映像などの素材が使われます。
Webサイトを構成する素材について見ていきます。

01 Webサイトで使う素材

Webサイトの情報をテキストだけで表現するのには限界があります。情報をより効果的に伝えるために、画像や映像、音声などがよく使われます。Webサイトで使用できる素材の種類を見てみましょう。

THEME
テーマ

▶ **Webサイトで使用できる素材の種類**
▶ **素材ごとの使い分け**
▶ **素材作成に使用する代表的なアプリケーション**

▶ Webサイトで使用できる素材の種類

Webサイトでは情報をより効果的に伝えるために、テキスト以外の素材を使うことがよくあります。Webサイトで使用する素材には、画像のほか、映像素材、音声素材があります。まずは、これらの素材はどのようなときに使うのか見ていきましょう。

画像素材は、写真をはじめロゴマークやイラストなどをWebサイトに載せる際に使う素材です。文字だけでは伝わりづらい内容を視覚的に伝わりやすくするために使用します。

映像素材は、ビデオカメラで撮影した動画やアニメーション動画などを掲載する際に使用する素材です。静止画では伝えらづらいようなことや、操作の手順などをよりわかりやすく説明する場合に使用します。

音声素材は、インタビューなどの音声をWebサイトに掲載したり、映像に効果音やBGMを与える際に使用します。映像に音を加えたり、実際のインタビューを聞けるようにすることで、コ

図1 Webサイト制作で用いる素材の主な種類

画像素材	映像素材	音声素材
・ロゴマーク	・動画	・インタビュー
・イラスト など	・アニメーション など	・映像の BGM、効果音 など

テキスト以外にWebサイトで使用する素材には、画像のほか、映像、音声素材がある

ンテンツがより魅力的になります 図1 。

　動画や音声を編集するには、画像とはまた違ったノウハウや知識が必要です。すべてのアプリケーションを使用するスキルを習得するのはなかなか困難ですので、まずは基本中の基本、画像の作成方法をしっかりとマスターしましょう。

▶ **素材を作るために使用するオーサリングツール**

　前述したさまざまな素材は、オーサリングツールと呼ばれるアプリケーションで制作・編集されています。しかし、1つのオーサリングツールで画像・映像・音声のすべての素材を作成することはできません。ここでは、それぞれの素材を制作するための、代表的なオーサリングツールを紹介します。

　画像を作成するのに使用する代表的なオーサリングツールは、「Photoshop」、「Illustrator」、「XD ◉」などです。これらは、Webサイトを制作・デザインするときに、最もよく利用されるアプリケーションです。映像や動画を作成するための代表的なオーサリングツールが、「Premiere」、「DaVinci Resolve」などです。音声や楽曲を作成する代表的なオーサリングツールには「Pro Tools」、「Cubase」、「Logic Pro X」などがあります 図2 。

　もちろん、これ以外にもさまざまな無料・有料のアプリケーションがありますが、プロの制作現場の多くで、先ほど挙げたようなアプリケーションを使って編集・制作しています。Webサイトで使用する素材を作成するために、必ずしも高価なアプリケーションが必要というわけではありません。さまざまなアプリケーションを試して、自分に合ったアプリケーションを見つけるのがよいでしょう。

Word_ オーサリングツール
オーサリングツールは素材やコンテンツを作成するためのアプリケーションのことをいう。Webサイト制作に限らず、印刷やDVD作成など、さまざまな用途のオーサリングツールがある。

◉ CHECK_
Adobe XD
https://www.adobe.com/jp/products/xd.html

WHY?: Web制作で利用する
　　　　 アプリケーション

Photoshop、Illustrator、XDは、基本的にはどれを使用しても画像素材を作成できますが、画像の種類により向き不向きがあります。例えばPhotoshopは画像の補正、Illustratorはロゴやイラストの作成、XDはWebサイトのボタンやナビゲーションなどのパーツ作成、スマートフォン向けのインターフェース作成などが得意です。それぞれの利点を把握して、アプリケーションをうまく使い分けましょう。

図2 **代表的なオーサリングツール**

画像	映像	音声や楽曲
Photoshop	Premiere	Pro Tools
Illustrator	DaVinci Resolve	Cubase
XD	Final Cut Pro X	Logic Pro X
GIMP	Filmora	Digital Performer
Inkscape	VideoStudio	SONAR

画像素材の制作には、Photoshop、Illustrator、XDなどが多く利用されている

SUMMARY
まとめ
〔1〕 テキスト以外の素材を使うことでより魅力的になる
〔2〕 素材は適切なアプリケーションで作成する
〔3〕 Web制作で最も作成する機会が多いのは画像素材

02 著作権とライセンス

Webサイトの制作では、自分以外のほかの人が作った素材を使うこともあります。しかし、いつでも無条件で使用できるわけではありません。素材は著作権とライセンスを理解した上で利用しましょう。

THEME
テーマ

▶ 著作権と著作物とは
▶ 素材を使用する際に気をつけておくこと
▶ 素材利用のライセンスとは

▶ 著作物と著作権

Webサイトを作成する際には、さまざまな素材を使用します。すべての素材を自分で作成できれば問題ありませんが、自分では作ることができない素材が必要になることもあります。その場合、第三者に制作を依頼するか、インターネット上などで有料・無料で素材として提供されているものを利用します。しかし、Google画像検索などで出てきたものが自分のイメージする素材だったからといって、必ずしも使用できるとは限りません。すべての素材には、必ず「著作権」が存在するからです。

著作権とは、文化的な創作物を保護するためのもので、著作権法という法律で保護されています。文化的な創作物とは、思想や感情を創作的に表現した、文芸、学術、美術、音楽などの

図1 著作物の例

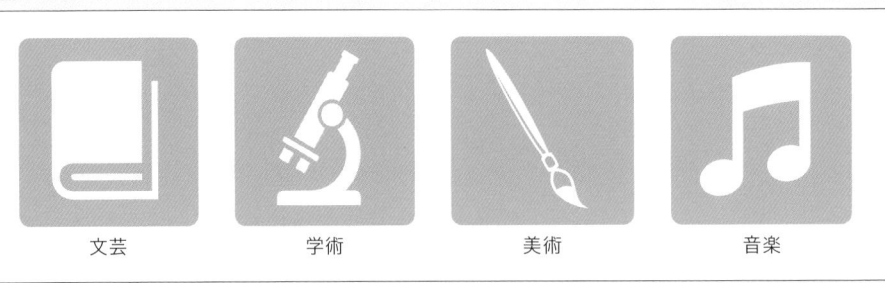

文芸　　　　　学術　　　　　美術　　　　　音楽

WHY?: よく目にするライセンス

Webデザイナーがよく目にするライセンスには、クリエイティブ・コモンズ・ライセンスと「パブリックドメイン」があります。クリエイティブ・コモンズ・ライセンスは、4種類（表示、非営利、改変禁止、継承）の条件を組み合わせて使用条件を提示するライセンスです。詳しい内容はクリエイティブ・コモンズ・ジャパンのWebサイト（https://creativecommons.jp/）を参照してください 図2 。パブリックドメインは、社会全体の公共財産という意味で、著作者が一切の権利を放棄したものです。このライセンスを提示しているものは、所有権や人格権を侵害しなければ、誰でも自由に利用することができます。

(!) POINT_

商用利用可と記載されていても、必ずしも無条件で利用できるわけではありません。有料であったり、素材配布サイトへのリンクが必須であったり、素材の付近に作成者の名前を記述する必要があったりなど、配布サイトごとに条件が異なります。

(!) POINT_

インターネット上で入手できるフリーウェアや、JavaScript、Perlなどのオープンソースと呼ばれる「無料で使用できる」プログラムにも著作権が存在します。無料だからといって何の制限もなく使えるわけではありません。それぞれの著作権のルールを必ず守って使用してください。また、ライセンスの種類と内容は「MITライセンス」、「BSDライセンス」などのように多岐に渡ります。素材やアプリケーションのライセンス・著作権は必ず確認しましょう。

ことで、これらを著作物といいます。画像、映像、音声など、Webサイトで使われる素材も、著作物に含まれるのです 図1 。

作成した人（著作権者）の許可なく著作物を利用すると、著作権侵害となります。こういった素材を利用する場合には、使用条件に十分気をつけましょう。

▶ さまざまなライセンス

では、素材の使用条件はどのようにして確認すればよいのでしょうか？　インターネット上で素材を提供しているWebサイトでは、多くの場合「利用規約」などの形で、素材使用にあたっての条件を提示しているので、まずはそこを確認します。素材を配布しているWebサイト独自の利用規約を提示している場合もあれば、「クリエイティブ・コモンズ・ライセンス」などのライセンス（使用許諾の条件）を提示している場合もあります 図2 。素材は、このような各自のライセンスに則って使用します。

例えば「商用利用可」と書かれている素材 ❶ は、ビジネスとしてクライアントから依頼されたWebサイト制作に使用することができます。

ライセンスにはさまざまなものがある ❶ ので、必ず内容を確認してから素材を使いましょう。また、ライセンスを明記していないからといって著作権が発生しないというわけではありません。作成された素材には、すべて著作権が存在することを覚えておきましょう。

図2 クリエイティブ・コモンズ・ジャパンのWebサイト

クリエイティブ・コモンズ・ライセンスを提供している団体「クリエイティブ・コモンズ」の日本語サイト
https://creativecommons.jp/

SUMMARY まとめ

〔1〕 配布されている素材には著作権がある

〔2〕 素材を無断で使用すると著作権侵害になる場合がある

〔3〕 素材を使用するときは必ずライセンスを確認する

03 テキストと文字コード

HTMLファイルの作成方法によっては、Webブラウザやテキストエディタなどで開いた際に表示がおかしくなる場合があります。文字コードと改行コードを理解して、正しくWebサイトを表示させましょう。

THEME
テーマ
▶ 文字コードの種類と指定
▶ 文字化けを防ぐには
▶ 改行コードとは

▶ Web制作における文字コード

普段コンピューターで入力しているテキストは、「文字コード」に従って表示されています。文字コードとは、文字や記号をコンピューターで扱うために、文字や記号一つひとつに割り当てられた固有の数字のこと◉です。

文字コードは複数の種類があり、個々の文書によって異なります。表示されているテキストを見ただけでは、どの文字コードなのかは判別できません。表示上は同じに見えても、文字コードが異なる場合もあります。Webサイト制作における代表的な日本語の文字コードは「UTF-8」です❶。このほか、旧来から使われる文字コードとして「Shift_JIS」、「EUC-JP」があります。

文字コードは、作成するWebサイトの言語と合わせる必要があります。例えば、日本語で作成されたWebサイトを他国語の

*MEMO_*
もしくは、文字や記号と割り当てられている固有の数字との対応関係（文字コード体系）を文字コードと呼んでいます。

*POINT_*
Webサイト制作の現場で一番よく使う文字コードはUTF-8です。対応する文字の範囲が広く、日本語以外でも文字化けしないといったメリットがあります。多言語を意識せずともプログラムの現場やHTML、CSSでは標準採用されます。

図1 文字化けを起こしたWebサイト

文字コードが正しく指定されていない場合、Webブラウザが文字コードを正しく解釈できないため文字化けを起こしてしまう

図2 不適切な改行コード

改行コードが不適切な場合、ソフトウェアによってはソースコードの改行がうまく表示されず、崩れてしまう

Webブラウザやコンピューターで文字を表示したときに、正しく表示されない現象のこと。通常の文字で書かれていたはずの内容が、まったく違う文字に置き換わり読めない状態になる。

POINT

テキストエディタなどでは、テキスト文書をHTML形式のファイルとして保存する際に、文字コードを選択して指定します。meta要素では「UTF-8」を指定しているのに、HTMLファイル自体は「Shift_JIS」で保存されている場合など、文字コードの不一致が文字化けを引き起こすことがあります。

WHY?: 文字コードを指定する

Web制作において、文字コードはHTMLだけでなくCSSやJavaScriptなど、外部ファイルに対しても指定します。HTMLファイルと外部ファイルの文字コードが異なると、Webブラウザによってはうまく表示できない場合がありますのでHTMLファイルと外部ファイルの文字コードは、同じものにしましょう。

Word UNIX（ユニックス）

UNIXはOSのひとつ。大型の計算機やサーバーのOSとして採用されているほか、現在のmacOSやLinuxといったOSもUNIXをベースに作られている。

MEMO

CRとLFは、タイプライターが由来の言葉です。CRはCarriage returnの略で「紙を固定してタイプ位置を戻す」動作を、LFはLine feedの略で「紙を上に送る」動作を、タイプライター上でしていました。

文字コードで表示すると、文字化けした状態で表示されます。

また、HTMLのmeta要素で指定する文字コードと、HTML文書そのものの文字コード❶が一致していないと、文字化けにつながることがあります。一般的なWebブラウザでは、meta要素の文字コードを自動的に判別して表示します。図1 のように文字化けしているWebサイトは、HTML文書に記述している文字コードとWebブラウザが認識している文字コードが一致していないことが原因のひとつとして考えられます。

▶ **改行コードについて**

改行コードはファイル中で改行を指示する制御文字のひとつです。「LF」、「CR」、「CR＋LF」の3種類があり、LFは主にUNIX系のOSとMacのmacOS、CR＋LFは主にWindowsで使われています。CRは主にMac OS 9以前で使用されていました❷。

WebブラウザでHTMLファイルを表示する際には、どの改行コードを採用しても表示に影響はありません。しかし、Webサイトの制作者側で気をつけなければいけないのは、複数の環境で制作を行ったり、何人かで共同作業をする場合です。古いMac OSの改行コード（CR）で作成したHTMLファイルをWindowsのメモ帳で開くと、改行が崩れていたり不要な記号が自動で挿入されたりと、表示が崩れてしまいます 図2 。このようなトラブルを避けるためにも、作業する環境に対応して事前に改行コードを揃えるか、もしくはWindowsで主に使用されていて、どの環境でも崩れにくいCR＋LFを採用するとよいでしょう 図3 。

図3 文字コードと改行コードの設定

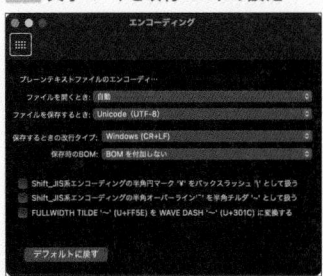

テキストエディタ「Jedit Ω」で、HTML形式で文書を保存するときの設定パネル。文字コード（エンコード）と改行コードの形式を指定できる

SUMMARY
まとめ

〔1〕 Web制作で代表的な文字コードはUTF-8
〔2〕 meta要素での指定とファイルそのものの文字コードを一致させる
〔3〕 改行コードは、Web制作の環境や作業チームに応じて決める

04 Webサイトの標準的な色空間

Webサイトに掲載するために作成した画像素材は、作成方法と環境よっては画面上で意図しない色に見えてしまうことがあります。色空間とカラープロファイルを理解して、画像を適切に作成しましょう。

THEME
テーマ

▶ 色空間とは
▶ カラープロファイルとは
▶ Web制作における適切な色空間

▶ 色空間とカラープロファイル

　自分のコンピューターで画像を作成して、別のコンピューターで画像を確認すると、自分の環境とは違う色味で表示される場合があります 図1 。画像を作成した際の設定やOS・Webブラウザの種類など、そもそもの環境が異なるためです。

　コンピューター上で再現する色は、光の三原色である赤・緑・青（RGB）の数値の組み合わせ ❯ で色を表現します。この数値の組み合わせで表現可能な色の範囲を「色空間」といいます。色空間にはさまざまな種類があり、Webサイトの制作では、「AdobeRGB」と「sRGB」が主に利用される色空間です。そして、これらの色空間の種類を「カラープロファイル」といいます。

　また、色空間はデバイスによっても異なります ✐ 。例えば、あるデジタル一眼レフカメラの色空間はAdobeRGB、Windowsのコンピューターではs RGBとなっています。一般的に広く使われるのはsRGBであり、異なるデバイスでも極力近い色を再現することができる色空間です。

▶ 画像を取り扱う前の準備

　さまざまな環境で表示される色が大きく変わらないようにするには、画像にカラープロファイルを埋め込むようにしましょう。カラープロファイルを埋め込むと、Webブラウザが画像の持つ色空間の情報を認識して、表示環境による色のズレを小さくすることができます。

　Webサイトに使用する画像であれば、sRGBのカラープロファイルを埋め込むのがよいでしょう。AdobeRGBのほうが豊かな

> **CHECK_**
> 226 ページ、Lesson6-01参照。

> **Word** カラープロファイル
> カラープロファイルは、どんな色空間で画像が作成されたのかを示すためのもの。読み込むアプリケーションが対応している場合は、カラープロファイルが作成された画像の色空間を伝える。

> **MEMO_**
> デバイスといった場合、PCや携帯電話、スマートフォンなどの端末が代表例ですが、広義の意味ではコンピューターに接続して使用する特定の機能を持った装置全般を指します。デジタルカメラやプリンター、電子書籍端末もデバイスのひとつで、それぞれ対応している色空間があります。

> **WHY?:** カラープロファイルを認識できる Webブラウザ
> 画像はsRGBの色空間で画像を作成するのが安全でしょう。カラープロファイルを埋め込まないJPEGや、GIFとPNGは多くのデバイスにおいてsRGBで表示されます。環境に依存するようなカラープロファイルの指定は避けましょう。

色の表現が可能ですが、一般的なデバイスにはsRGBの色空間を持つものが多く汎用的なためです。

また、Webブラウザのカラープロファイルの認識の仕方には違いがあるため、ブラウザによっても画像の色の表示に差が生じます 図1 。色の表示は閲覧する側の環境にも依存しますので、すべての環境で完全に同じようには再現できない ことを理解しておきましょう。

sRGBの色空間の画像を作成するには、事前にアプリケーションで設定が必要です。Photoshopでは編集メニューで「カラー設定」を選び、「作業用スペース」の「RGB」の項目をsRGBに設定しておきます 図2 。この項目がsRGB以外の状態で画像を作成すると、ブラウザによっては制作者が意図しない色で表示されることがあります。支給された画像がAdobeRGBで作成されているときは、「編集」メニューにある「プロファイル変換」でプロファイルをsRGBに変えると、見た目を大きく変えずに、sRGBの色空間に変換することができます 図3 図4 。

図1 **表示環境による色の再現の違い**

Internet Explorer（左）とSafariで同じ画像データを表示したとしても、画像の色味が若干異なってしまうことがある

図2 **Photoshopの「カラー設定」ダイアログ**

Photoshopでは、編集メニューの「カラー設定」で「作業用スペース」の「RGB」の項目をsRGBに設定する

図3 **Photoshopの「プロファイル変換」ダイアログ**

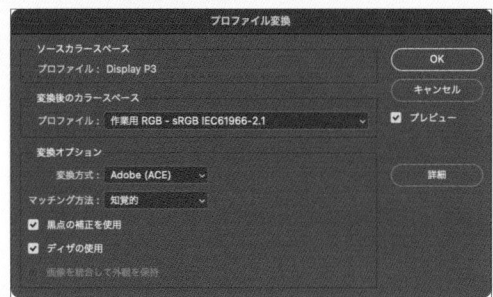

カラープロファイルをsRGBに変換することで、環境による色の違いを極力抑えることができる

図4 **sRGBで作成された画像の表示**

sRGBで書き出した画像は、異なるWebブラウザで表示しても色が大きく変化しない

SUMMARY
まとめ

〔1〕 色空間には複数の種類があり、デバイスによっても異なる
〔2〕 色空間はカラープロファイルを埋め込むことで認識される
〔3〕 Webサイト用の画像は色空間をsRGBで作成する

Lesson 5

05 画像を構成する単位「ピクセル」

Webサイト素材として使う画像は、作成するためのアプリケーションさえあれば比較的簡単に準備できますが、画像に関する知識として、サイズや「ピクセル」という考え方を理解しておく必要があります。

THEME
テーマ

▶ 画像サイズの最小単位は？
▶ 画像の解像度とは
▶ 画像サイズや解像度を確認するには

▶ 画像を構成する「ピクセル」

コンピューターの画面は、小さな正方形の集まりで構成されています。この正方形の1つを「ピクセル（pixel）」といいます。ピクセルは、コンピューター上で画像を扱う際の最小単位です。非常に小さなもので、なかなかイメージができないかもしれませんが、画像を拡大してみると、正方形が集まって形成されていることがわかります 図1 。この1つの正方形が1ピクセルです。画像のピクセル数が多いほど、画像の幅や高さが大きくなり、ファイルサイズも大きくなります。

この、ピクセルの密度を表す単位が「解像度」です。解像度は、「ppi（ピーピーアイ）」または「dpi（ディーピーアイ）」という単位で表現されます。ppiはpixels per inch、dpiはdots per inchの

Word ピクセル(pixel)

ピクセルは、picture elementからの合成語で、画素ともいわれる。単位として使用する際には「px」と表記する（29ページ、Lesson1-09も参照）。

図1 画像を構成するピクセル

画像データはピクセルと呼ばれる正方形の集まりで構成されている

図2 画像解像度

解像度は、1インチに中にピクセル（ドット）がどれだけあるのかを表す

図3 Photoshopの「画像解像度」ダイアログ

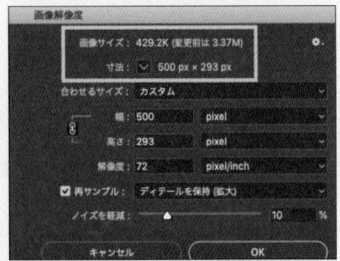

Photoshopでは「画像解像度」ダイアログでピクセル数や解像度を確認できる

ドットは点という意味。Web制作においては、ドットとピクセルはほぼ同じ意味で使用される。

WHY?: 72dpiで画像を作成する理由

以前はmacでPhotoshopを使用して画像を作成するのが標準的でした。当時のmacは、画面（ディスプレイ）の解像度は72dpiであり、その頃からの慣例としてWeb制作においても画像解像度は72dpiで画像を制作していました。また、Windowsの画面の解像度は96dpiです。OSによって解像度に違いがありますが、Webサイトで使用する画像は、解像度の差はあまり気にしなくてもよいでしょう。

❶ POINT

横幅が180ピクセル、高さが120ピクセルの画像であれば、180×120で21,600個のピクセルで構成されていることになります。ただ、実際のWebサイト制作では、ピクセル総数を意識することは少ないため、横方向に180個分、縦方向に120個分のピクセルを使って、Webブラウザ上に表示されると理解しておきましょう。

❶ POINT

最近のスマートフォンやタブレットは、PCを超える高解像度のデバイスが多くなってきました。ピクセルの密度が非常に高く、1インチにおさまるピクセル数がPCよりも多いのが特徴です。その利点を活かし、より鮮明で見やすいテキストや画像を表現することができます。

略称で、1インチの中にどれだけピクセル（ドット）があるのかを表します。Webサイトで使う画像の解像度は「72dpi」です 図2。Webブラウザ上では画像はピクセルサイズで表示されます。同じピクセル数の画像であれば、解像度が違ってもブラウザ上で表示されるサイズは変わらないため、画像のピクセル数がWebブラウザ上で表示される画像の大きさ❶であると考えてください。

ピクセル数は、画像を扱うアプリケーションで確認することができます。例えば、Photoshopでは「イメージ」メニューの「画像解像度」から確認できます 図3。

▶ Webブラウザに表示される画像の大きさ

画像を構成するピクセル数が、Webブラウザ上で表示される画像の大きさになると述べましたが、本来のピクセル数とは異なる大きさでWebブラウザ上に表示することもできます。

img要素でマークアップした画像は何も指定しなければ、そのままのピクセル数でブラウザ上に表示されますが、img要素のwidth属性・height属性、もしくはCSSのwidhプロパティ・heightプロパティで数値を指定すると、指定した大きさで表示されます。横幅180×高さ120ピクセルの画像を、1/2に縮小したり、2倍に拡大して表示することができます 図4。ただし、実際のWebサイトで画像を使う場合は拡大することは少なく、原寸か縮小表示で表示させることがほとんどです。

図4 同じピクセル数の画像を異なる大きさで表示

原寸サイズ：横幅180px、高さ120px

50%縮小

100%表示

200%拡大

横幅180×高さ120ピクセルの画像を50%に縮小（図左）、原寸（中央）、200%に拡大（右）

SUMMARY まとめ

〔1〕 ピクセルは画像のサイズ、解像度はピクセルの密度
〔2〕 PCのディスプレイでは、画像はピクセル単位で表示される
〔3〕 Webサイト制作において画像の解像度は72dpiが一般的

06 Webサイトで使う 画像フォーマット

Webサイトの画像には、JPEG、GIF、PNGの3種類の画像フォーマットがよく使われます。それぞれの画像フォーマットの違いを理解して、適切な形式で各画像フォーマットを利用するようにしましょう。

THEME
テーマ
▶ 画像フォーマットの種類
▶ 各画像フォーマットの特徴
▶ それぞれのフォーマットで画像を書き出すには

▶ Webサイトでよく使われる画像フォーマット

Webサイトの素材としてよく使われる代表的な画像フォーマットは「PNG（ピング、ピーエヌジー）」、「JPEG（ジェイペグ）」、「GIF（ジフ）」、「SVG（エスブイジー）」の4種類です 図1 。

PNGは、PNG-8とPNG-24の2種類があります。PNG-8は、GIFと同じく256色まで扱うことができ、一部を透明にすることができます。PNG-24は約1,678万色を扱うことができ、一部を透明や半透明にすることができます。

JPEGは、約1,678万色まで色を扱うことができ、写真などによく利用されるフォーマットです。デジタルカメラで撮影した画像も、JPEG形式で保存されるケースがほとんどです。

GIFは、256色まで色を扱えるほか、画像の一部を透明にすることができます。

これらを作成する代表的なアプリケーションがPhotoshopです。PhotoshopでWeb用の素材として画像を書き出すには「ファイル」メニューから「書き出し」→「書き出し形式...」を選択します。各フォーマットの書き出し方と特徴を見ていきましょう。

▶ JPEG画像を書き出してみよう

JPEG形式で書き出した画像ファイルの拡張子は「.jpg」です。JPEG形式は、写真のような色数の多い画像はもちろん、グラデーションもきれいに表示することができます。

Photoshopを使用してJPEG形式で書き出す際に設定する主な項目は「画質」です。JPEG形式では、画質の設定を変更することでファイルサイズの圧縮率を変えることができ、数値が大き

MEMO
このほかに、米Google社が開発している静止画のフォーマットであるWebPがあります。軽量なのが特徴で、最新のブラウザでは表示可能になっており、これから利用する場面が増える可能性があります。

Word Photoshop
16ページ、Lesson1-04 参照。

MEMO
「ファイル」メニュー→「書き出し」→「Web用に保存（従来...）」からも画像の書き出しを行えますが、現在のWeb制作の現場では「書き出し形式...」を利用することが多くなっています。

Word 圧縮率
圧縮は、データそのものの性質を保ったまま、ファイルサイズを減らす処理のこと。JPEG形式は、画像を圧縮することでファイルサイズを小さくしている。

WHY?: JPEG形式の画質について

JPEG形式の画質を設定する際に注意したいのは、境界のはっきりした箇所や、ベタ塗りの面、鮮やかな色が目立つ画像です。そのような箇所には、画質の設定によってはノイズが発生しやすいからです。また、JPEG形式で保存された画像は、保存を繰り返すたびに画質が悪化していきます。画像を書き出す際は、JPEG形式で書き出したものからではなく、元のファイルから書き出すようにしましょう。

いほど画質は高くなりますが、ファイルの容量も大きくなります。反対に、この数値が小さいほど画質は低くなりますが、ファイルの容量も小さくなります。

JPEG形式の画像は、画質が低下するほど鮮やかだった色がくすんで見えたり、ノイズが発生しやすくなります 図2 。一度ノイズが発生した状態で書き出したJPEG画像ファイルを、元の画質に戻すことはきわめて困難です。JPEG形式で書き出す場合は、見た目とファイルサイズのバランスをとりながら、適切な画質を選択しましょう 図3 。

Photoshopでは、複数のフォーマットや圧縮率などを変えた状態を並べて表示し、比較することができます。書き出すフォーマットや画質に迷ったら、比較して検討するのがよいでしょう。

図1 画像フォーマットの違い

	PNG-8	PNG-24	JPG	GIF	SVG
色数	256色	約1,678万色	約1,678万色	256色	約1,678万色
透明	扱える	扱える	扱えない	扱える	扱える
適しているもの	ロゴマーク 色数の少ないイラスト	画質を 落としたくないもの	写真 色数の多いもの	ロゴマーク 色数の少ないイラスト	ベクター形式で 表現するイラスト

図2 ノイズの発生したJPEG形式の画像

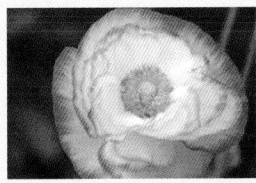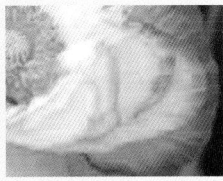

JPEG形式では画像にノイズが発生する。一見するとわかりにくいが、画像を拡大して見ると（右図）、ノイズが出ているのがわかる

図3 JPEG形式の設定項目

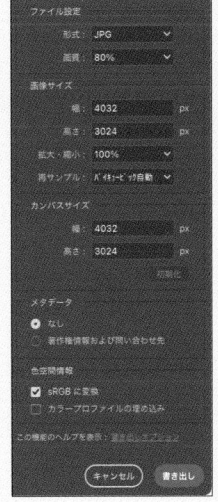

PhotoshopでJPEG形式を書き出す際に設定する主な項目

▶ GIF画像を書き出してみよう

　GIF形式で書き出した画像ファイルの拡張子は「.gif」です。GIF形式では、256色および透明色を扱うことができます。また、GIF形式は「GIFアニメ」と呼ばれるパラパラマンガのようなアニメーションを作成することもでき❶、バナー広告にもよく利用されています。Photoshopを使用してGIF形式で書き出すことができます 図4 。

　色数が多ければ多いほど、ファイルサイズは大きくなりますが、画像の見た目は自然になります。GIF形式はPNG-8と性質が似ていますが、Web制作の現場ではPNG形式を標準採用されることがほとんどです。

▶ PNG画像を書き出してみよう

　Webサイト制作で扱われるPNG形式には、PNG-8とPNG-

❶ POINT_
GIFアニメは、複数のGIF画像を1つのファイルとして扱い、パラパラマンガのようなコマ送りで順番に画像を表示させていくものです。画像の枚数が少ない単純なアニメーションの場合は特に問題ありませんが、枚数が多くなるほどファイルの容量が増えるので、注意しましょう。

図4 GIF形式の設定項目

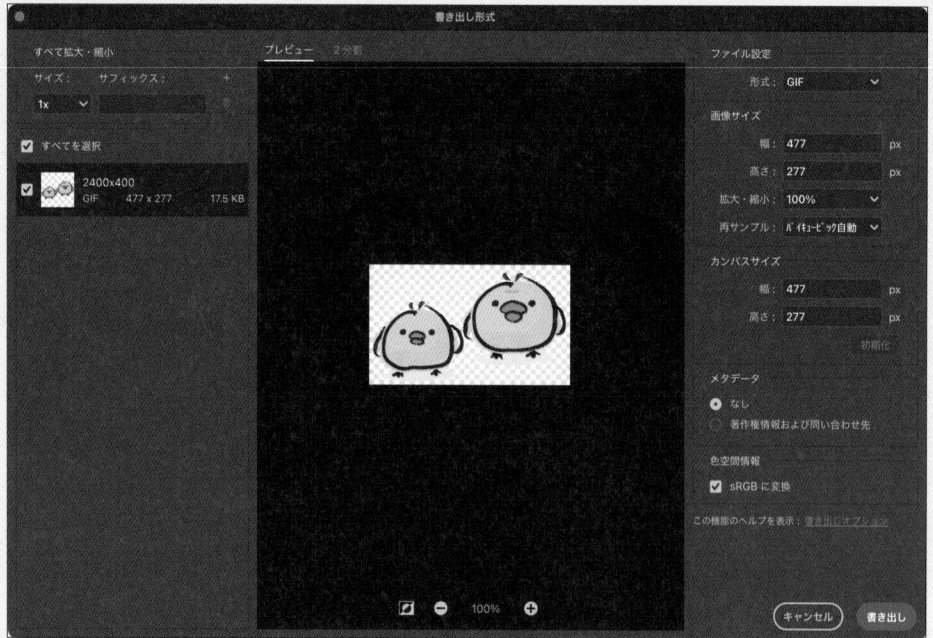

Photoshopで GIF 形式を書き出す際に設定する主な項目

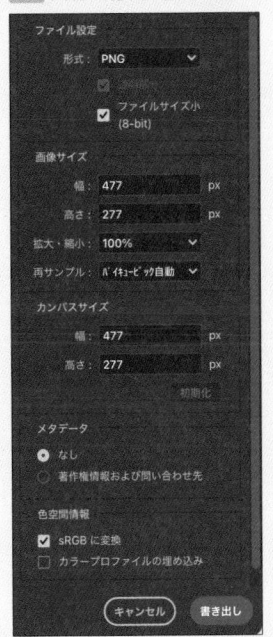

❗ **POINT_**

PNG-24は、PNG-8と比べてファイルサイズが大きくなります。扱える色数が多いのと、さらに半透明の階調も扱えるためです。使い勝手を考慮すると、PNG-24のほうを採用することがほとんどです。また、書き出したPNGファイルの容量を低減するためのアプリケーションなども存在します。

24の2種類があります❶。どちらも拡張子は「.png」です。PNG-8はGIFと同じような特徴を持っています。しかし、グラデーションを含む画像をPNG-8で書き出すと、GIFに比べてファイルサイズが小さくなる場合があります。PNG-8形式の設定項目は、GIF形式の場合とほとんど同じです 図5 。

PNG-24は、JPEGのように色数の多い画像に適しているフォーマットです。JPEG形式と違って画質が劣化することはありませんが、ファイルサイズはかなり大きくなります。PNG-24の透明は、GIFやPNG-8と違い、半透明や段階的で自然な透明状態にすることもできます 図6 。

ここまでJPEG、GIF、PNGの画像フォーマットについて、書き出し方とそれぞれの特徴を説明してきました。画像フォーマットは、その画像の特徴（写真、ベタ塗りが多いイラスト、グラデーションを多用した画像など）に応じて、適切なものを採用しましょう。

図5 PNG-8形式の設定項目

Photoshopで PNG-8形式を書き出す際に設定する主な項目。GIF形式とほぼ同じである

図6 PNG-24形式で透明を適用

色のある箇所から透明の箇所まで自然な透明になり、どんな背景がきてもなじむ（上は背景透明、下は背景に色をつけたもの）

**SUMMARY
まとめ**

〔1〕 JPEGは写真などの色数が多いものに適しており、ファイルサイズが小さい

〔2〕 PNG-8はGIFより軽く、PNG-24は半透明を扱える

〔3〕 GIFよりもPNGが標準採用される

07 ベクター形式の 画像フォーマット「SVG」

広くWebで使われているGIFやJPEG、PNGなどのビットマップの画像は、スマートフォンをはじめとした高精細なディスプレイ環境では複数サイズの切り替えなどを考慮する必要があり、SVGに注目が集まっています。

THEME テーマ	▶ SVGの基本
	▶ ベクターで保存できる形式の強みを知る
	▶ SVG形式で書き出してみよう

▶ SVGとは？

「SVG」とは「Scalable Vector Graphics」の略称で、その名の通り拡大縮小可能なベクター形式の画像です。これまでWebサイトで広く使われていたGIFやJPEG、PNGといったビットマップ（ラスター）形式の画像とは異なり、XMLで記述される画像形式でテキストエディタでも編集可能なのが特徴です 図1 。また、SVGの中にはテキストやハイパーリンクを埋め込んだり、JavaScriptやCSSを使ってアニメーションを加えたりといったことも可能です。

Word ベクター

図形を点と点を結んだ線分や矩形、円などで表したもの。Illustratorで作成するデータのように、数式で処理できる拡大縮小が可能なデータ形式。29ページ、Lesson1-09も参照。

Word ラスター

Photoshopで作成する画像や写真のようにピクセルの集合体で描画される画像形式。

Word XML

59ページ、Lesson3-01参照。

図1 SVG画像を形成するXMLの例

Illustratorで書き出したSVG画像（左）の中身をテキストエディタで表示した（右）。XMLで記述された画像形式であることがわかる

```
<?xml version="1.0" encoding="utf-8"?>
<svg version="1.1" id="mdnlogo" xmlns="http://www.w3.org/2000/svg"
xmlns:xlink="http://www.w3.org/1999/xlink" x="0px" y="0px" viewBox="0
0 227 126" enable-background="new 0 0 227 126" xml:space="preserve">
<g>
  <path d="M0,0h17.1l22.9,66h0.4L63.2,0h17.3v124.6H62.6V48.8h-0.3l-
17.7,53.5h-8.9L18.2,48.8h-0.4v75.8H0V0z"/>
  <path d="M131.8,116.6c-1.2,1.3-2.3,2.5-3.3,3.6c-1,1.1-2.2,2.1-3.5,2.9c-
1.3,0.8-2.7,1.5-4.4,1.9c-1.6,0.5-3.6,0.7-5.8,0.7
    c-7.4,0-12.5-2.8-15.6-8.4c-1.1-2-1.8-4.4-2.3-7.4c-0.5-2.9-0.7-6.8-
0.7-11.7V64.4c0-6.4,0.2-11.1,0.5-14.2c0.4-3,1.1-5.5,2.3-7.4
    c1.5-2.3,3.5-4.3,5.9-5.8c2.4-1.5,5.7-2.3,10.1-2.3c3.5,0,6.6,0.8,9.4,2.4c
2.7,1.6,5.1,3.8,7.1,6.7h0.4V0h17.9v124.6h-17.9V116.6z
    M114.1,95.7c0,3.6,0.5,6.2,1.8,8c1.4,2,2,3.6,3.3,6.7,3.3c2.7,0,4.8-1,6.5-
3.1c1.6-2,2.5-4.7,2.5-8V62.3c0-2.8-0.8-5.1-2.5-6.9
    c-1.7-1.8-3.8-2.7-6.4-2.7c-3.4,0-5.7,1-6.9,3.1s-1.8,4.5-1.8,7.4V95.7z"/>
  <path d="M164.7,0h17.1l26.9,75.1h0.3V0H227v124.6h-16.8l-27.3-74.9h-
0.4v74.9h-17.8V0z"/>
</g>
</svg>
```

WHY?: SVGの利点

レスポンシブ Webデザインのようにさまざまな閲覧環境を考慮すると、ピクセルの原寸サイズで貼り込まれたビットマップ形式の画像は高精細なディスプレイでは拡大表示された状態のぼやけた画像になってしまうことが問題になります。この問題はレスポンシブイメージとして、デバイスサイズやディスプレイサイズをもとにして配信画像サイズを切り替えるという手法でクリアすることはできますが、ページ内の至るところで使われる画像をすべてその形でソース内に記述したり、ファイルそのものを用意することは困難な場合も考えられます。その点SVGはベクター形式の画像であり、拡大縮小しても表示内容が劣化することはありません。

POINT_

例えば「Node.js」のWebサイトではロゴマーク部分にSVG形式が使われています。ロゴやアイコン、ボタンなどの画像はSVGで作っておくと効率的です。
Node.js
https://nodejs.org/

SVGはベクター形式である特性から、さまざまなデバイス環境を考慮したWebサイトやWebアプリなどで利用される機会が増えています。もともとがビットマップである写真画像などをSVGにすることはできませんが、企業サイトのロゴであったり、サイト内で使われるアイコンイメージなど❶は、このSVGに置き換えることが制作時の作業効率を上げることにも役立ちます。気になるWebブラウザの対応ですが、よほど古いバージョンのブラウザやデバイスでない限りは対応しています。

▶ SVGを作って書き出してみよう

SVGはXMLで記述された画像形式と前述しましたが、制作時にはテキストエディタで作る必要はありません。SVGへの書き出しに対応しているIllustratorやSketch（macOSのみ）などのグラフィックエディタを使って、これまで通りのベクター形式の画像を制作し、書き出し時にSVGの形式で保存します 図2。ベクター形式の画像であるため、貼り込むサイズで必ずしも制作する必要もありません。SVGで書き出した画像は、ほかの画像同様にimg要素としてWebサイト内に貼り込むことが可能です。表示サイズはwidth属性で調整しましょう。

図2 Illustratorを使ったSVGの作成

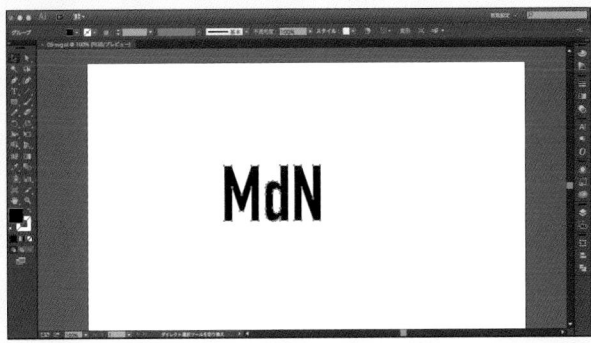
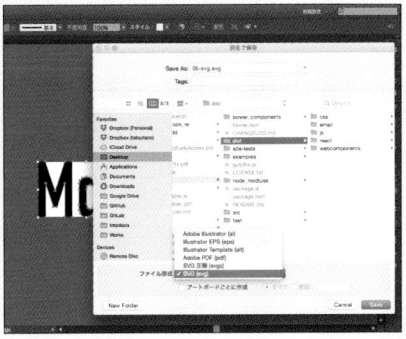

Illustratorで作成する場合は、アートボードのサイズに注意。このままで書き出してしまうとアートボードサイズがSVGの画像サイズになってしまうため、オブジェクトとアートボードのサイズを合わせておくようにしよう

SUMMARY まとめ

〔1〕 SVGはベクター形式の画像であり、拡大縮小しても劣化しない
〔2〕 さまざまなディスプレイ環境へ効率的に対応できる
〔3〕 SVGに向いているのは、ロゴやアイコン、ボタンなどの画像

08 Webサイトで使う映像素材や音声素材

Webサイトでは映像や音声を扱えますが、フォーマットの種類によってファイルサイズが異なったり、環境によって再生できない形式もあります。Webサイトで扱える映像素材、音声素材の種類と特徴を理解しましょう。

THEME
テーマ
▶ Webサイトで扱える映像素材
▶ どんな環境でも動画を再生するには
▶ Webサイトで扱える音声素材

▶映像素材のフォーマット

Webサイト上で扱える映像素材には、さまざまなフォーマットがあります。代表的なフォーマットは、「wmv」、「avi」、「mp4」、「m4v」などです 図1 。ただし、これらの映像フォーマットを再生できるかはユーザーの環境に依存する場合が多く、例えばwmv形式の動画はmacOSでは再生されません。macOSでwmv形式の映像を再生するには、プラグインが必要です。

iPhoneをはじめとするスマートフォン向けのWebサイトの映像は、ファイルサイズの小さいmp4形式やm4v形式がよく採用されます。しかし困ったことに、古いWindowsはこれらのフォーマットには対応していません。このように、OSやデバイスによって対応している映像のフォーマットがまちまちです。

どの環境でも問題なく表示されるようにする方法のひとつとして、YouTubeなどの動画投稿サイトにアップロードする方法があります。アップロードした映像をWebページに埋め込んで表示

Word プラグイン
プラグインは、アプリケーションに機能を追加するための小さなプログラムのこと。プラグインを追加することで、アプリケーションの機能を拡張することができる。

図1 映像素材のフォーマット

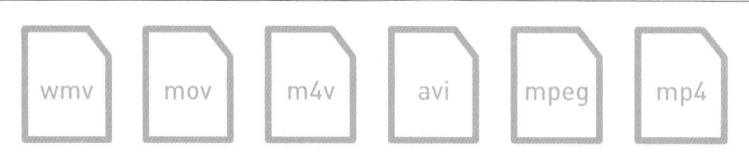

Webサイトで主に扱うことのできる映像素材のフォーマット

することで、コンピューター向けのWebブラウザだけでなく、スマートフォンでも再生が可能です。

Webサイトを利用する環境や対象を考慮して、目的に合った映像フォーマットを選択しましょう。

▶ 音声素材のフォーマット

Webサイト上で扱える音声素材にも、さまざまなフォーマットがあります。代表的なフォーマットは、「wav」、「aif」、「mp3」などです 図2 。Webサイト上で音声を再生すると、文字や写真では表現できない特別な効果を出すことができますが、音声素材を使うかどうかは慎重に決めましょう。

サイトを開くと自動的に音声が再生される仕組みは、あまり歓迎されるものではありません。オフィスや共同スペースなど、音が鳴ると困る場所で閲覧する人もたくさんいるからです。音声を再生する場合は、自動的に再生は行わずに再生・停止ボタンをつける、事前に注意書きを出すなどしておくとよいでしょう。

Webサイトの素材として扱いやすい音声フォーマットは、ファイル容量の小さいmp3形式です。Apple社のiTunesをはじめ、さまざまなアプリケーションでmp3形式のファイルを簡単に作成することができます。

音声素材が高音質だったり再生時間が長いと、ファイルサイズが大きくなり、Webページの読み込みや音声を再生するのに時間がかかります。インタビューのような長い音声は適切な箇所でファイルを分割する、音質を落としてファイルサイズを小さくするなどの工夫をしましょう。また、他人が作成した映像や音声を使用するときは、必ず著作権にも注意しましょう。

WHY?: 映像と音声の著作権

市販されているDVDの映像や、CDの音声をコンピューターに取り込んでWebサイトに掲載するのは、著作権者の許可を得ていない場合は違法となります。また、自分で作成した映像・音声素材を使用する分には問題ありませんが、素材として配布されていたものを使用するときはライセンスを十分に確認しましょう。(208ページ、Lesson5-02 参照)

図2 音声素材のフォーマット

Webサイトで主に扱うことのできる音声素材のフォーマット

SUMMARY まとめ

[1] 映像をさまざまな環境で表示するにはYouTubeなどの動画投稿サイトを利用するとよい

[2] 音声素材はファイルサイズの小さいmp3形式が一般的

[3] 他人の素材を利用する場合には著作権に注意する

無料で利用できる素材サイト

写真やイラストなどを、商用利用な可能な素材として提供しているWebサイトも数多くあります。Web制作の現場では、オリジナルで撮影した写真や専用に描きおこしたイラスト以外にも、こうした素材サイトにある写真やイラストを加工したり、デザインの一部に使ったりすることは広く行われています。

ここでは、商用での利用を許可しており、加工や編集が可能な素材を無料で提供しているサイトを「画像」「イラスト」「アイコン」のジャンル別に紹介します。

写真の素材サイトとしておすすめなのが「Pixabay」です 図1 。会員登録が不要で1,900万点以上の高品質な画像（写真、イラスト）をダウンロードできます。写真は海外の被写体を撮影したものも多い印象です。

イラストの素材サイトとしておすすめなのが「イラストAC」です 図2 。約130万点のイラスト素材が提供されて

おり、無料の会員登録が必要になります。さまざまなジャンル・タッチのイラストが揃っているほか、ベクター形式のデータがダウンロード可能なものもあり、加工を行いやすいのも魅力的です。

アイコンの素材サイトとしておすすめなのが「icooon-mono」です 図3 。会員登録が不要で、6,000個以上のアイコンを提供しています。ジャンルだけでも16個あり、幅広いニーズに応えてくれます。サイト上でアイコンの色を変更できるほか、JPEG・PNG形式以外にSVG形式のデータも用意されています。

なお、商用利用が無料で許可されている写真・イラストも著作権そのものは制作者にあります。利用規約の範囲内であれば、個別の許可がなくても使用可能ですが、サイトや素材によって細かい利用規約は異なりますので、必ず利用規約に従って使用しましょう。

図1 Pixabay

高解像度の写真・イラストのほかに、動画素材も提供している
https://pixabay.com/ja/

図2 イラストAC

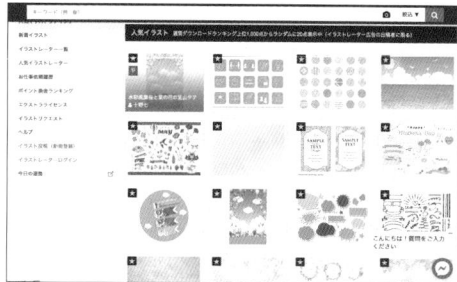

サイトを通じて、オリジナルのイラスト制作を依頼することもできる
https://www.ac-illust.com/

図3 icooon-mono

汎用性の高いアイコン素材が豊富で、印刷物のデザインにも利用しやすい
https://icooon-mono.com/

6

——

Lesson

Webサイトを
表現する色

魅力的なWebサイトをデザインするには、
「色」についての知識が欠かせません。
Webデザインで使う色や配色の基礎知識を
身につけましょう。

01 カラーモードの違い

コンピューターで色を取り扱う際、ただやみくもに色を指定しては、意図した通りの色で表現されないこともあります。
色の概念をしっかりと理解して、Webサイト制作に活かしましょう。

THEME テーマ	▶ カラーモードとは
	▶ RGBとCMYKの違い
	▶ 環境によって違う色の見え方

▶ カラーモードとは

　Webサイトの色の説明に入る前に、まず「カラーモード」について理解しましょう。カラーモードとは色を表現する方式のことです。コンピューターで取り扱うカラーモードはいくつか種類がありますが、代表的なものが「RGB」、「CMYK」です 図1 。

　RGBとは、光の三原色であるレッド（Red：赤）、グリーン（Green：緑）、ブルー（Blue：青）の頭文字による略称で、コンピューターで使用するディスプレイなどの機器で利用される❶ほか、デジタルカメラで撮影した写真データなどにも利用されています。CMYKは印刷で利用されているカラーモードで、シアン（Cyan：藍）、マゼンタ（Magenta：紅）、イエロー（Yellow：黄）に加えて、ブラック（Black：黒）の4つで色を表現するものです。

❗ *POINT_*
Webサイトは、音声読み上げブラウザなどを除くと、コンピューターやスマートフォンなどのディスプレイに表示させて閲覧するものです。そのため、Webサイトの画像素材は、すべてRGBのカラーモードのものになります。

図1 **RGBとCMYK**

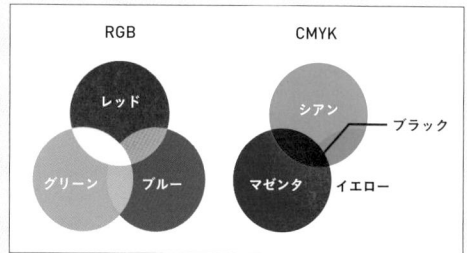

RGBとCMYKは、コンピューターで取り扱う代表的なカラーモード

図2 **RGBによる白と黒の表現**

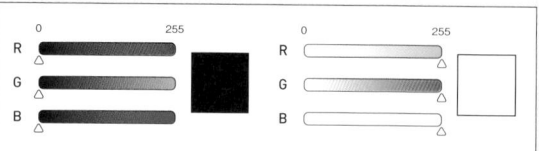

RGB（レッド、グリーン、ブルー）すべての値が0のとき黒となり、すべての値が255（最大値）のとき白となる

❗ POINT_

RGBではレッド、グリーン、ブルーの3色の光を掛け合わせてさまざまな色を表現します。R、G、Bそれぞれを数値で表すことができ、0から255までの256段階の明るさで色を表現できます。0が最も暗く、255が最も明るい状態となります。また、R、G、Bのすべてを同じ値にすると、グレー（無彩色）になります。数値が小さいほど暗いグレーに、数値が大きいほど明るいグレーになります 図3 。

Word 無彩色

無彩色とは、白、灰色、黒を指す。彩度のない色のことをいう。

✐ MEMO_

RGBが0から255までの数値で表されるのに対して、CMYKは0から100までの数値で表されます。

***WHY?:* 再現される色は環境で変わる**

ディスプレイ画面で表示される色には、コンピューターの種類やメーカー、設定など、個々の環境により差があります。ユーザーの環境に大きく依存するということは、すべての環境で完全に同じものを見せるのは物理的に不可能ということになります。

RGBはコンピューターのディスプレイの発光を利用して色を表現（加法混色）します。「値が低い＝発光していない状態」では色は暗く、「値が高い＝最も発光させる」と色は明るくなります。RGBのすべてを最も明るい色で掛け合わせた場合は白になり、逆にすべてを最も暗い色で掛け合わせると黒になります❗ 図2 図3 。

一方、CMYKは絵の具を掛け合わせていくような表現（減法混色）です✐。CMYの3色は色を重ねるごとに色は暗くなり、3色を等量で混ぜ合わせるとグレーになります。CMYの3色の数値を最大まで上げた場合でも鈍い濃色（黒に近いグレー）までにしかならず、これを黒にするためにK（黒）を使用します。

▶ 環境によって違う色の見え方

Webサイトはコンピューターのディスプレイや携帯電話の画面などで閲覧します。しかし、これらの画面で表示される色は、その機器を製造しているメーカーやコンピューターの設定の違いなど、個々のユーザー環境に大きく依存します。すべての人が完全に同じ色で見ているかというと、実際はそうでもありません。青が赤になるといった極端な違いはありませんが、例えば同じ「赤」といっても少し暗い印象だったり、くすみがあったりと、環境ごとに発色や印象に違いがあるのです 図4 。

Webサイトを作ったあとで「色が違う」などのトラブルが発生するケースもあるため、あらかじめ基準となる環境や条件を決めておくとよいでしょう。

図3 RGBでのグレー（無彩色）の表現

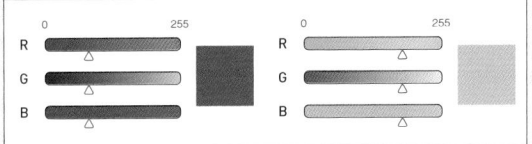

RGB（レッド、グリーン、ブルー）すべてを同じ値にするとグレー（無彩色）となる

図4 ディスプレイで表示される色

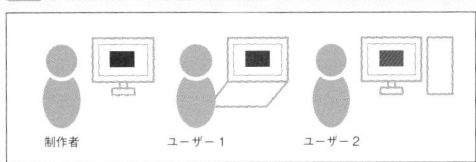

同じ色であっても、ユーザーの環境ごとに発色や印象が異なってしまう

SUMMARY まとめ

〔1〕ディスプレイ表示を目的とした場合に使うカラーモードはRGB

〔2〕印刷物を制作する場合に使用するカラーモードはCMYK

〔3〕ディスプレイや環境の設定などの個体差により、ユーザーごとに見えている色が違う

02 色の三属性

Webサイトの配色を決める際のカラーモードはRGBですが、実は配色計画を立てるのにRGBは不向きです。RGBの概念を違う角度から見ることで、まとまりのある配色ができるようになります。

THEME テーマ	▶ 色の三属性とは ▶ 色相、彩度、明度を知る ▶ PhotoshopでHSVを扱うには

▶ 色の三属性

Webサイトを作成する際、デザインのベースとなる色や組み合わせる色を設計しますが、RGBの概念ではまとまりのある配色を作りにくいことがあります。デザインとしての配色を考える場合は、色の三属性である「HSV」と呼ばれる概念を利用することで、まとまりのある配色設計が可能となります。

色の三属性とは「色相 (Hue)」、「彩度 (Saturarion)」、「明度 (Value)」のことで、「HSV色空間」とも呼ばれます❶。色相は、色味の違いの種類のことです。色相環をベースに0°〜360°の角度で表されます。0°である赤から始まり、橙、黄、黄緑、緑、青緑、青、青紫、紫、赤紫と変化し、360°＝0°で赤に戻ります。彩度は色の鮮やかさ、明度は色の明るさのことです。どちらもパーセントで表され、0〜100%の間で数値を決定します 図1 。

RGBではなくHSVで色を決定することで、「基本となる色を決めて、もう少し鮮やかに、もう少し暗く（Hを固定してSやVを調整）」といった調整や、「トーンは保持しつつ、色味を変えたい（SやVを固定、Hを調整）」といったように、RGBによる色の調整よりも直感的に配色を考えることができます。

▶ PhotoshopにおけるHSVの利用方法

画像などのグラフィックを作成する代表的なアプリケーションのPhotoshopでもHSVを扱うことができます（Photoshopでは「HSB」と表現されています）。Photoshopでは色を指定する機能やパレットがいくつかありますが、ここではカラーパネルの操

WHY?: RGBではまとまりのある色を作りにくい

RGBの場合、それぞれの数値を変えると、色相といっしょに彩度や明度も変化してしまうため、例えば「トーンを変えずに色のバリエーションを作りたい」といったことが苦手といえます。センスがよく、自分の感覚で色をコントロールできたとしても、それはあくまで雰囲気であり、理論的に裏付けされた配色とはいえません。多くのプロフェッショナルなデザイナーがHSVを用いた理論的で正確な配色を行っています。

❶ *POINT_*

HSVは、色相（Hue）、彩度（Saturation）、明度（Value）の略ですが、アプリケーションによっては、HSVのほかに「HSB」と表現されることもあります。BはBrightnessの頭文字をとったものです。

Word 色相環

色相環とは、0°の赤から、橙、黄、黄緑、緑、青緑、青、青紫、紫、赤紫色を順番に並べ、円環状にしたもの。

作方法を紹介します。

　まずは、「ウィンドウ」メニューから「カラー」を選んで、パネル
を表示します。カラーパネルの右上にあるメニューボタンをクリッ
クして、表示されるメニューから「HSB スライダー」を選択すれ
ば、HSBカラーを扱えるようになり、パネル上の「H」(色相)、「S」
(彩度)、「B」(明度)ごとにスライダーを調整して色を作ることが
できます 図2 。配色をコントロールする場合は、HSV (HSB) を
利用しましょう。

図1 HSVカラーモード

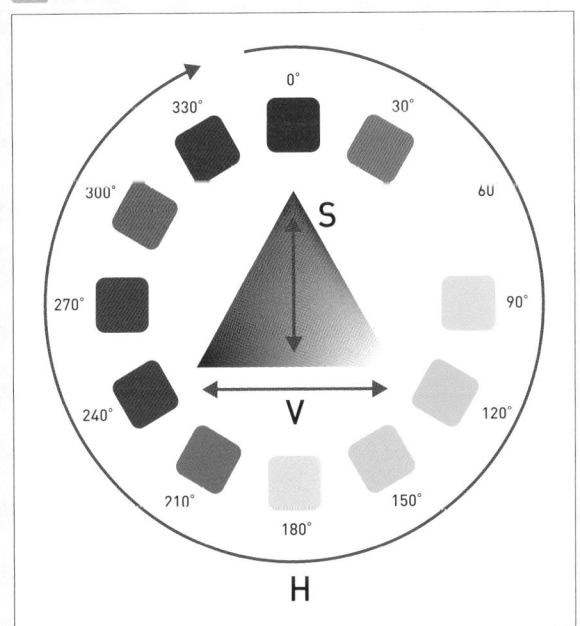

HSVカラーモードでは、H (色相) で角度を表し、
0°の赤から360°で一周する

図2 PhotoshopでのHSBカラーモード

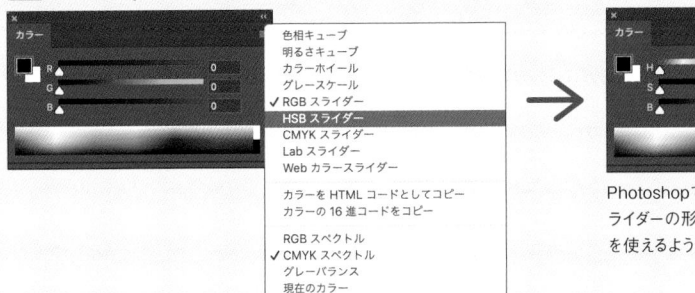

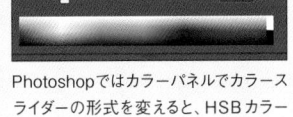

Photoshopではカラーパネルでカラース
ライダーの形式を変えると、HSBカラー
を使えるようになる

SUMMARY
まとめ

〔1〕　色の三属性は色相 (H)・彩度 (S)・明度 (V)

〔2〕　色相で色を選び、彩度と明度を調整して色を作る

〔3〕　配色のコントロールはHSVのほうが直感的

03 色指定の方法

Webサイトで色を指定する方法はいくつかありますが、ここでは最もよく利用される16進数について解説します。概念を理解すると、その数値からおおよそどのような色味なのかをイメージできるようになります。

<table>
<tr><td>THEME
テーマ</td><td>▶ Webサイトにおける色指定の方法
▶ 16進数の概念とRGBの関係
▶ 16進数で無彩色を指定するには</td></tr>
</table>

▶ Webサイトにおける色指定の方法

Webサイトで色を指定する方法には主に、「16進数（例：#ff0000）」、「カラーネーム（例：red）」、「RGB（例：255,0,0）＋透明度指定」、「HSL（例：210, 15%, 50%）＋透明度指定」の4種類があります。Webサイト制作でスタイル指定時の基本となるのが16進数です。

16進数とはRGBの表現手法のひとつであり、6桁の数値を1つのセットとして扱い、0から9までの数字とaからfまでのアルファベットの組み合わせで表現します。6桁の数値のうち、最初の2桁がR（赤）、次の2桁がG（緑）、最後の2桁がB（青）を指しており、CSSなどで使用する際は先頭に「#」（半角ハッシュ）をつけて「#ff0000」などと記述します 図1。

RGBそれぞれの3色を意識して、「青みを入れたいときは右の

MEMO_
CSS3では新たに「HSLカラー」が扱えるようになりました。HSLは「Hue（色相）」、「Saturation（彩度）」、「Lightness（輝度）」の略で、その概念はHSVカラーとよく似ています。配色の基本を色相で決定し、彩度と輝度で調整するため、16進数より直感的に指定することができます。

POINT_
16進数による値は、RGBそれぞれが00から始まり、最大はFFまで数値の幅があります。09のあとは、0A、0BとアルファベットのFまで上がったのち、10と桁が上がります。00〜FFまでで256段階の数値することができ、RGBそれぞれに256段階の組み合わせで16,777,216の色を表現することができるわけです。

図1 16進数による色の表現

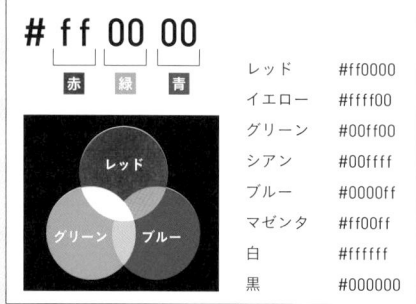

レッド	#ff0000
イエロー	#ffff00
グリーン	#00ff00
シアン	#00ffff
ブルー	#0000ff
マゼンタ	#ff00ff
白	#ffffff
黒	#000000

16進数を利用して、RGBカラーをそれぞれ掛け合わせて指定した基本的な色

図2 16進数による黒と白の表現

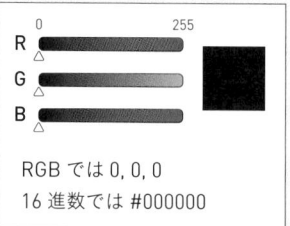
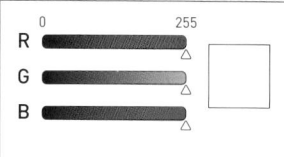

RGBでは0, 0, 0
16進数では #000000

RGBでは255, 255, 255
16進数では #ffffff

16進数では、黒は#000000、白は#ffffffとなる

2桁の数値を調整する」といったように考えるとよいでしょう。

▶ 16進数で無彩色を指定する

16進数を用いて「黒」を指定する場合は「#000000」と記述します。RGBに置き換えた場合、すべての数値が0となります。逆に白を指定するには「#ffffff」と記述します 図2 。

また、「#333333」や「#e7e7e7」といったように、RGBの値となる2桁をすべて同じ数値とすることでグレーを表現することができます。このとき、数値が小さいほど暗いグレー、大きいほど明るいグレーになります。

なお、CSSの記述においては、英字部分は大文字、小文字どちらでも使用可能です。また、RGBともに2桁の値が「66」など同じ数値の場合、1桁に省略することもできます。例えば「#6699cc」は「#69c」と記述することが可能です。

▶ RGB＋透明度を使った色指定

RGBの値で色指定を行うときは、赤・緑・青それぞれのカラーを0〜255の数値、あるいは0%〜100%のパーセンテージで、半角カンマで区切って指定します。RGBに色の透明度（alpha）の指定を加えてRGBaの値を指定することも可能です。透明度を示す値をアルファ値と呼び、0〜1までの値を「0.5」などのように指定します 図3 。透明度を使った色指定は背景画像などに組み合わせて使用すると効果的です。

WHY?: 16進数の記述方法

16進数では、英字部分を大文字、小文字のどちらで記述してもかまいません。例えば、「#ff00ff」と「#FF00FF」では同じ配色になります。また、2桁ずつ同じ数値が並ぶ場合、「#f0f」や「#F0F」のように省略形で記述することができます。ほかの人と共同作業するような場合は、CSSコードの視認性を考慮して「小文字を使用し、省略形も採用する」など事前にルールを設けておくとよいでしょう。

図3 RGBaを使った指定

```
【CSS】
h1 {
  color: rgba(255, 255, 255, 0.5);
  background: rgba(0, 0, 0, 0.65);
}
```

見出しの文字色はRGBを数値で指定し透明度50%（0.5）に、背景色はパーセンテージで指定し透明度65%（0.65）としている

SUMMARY
まとめ

〔1〕 Webサイトで扱う色指定は16進数が基本
〔2〕 RGBごとに2つずつの数値で指定する
〔3〕 グレーを表現するには2桁ずつ同じ数値を指定する

04 代表的な配色技法

見る人が好感を持つ配色には、実は配色のルールが適用されています。より好感を持ってもらい、イメージが伝わる配色をするために、配色とは何かを知り、代表的な配色パターンを把握しましょう。

THEME
テーマ

▶ 配色の基本
▶ 代表的な配色技法とは
▶ よい配色とは

▶ 思いつきで配色してはいけない

「配色」とは、色の組み合わせのことです。しかし、「なんとなく」や「きれいに見えるから」といった感覚だけに頼って色を組み合わせると、仮にまとまりのある色になったしても、よい配色とはいえません。

例えば、ある企業のWebサイトを作成する場合に、その企業のイメージカラーやコーポレートカラーがあり、またロゴマークや商品など、その企業に関連するものすべてに何かしらの色にまつわる情報や、それを連想させるようなイメージカラーがあります。こういった色を考慮することなく、ただ思いのままに配色を

WHY?: イメージに沿った配色の必要性

例えば、女性をターゲットにした「ナチュラルなテイストのカフェのWebサイト」を作成するときに、白や青を使用したとしましょう。清潔感のある配色ですが「ナチュラルなテイスト」の雰囲気は出せません。「ナチュラルなテイストが好きな女性」は、この配色の雰囲気からは、自分好みのカフェだと思うことは少ないでしょう。このようなズレを起こさせないためにも、イメージに沿った適切な配色を行う必要があります。

図1 色相を中心に考える、配色の代表的な例

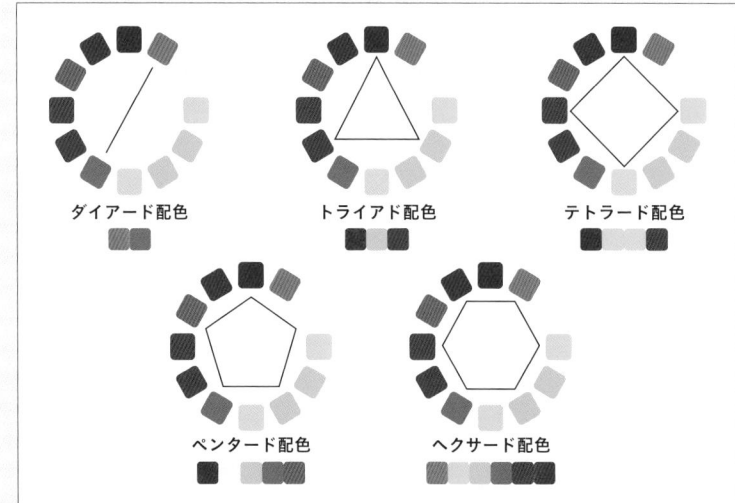

ダイアード配色　トライアド配色　テトラード配色

ペンタード配色　ヘクサード配色

行うと、本来その会社や商品の持つイメージとは異なった印象を
ユーザーに与えてしまう可能性があります。

つまり、よい配色とは、イメージやテーマをしっかりと伝える
ことのできる配色なのです。

▶ 代表的な配色技法

配色技法にはさまざまなパターンがありますが、その中でも代
表的なものを紹介しましょう。まず押さえておきたいのは、「色
相を中心に考える配色」と「トーンを中心に考える配色」です。

色相を中心に考える配色の代表的な技法として、「ダイアード
配色」、「トライアド配色」、「テトラード配色」、「ペンタード配色」、
「ヘクサード配色」があります。これらは、色相環上での配置を
もとにした配色技法です 図1 。

トーンを中心に考える配色の代表的な技法には、「ドミナント
トーン配色」、「トーンオントーン配色」があります。これらはトーン
を揃えたり、逆にトーンに差をつけたりする配色技法です 図2 。

伝えたいイメージによって、使用する配色方法は異なります。
配色の知識を身につけて、イメージを伝えられる配色ができるよ
うになりましょう。また、これらの配色技法は数ある中の一例で
す。配色の概念は非常に奥が深いので、詳細は専門書などを参
照するとよいでしょう。

Word　トーン

トーンとは、色調のこと。色相・明度・彩度のうち、
明度と彩度から決まる。

BOOK GUIDE

**配色デザイン見本帳
配色の基礎と考え方が学べるガイドブック**

配色のルールと実際の配色パター
ンを美しいグラフィックとともに掲
載。実際に配色を行う人が思い通
りの配色を作れるよう、色の基本
知識、配色のセオリー、配色の考
え方と実例の三段階で学んでいく。

DATA：伊達千代（著）
定価：2,750円
ISBN978-4-8443-6452-8
エムディエヌコーポレーション

図2 トーンを中心に考える、配色の代表的な例

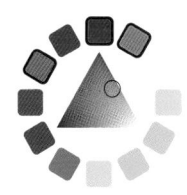

ドミナントトーン配色

トーンは同じで、
色相を変える

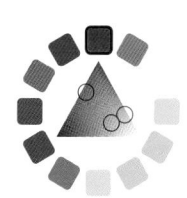

トーンオントーン配色

色相は同じで、
トーンを変える

SUMMARY
まとめ

〔1〕 配色とは、色を組み合わせること
〔2〕 代表的な配色技法を把握する
〔3〕 イメージに沿った配色を心がける

配色に困ったときはどうする？

　Webサイトの配色に困ったときは、配置する素材（例えば写真やロゴマークなど）で使われている色を拾って配色を行ってみましょう。

　しかし、必ずしも写真やロゴマークなどの素材があるとは限りません。その場合は、インターネット上の配色に役立つツールを利用しましょう。インターネット上の配色ツールで、扱いやすくオススメなものは「Adobe Color CC」図1と「Color Picker」図2です。

　Adobe Color CCは、配色パターンを作成・公開するためのツールです。アドビ システムズが無料で使えるツールとして提供しています。単に配色パターンを作成するだけではなく、画像からカラーを抽出し、カラーパレットと

して保存したり、画像からグラデーションを抽出し、カラーグラデーションとして保存することもできます。

　Color PickerもAdobe Color CCと同様のサービスです。こちらは指定した配色をイラストやグラデーションに用いた場合の見た目も確認できるので、使用イメージをより具体的に想像しながら配色パターンを作成できます。

　ほかにもさまざまな配色ツールがありますので、実際に使ってみて自分が使いやすいと感じたものを利用するとよいでしょう。こういったインターネット上の配色ツールを利用するのもひとつの手です。

図1 Adobe Color CC

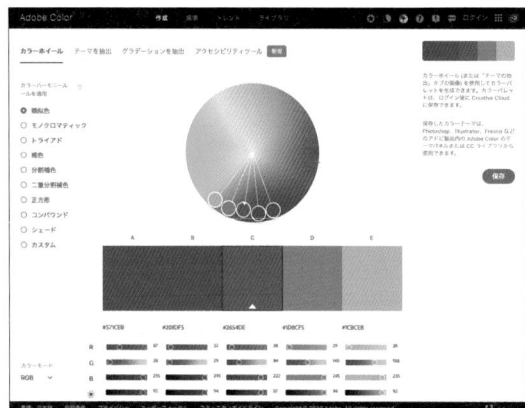

https://color.adobe.com/ja/

図2 Color Picker — A handy design tool from Color Supply

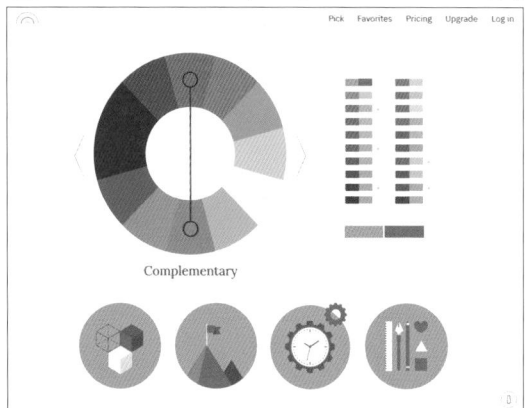

https://colorsupplyyy.com/app/

7

___

Lesson

Webサイトを
公開する

Webサイトのすべてのデータができ上がったら、
公開準備に入ります。
公開前に必ずやっておくべきこと、
公開までに必要な手順を紹介します。

01 ホスティングサービスの 種類と選び方

Webサイトをインターネット上に公開するには、作成したデータを置くための領域（サーバー）と表示するための住所（URL）が必要です。この2つが組み合わさって、はじめてWebサイトを公開できます。

THEME テーマ	▶ ホスティングサービスにはどんなものがあるか ▶ ホスティングサービスの選び方 ▶ 独自ドメインとサブドメイン

▶ ホスティングサービスの種類

　Webサイトを公開するには、サーバーの領域を借りる契約をして、そこにデータを置きます。サーバーの領域を貸してくれるサービスを「ホスティングサービス」といい❶、大きく分けて「共有ホスティング」と「専有ホスティング」の2種類があります 図1 。

　共有ホスティングは、1つのサーバーを複数のユーザーで利用します。家に例えると集合住宅であり、部屋を間借りするため家賃も安く、管理人がメンテナンスを行ってくれます。月額利用料金は、安ければ数百円、高くても数千円程度が一般的です。ホスティングサービス会社によっては、サーバー・プログラムのバージョンやサーバーのスペックが異なります。

　専有ホスティングは、1つのサーバーを独占的に利用します。家に例えると家一軒を丸ごと借りるようなもので、共有ホスティングに比べて家賃も高く、専属の管理人がいないためメンテナンスも自分で行う必要があります。複雑なプログラムや大規模なWebサイトの運営に向いています。

　Webサイトを運営するには、サーバー管理に関する高度な知識を必要としない共有ホスティングを選ぶのが一般的です。

▶ ホスティングサービス提供会社の選び方

　さまざまなホスティングサービス会社がありますが、高機能で値段が高ければいいというわけではありません。運営するWebサイトに見合った規模の予算で選択することが大切です。そして、Webサイトを効率よく制作・運営するために必要な機能があるかどうかも選択基準のひとつです。

WHY?: サーバーを借りる理由

専門知識があれば、自宅などの手元にあるコンピューターをサーバーとして使用することができます。しかし、自分でサーバーを運営するには、その環境のすべてを管理する必要があります。常にインターネットに接続していなければならないことや、セキュリティにも配慮をする必要があるわけです。個人サイトを作り、自分で実験的にサーバーを管理・運営するのなら話が違いますが、大勢の人に情報を発信する企業サイトなどであれば、サーバー環境はセキュリティ面を第一に考えなければなりません。サーバーは独自で運営するより、ホスティングサービスを提供している専門の会社と契約して、借りるほうが現実的といえるでしょう。

❶ **POINT_**
代表的なホスティングサービスには、安価で人気の「ロリポップ！」、「ヘテムル」、「さくらインターネット」や、ブランドの信頼性がある「CPI（KDDI）」、「OCN（NTT）」、「アルファメール（大塚商会）」などがあります。

Word コントロールパネル

サーバーのコントロールパネルは、さまざまな機能を管理するためのメニューをまとめた画面のこと。メールアドレスの追加や、データベースやドメインの設定、利用状況の確認などができる。

Word サブドメイン／独自ドメイン

ドメイン（独自ドメイン）をより小さく分類・識別するためのドメイン名をサブドメインと呼ぶ。独自ドメイン「○○.com」を例にすると「magicalremix.○○.com」のように、サブドメインは「○○.com」の手前に任意の文字列をつける。「○○.com」をドメイン名として使いたくない場合には、別途独自ドメインを取得する必要がある。12ページ、Lesson1-02も参照。

📝 *MEMO_*

独自ドメインのメリットはいくつかありますが、代表的なものは「信頼感」です。例えば「co.jp」のドメインは、日本国内に登記のある企業しか登録できません。また、1つの組織につき、1つのドメインしか登録できません。このことが、日本企業が持つ安心感や信頼感など、ポジティブなブランドイメージにつながります。co.jp以外でも、企業の名前やサービス名をドメインに使うことで、認知度も向上します。独自ドメインでのメールアドレスを自由に増やすことができるのも、大きなメリットのひとつです。

❗ *POINT_*

ドメインは「co.jp」、「jp」、「com」などたくさんの種類があり、取得費・維持費もさまざまです。年間の維持費は、安いものだと1,000円前後です。ブランディングのためには、独自ドメインを利用するとよいでしょう。

また、使いやすいコントロールパネルが提供されていることも重要なポイントです。クライアントからメールアドレスを追加したいというような要望があったときに、コントロールパネルが使いやすければクライアント側で作業することもできます。

ホスティングサービスは、一定期間無料で試用できることが多いので、まずは登録して実際に使ってみましょう。最終的には、自分が使いやすいと感じたものを選ぶとよいでしょう。

▶ **独自ドメインについて**

ホスティングサービスを契約する際、多くの場合、同時に「サブドメイン」、または「独自ドメイン」を申し込みます。サブドメインは、ホスティングサービス会社が契約と同時に提供している場合がほとんどです。例えば、ホスティングサービス会社の「ヘテムル」の場合は「magicalremix.heteml.jp」といったように「heteml.jp」の前に希望する名前（サブドメイン名）が割り当てられます。これに対して独自ドメインは、別料金で契約するケースがほとんどです。

もちろん、サブドメインでWebサイトを運用しても問題はありません。しかし、他社名が入ったサブドメインに比べて、独自ドメインを利用すると信用度が高まり、URLやメールアドレスを自由に設定できるといったメリットもあります📝❗。

図1 ホスティングの種類と特徴

共有ホスティング
・集合住宅に例えられる
・間借りをしているから安い
・管理人がメンテナンスする

専有ホスティング
・一軒家に例えられる
・独占使用だから高い
・自分でメンテナンスする

SUMMARY
まとめ

〔1〕 ホスティングサービスは、主に共有と専有の2種類がある
〔2〕 ホスティングサービスは目的や予算に合わせて選ぶ
〔3〕 ブランディング効果を狙うなら独自ドメインがよい

02 Webサイトの公開前に確認すること

作成したWebサイトのデータをサーバーにアップロードする前に、もう一度データのチェックを行いましょう。完璧なつもりでも、思わぬところにミスがあるものです。本番環境で公開する前に、しっかり確認しましょう。

THEME
テーマ

▶ Web制作で気づかずにやりがちなミスとは
▶ 公開する前に確認すること
▶ デモサイトでチェックする理由

▶公開する前に見直すこと

Webサイトを公開する前に、まずはファイルやフォルダの名前が半角英数字になっているかを確認しましょう。全角や日本語（かな・漢字など）になっていると、自分のコンピューターでは表示されても、多くのサーバーでは表示できません。

次に、ファイル拡張子を確認しましょう。コンピューターの設定でファイル拡張子が非表示になっている場合がありますが、必ず表示する設定にしましょう 図1 図2 。常に拡張子を確認できる状態にしておくと、リンク切れやファイル拡張子の取り違いによるミスが減少します。

さらに、ページ間のリンクがすべて切れていないかも確認しましょう。Webサイト作成の専用アプリケーションで、「アプリケーションに任せて、マウス操作でリンクの自動設定をした」ような

WHY?: サーバーで表示できない文字

サーバーのOSの種類にもよりますが、ほとんどのサーバーは半角英数字以外のファイル名に対応していません。そのため、ファイルやフォルダの名前を全角の文字にしてしまうと、Webブラウザでは表示できません。また、スペースや＆などもファイル名として不適切です。ファイルに名前をつける際には、十分注意しましょう。

図1 Macで拡張子を表示する設定

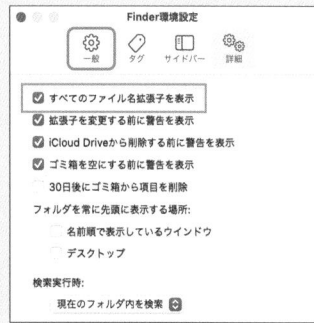

Finder環境設定画面で「すべてのファイル名拡張子を表示」をチェックする

図2 Windowsで拡張子を表示する設定

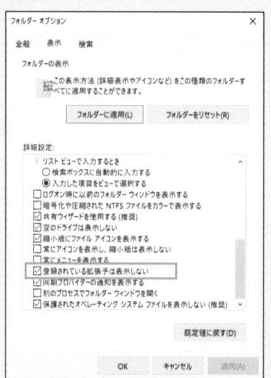

フォルダーオプション画面で「登録されている拡張子は表示しない」のチェックをはずす

CHECK_
88 ページ、Lesson3-15 参照。

ケースでは、リンクのパス●がそのコンピューター上から見た絶対パス指定になっていることが多々あります 図3。この場合、本番サーバー上でリンクをクリックしても該当のページが表示されません。リンクはクリックによる確認だけでなく、パスが正しく指定されているかHTMLのソースもきちんと確認しましょう。

最後に、文章を見直しましょう。クライアントのWebサイトの場合は、ミスを発見してもあとから簡単に修正できないことがあり、そもそもこういったミスは許されないことです。内容に間違いがないか、公開前にしっかり確認しましょう。

▶ デモサイトでチェックする

Webサイトを本番公開する前に、本番と近い環境を想定したサーバーを別に用意します。そこにWebサイトのデータをアップロードし、動作をテスト的に確認する方法があります。このような環境を「デモサーバー」や「デモサイト」といいます。デモとはいえ、実際にサーバーの中でWebサイトを動かしますので、CGIやPHPなどのプログラムの動作チェックやリンク切れがないかなどの動作検証に利用します。

デモサイトが本番環境と同じものであれば問題はありませんが、費用や設定の関係で、必ずしも本番の環境と同じサーバーを使用できるとは限りません。プログラムが、デモサイトでは問題なく動作していても、本番環境のサーバーでは動かない、ということもあります。プログラムの動作検証は、最終的には実際に使用するサーバーでもチェックするようにしましょう。

Word デモサイト
デモは「デモンストレーション」を略したもので、「実演」という意味がある。デモサイトは、作成したWebサイトを実演して見せるためのものをいう。デモサイトを本番サーバーと同じ環境にして、プログラムの動作なども含めて検証する場合、「テストサーバー」や「テスト環境」と呼ぶこともある。

図3 アプリケーションで自動設定したリンク

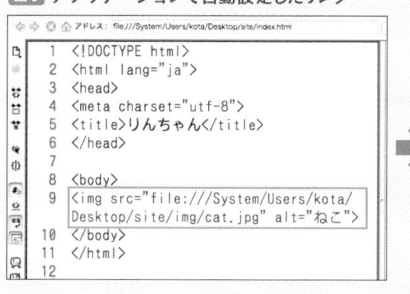

アプリケーションによってはリンクが「file:///System…」のような、そのコンピューター上の絶対パス指定になることがある。ローカル環境できちんと表示されても、本番環境では画像が表示されないため、パスを正しく記述し直す

SUMMARY まとめ

〔1〕 ファイル、フォルダ名は半角英数字を使用する
〔2〕 拡張子とリンク、文章も念入りにチェックする
〔3〕 本番環境の前に、デモサイトで確認する

03 Webサイトの品質を確認する

HTMLとCSSのソースコードが、知らず知らずのうちに間違っていることは多々あります。記述ミスを目視で探すのは大変ですが、バリデーションサービスを利用すれば手軽、かつ確実に確認することができます。

> THEME
> テーマ
>
> ▶ HTMLやCSSの正しいルール
> ▶ HTMLやCSSの間違いを見つけるには
> ▶ バリデーションサービスの利点

▶ 正しいHTML、CSS

HTMLやCSSには厳密な文法のルール（要素の記述順や使ってはいけない要素など）が存在します。正しい文法とは、W3Cのルールに則って記述することです。正しい文法で記述すると、コンピューターや検索エンジンに対して適切に情報を知らせる❶ことができ、検索結果での表示順位にも少なからず影響します。

例えばHTML5では、center要素やs要素は非推奨です。また、strong要素の中にp要素を書くことはできません。非推奨の要素を使ってしまったり、要素の記述の順番がおかしいと、W3Cのルールに則っていないということになります。

CSSにおいては、セレクタ、プロパティ、値のスペルミスは明らかな誤りです。また、「behavior」というプロパティが存在しますが、これはInternet Explorer（IE）独自のプロパティで、非推奨となっています。

このようなルールを理解していたとしても、HTMLとCSSの記述が正しいかどうかを、目視（目で読むこと）で確認するのは現実的ではありません。HTMLとCSSの記述をチェックするには、バリデーションサービスを利用します。バリデーションサービスは、文法上の間違いや記述のミスを指摘してくれるものです。

Word 検索エンジン

インターネット上で公開されている情報を収集して、キーワードなどを使用して検索できるようにしているWebサイトのこと。代表的なものに、GoogleやYahoo! JAPANがある。サーチエンジンとも呼ばれる。

❶ POINT_

HTMLの文法が守られていない場合でも、WebブラウザではHTMLの表示そのものは行われます。

Word バリデーション（validation）

バリデーションとは「検証する」という意味。HTMLとCSSの場合は、仕様に沿って記述されているか、文法に則って記述されているかを確認することを指す。

▶ バリデーションサービスを利用する

HTMLとCSSのバリデーションサービスにはいくつかの種類がありますが、代表的なものはW3Cが提供している「Markup Validation Service」図1と「CSS Validation Service」図2です。それぞれに検証したいWebサイトのURLを入力するか、ま

たはファイルをアップロードすることでバリデーションが可能です。ソースコードの文法的な間違いなどは見た目からはわかりません。作成したページが表示上は問題なくてもバリデーションサービスを使って確認するようにしましょう。

バリデーションを行うと、間違いがある部分はどこがどう違うかがエラーとして表示されます 図3。エラーがあった場合は必ず直しましょう。

WHY?: CSSハックは多用しない

バリデーションを行うことにより、さまざまなミスを見つけることができます。例えばタグの入れ子が崩れていたり、親子関係で利用できないタグの利用など、目視ではなかなか判断できないものも指摘してくれます。最近のWebブラウザはこういったエラーもある程度吸収して問題なく表示してくれるものですが、本来の品質確保の観点からは、やはりきちんと訂正すべきです。

図1 HTMLバリデータ

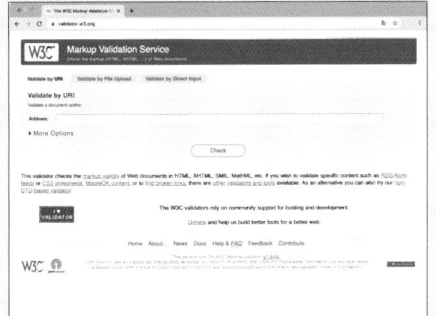

W3Cが提供している「Markup Validation Service」サイト（https://validator.w3.org/）。URL指定、データアップロード、データの直接入力などによりHTMLコードのバリデーションを行ってくれる

図2 CSSバリデータ

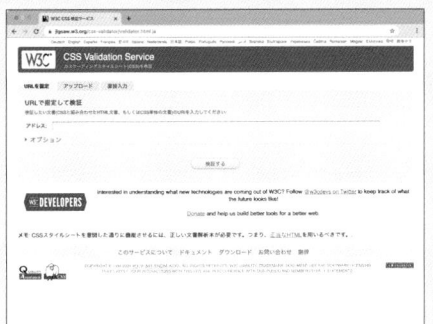

W3Cが提供している「CSS Validation Service」サイト（https://jigsaw.w3.org/css-validator/validator.html.ja）。URL指定、データアップロード、データの直接入力などによりCSSコードのバリデーションを行う

図3 バリデータでのエラー表示

Markup Validation Serviceでは、HTMLコードに記述ミスなどがあった場合、エラーとして該当箇所およびエラー内容を表示する

SUMMARY まとめ

〔1〕 HTMLとCSSは文法を守って記述する
〔2〕 HTMLとCSSはバリデーションを行いエラーをチェックする
〔3〕 バリデーションエラーがある場合は必ず修正する

Lesson 7

04 ローカル環境で Webサイトをチェックする

CGIやPHPなどのプログラムは、通常ローカル環境では動作しません。ローカル環境をサーバーのように動かすアプリケーションをインストールすることで、ローカル環境でプログラムを動作させることができます。

THEME
テーマ

▶ ローカル環境とサーバー環境
▶ ローカル環境でプログラムを動かすには
▶ XAMPPの使い方

▶ プログラムをローカル環境で実行する

　Webサイト制作に利用しているMacなど、手元にあるコンピューターの環境を「ローカル環境」といいます。ローカル環境はサーバー環境とは異なり、そのままではCGIやPHPなどのプログラムを実行することができません。プログラムを使用したWebサイトの動作をローカル環境で確認するには、ローカル環境でもプログラムが動くようにする必要があります。

　ローカル環境でもプログラムを動作させるには、WAMPやMAMPと呼ばれる、コンピューターをサーバー化するアプリケーション群をインストールします。

　しかし、これらのアプリケーションを一つひとつコンピューターにインストールするのは手間もかかり、初心者には難しく感じられるものです。そこで、必要なものがワンセットになったアプリ

Word CGI
100 ページ、Lesson3-20 参照。

Word PHP
22 ページ、Lesson1-07 参照。

WHY?: WAMPやMAMPとは？

WAMPとMAMPは、プログラムを含むWebサイトの構築に適したアプリケーション群のことです。WAMPはWindows、Apache、MySQL、PHPの略称です。MAMPはMacintosh、Apache、MySQL、PHPの略称です。もともとはLinux、Apache、MySQL、Perl、PHP、Pythonの頭文字を取った「LAMP」という言葉があり、WAMPとMAMPはそこからの派生です。

図1 XAMPPのダウンロードページ

使用しているOSに応じてデータをダウンロードする（2021年4月時点）。ここではWindows向けXAMPPをダウンロードした https://www.apachefriends.org/jp/download.html

図2 XAMPPのコントロールパネル

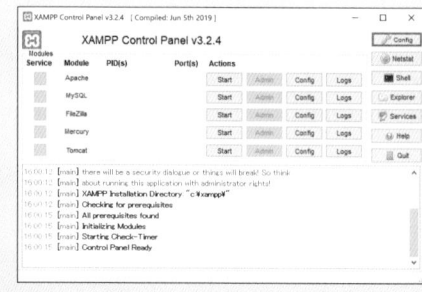

起動したいアプリケーションの横にある「Start」をクリックする

ケーションをインストールすることで、サーバー環境を手軽に構築することができます。ここでは、Windows向けの「XAMPP」を使用する手順を紹介します。

▶ XAMPPをインストールしてみよう

まず、XAMPPを配布しているWebサイト（2021年4月現在）にアクセスします。XAMPP公式サイトのトップページに最新版のダウンロードリンクがあります。「Windows向けXAMPP」をクリックしてダウンロードしましょう 図1 。ダウンロード後、ファイルをダブルクリックしてインストールを行います。

インストールが完了したら、XAMPP Control Panelを起動し、プログラムに関係しているアプリケーションの「Start」をクリックして、必要な環境を起動します 図2 。

次にWebサイトのデータを、プログラムが動く専用のフォルダにコピーします。コントロールパネルの「Explorer」ボタンをクリックして、XAMPPのディレクトリ一覧を表示します 図3 。この中の「htdocs」フォルダの中に、作成したWebサイトのデータをコピーします。

最後に、Webブラウザで見てみましょう。Webブラウザのアドレスバーに、「http://localhost/○○○」（○○○はコピーしたWebサイトのフォルダ名）と入力すると、「htdocs」フォルダに入れたWebサイトのデータが表示されます 図4 。ローカル環境で、プログラムの動作を確認してみましょう。

図3 XAMPPのディレクトリ一覧

「htdocs」フォルダにWebサイトのデータをコピーする

図4 ブラウザで動作確認

Webブラウザで「http://localhost/○○○」にアクセスし、「htdocs」フォルダにコピーしたWebサイトのデータを表示する

SUMMARY まとめ

〔1〕 ローカルPCにWebサーバー環境を構築する
〔2〕 XAMPPを利用してサーバー環境を手軽に構築できる
〔3〕 XAMPPによりローカルでもプログラムの動作確認が行える

05 サーバーとクライアントの関係

Webサイトを制作するにあたっては、サーバーとクライアントについての理解が欠かせません。それぞれの意味するものと、サーバーとクライアントがどういう関係にあるのかを見てみましょう。

> **THEME**
> テーマ
> ▶ サーバーとはどんなもの？
> ▶ クライアントとは何を指すのか
> ▶ サーバーとクライアントの関係

▶ サーバーとクライアント

Webサイトを公開するには、Webサイト専用のコンピューターにデータをコピーする必要があります。この専用コンピューターのことを「サーバー」といいます ▶。サーバーには、HTMLや画像ファイル、CGIやPHPなどのプログラムファイルをコピーします 図1。このサーバーのことを通常、「Webサーバー」と呼びます。Webサーバー以外にも「メールサーバー」や「データベースサーバー」など、さまざまな種類のサーバーがあり、それぞれの役割に適したアプリケーションがインストールされています。

一方、Webサイトを閲覧するユーザーは、ほしい情報をサーバーに要求します。この「要求をしたり」、「要求した結果を受け

CHECK_
236ページ、Lesson7-01参照。

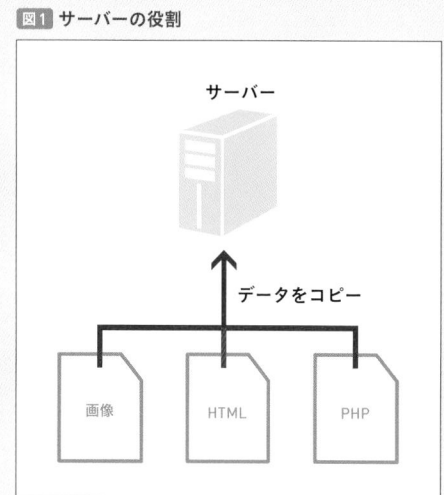

図1 サーバーの役割

サーバー

データをコピー

画像　HTML　PHP

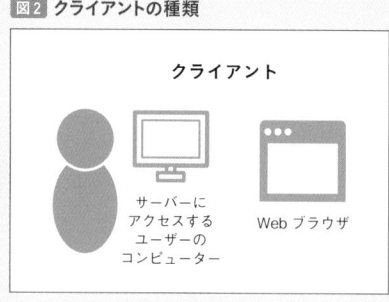

図2 クライアントの種類

クライアント

サーバーに
アクセスする
ユーザーの
コンピューター

Webブラウザ

WHY?: サーバーとクライアント

Webサイトを表示するにあたって、コンピューターは「サービスを提供する側のサーバー」と「サービスを受ける側のクライアント」に分かれていますが、これはコンピューターをそれぞれサーバーやクライアントにするためのアプリケーションがインストールされているためです。つまり、サーバーとクライアントのアプリケーション同士が通信して、Webサイトを表示させているのです（12ページ、Lesson1-02参照）。

Word リクエスト

13ページ、Lesson1-02参照。

Word レスポンス

13ページ、Lesson1-02参照。

POINT_
URLには「http」から始めるものと「https」から始めるものがあります。httpは「Hyper Text Transfer Protocol」の略で、HTMLをはじめとしたWebコンテンツの通信に用いられているプロトコルです。httpはその通信内容が暗号化されておらず内容を傍受しようと思えば可能です。通信内容を暗号化するためには、httpsという暗号化されたhttp接続を利用する必要があります。最新のブラウザでは、http接続を使ってサイトにアクセスするといったん「通信が安全ではない」という画面を表示するようになっています。そのため、サーバー側でも適切にhttps接続可能なように設定を変更する必要があるでしょう。

とる」のが「クライアント」です。つまり、サーバーにアクセスするユーザーのコンピューターや、Webブラウザがクライアントに該当します 図2 。Webサイトの表示において、サーバーとクライアントがどのような関係にあるのか見てみましょう。

▶ リクエストとレスポンス

サーバーとクライアントの関係を示したのが 図3 です。

「リクエスト」とは、ユーザーがキーボードなどから入力した情報をサーバーに送信することです。例えば、GoogleやYahoo! JAPANなどの検索エンジンで、知りたい情報についてのキーワードを入力して「検索」ボタンを押すことや、WebサイトのURLを直接入力してWebサイトをWebブラウザに表示させるように要求することがリクエストに該当します。

「レスポンス」とは、リクエストされた情報をクライアントに返答することです。例えば、「検索」ボタンを押したあとに検索結果が表示されること、そして検索結果から選択したWebサイトが表示されることがレスポンスに該当します。

Webサイトは、Webブラウザなどのクライアントで検索キーワードやURLの入力❶によってサーバーにリクエストをし、サーバーがクライアントにレスポンスをすることで、Webブラウザに表示されています。

図3 サーバーとクライアントの関係

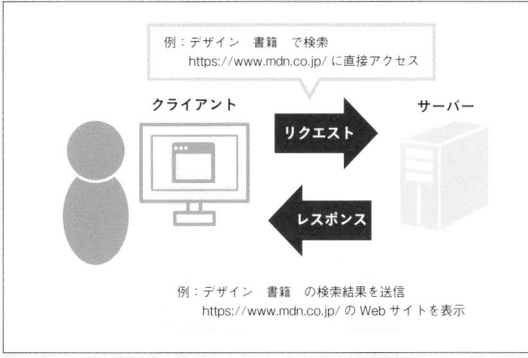

ユーザーはクライアントを通じて情報送信要求などのリクエストを出し、サーバーはクライアントからのリクエストに対するレスポンスとして適正な情報を送信する

SUMMARY まとめ

〔1〕 WebサーバーはWebサイトのデータを置く場所
〔2〕 クライアントはユーザーのコンピューターやWebブラウザ
〔3〕 クライアントはリクエスト、サーバーはレスポンスする

06 制作したWebデータの 送信に利用するFTP

作成したWebサイトのデータをサーバーにコピーするには、FTPという通信方式を使ってデータを転送します。
FTPとはどんなものなのか、FTP通信を行うにはどうすればいいのかを見ていきましょう。

**THEME
テーマ**

▶ FTPを行うには
▶ FTPのセキュリティについて
▶ 安全なFTP通信を行うには

▶ Webサイトのデータを転送するために行うFTP

「FTP（File Transfer Protocol）」は、データを転送するための通信方式のひとつです。作成したWebサイトのデータをサーバーにコピーするための代表的な方法で、最も普及している通信方式です。自分のコンピューターのデータをサーバーにコピーすることを「アップロード」または「PUT」、サーバーのデータを自分のコンピューターにコピーすることを「ダウンロード」または「GET」といいます 図1。

FTPによる通信は、昔は「コマンド」という方法で行われていました。実際に現在も使われており、Windowsでは「コマンドプロンプト」、Macでは「ターミナル」などのアプリケーションを使用します。しかし、初心者などコマンドに慣れていない方にとっては難しく感じられるものです。

そういった方は、マウスやキーボード操作によるGUI操作で簡単にFTP通信が行える「FTPクライアント」が便利です。FTPクライアントとは、FTP通信でサーバーに接続して、ファイルのアップロードやダウンロードを行うアプリケーションです 図2。

▶ Webサイトのデータを安全にアップロードするには

FTPは長年使用されてきた通信方式ですが、セキュリティ上の問題を抱えています。コンピューターがサーバーにログインする際にやり取りするユーザー名やパスワードなどの情報が、暗号化されないままサーバーに送信されるのです。これにより、第三者に情報を盗み見される可能性があります。FTPはインターネット上でよく使用される通信方式でありながら、安全性が常に問

Word コマンドプロンプト／ターミナル
どちらも、すべてキーボードから文字を入力して操作を行うための画面のことをいう。マウスでのアプリケーション操作に慣れている場合は難しく感じるが、習得すると便利にコンピューターを操作することができる。

Word GUI
コンピューターやアプリケーションを操作する際に、表示にアイコンやボタンなどの画像を多用し、マウスなどで操作するユーザーインターフェースのこと。24ページ、Lesson1-08参照。

WHY?: FTPSとSFTP

FTPSとSFTPは名前は似ていますが、まったく異なる通信方式です。FTPSは、SSLまたはTLSという技術によって送受信する内容を暗号化します。SSLやTLSは、Webサイトでクレジットカードなどの個人情報を入力する際にも、よく使用されています。SFTPは、SSHという技術を通して送受信する内容を暗号化します。SSHは、ネットワークを通してコンピューターと通信するためのもので、通信内容は常に暗号化されています。

題視されています。

そこで、「FTPS (FTP over SSL/TLS)」、または「SFTP (SSH FTP)」という、送受信内容が暗号化される通信方式を採用するケースがあります 図3 。FTPSやSFTPを利用するには、サーバーとアプリケーションがFTPSやSFTPに対応している必要があります。

安全にWebサイトを公開・運用したい場合は、サーバーを選ぶ段階で、FTPSやSFTPの通信方式に対応したホスティングサービスを提供している会社を選ぶのもひとつの手です。

図1 アップロードとダウンロード

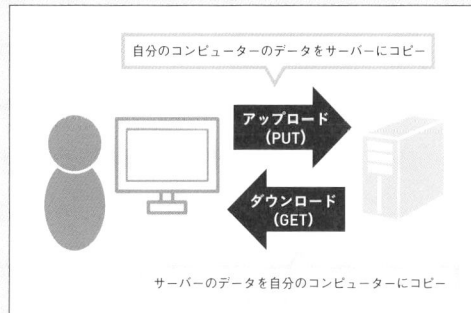

図2 代表的なFTPクライアント

アプリケーション名	Webサイト
FFFTP	https://ja.osdn.net/projects/ffftp/
Transmit	https://panic.com/jp/transmit/
NextFTP	https://www.toxsoft.com/nextttp/
Cyberduck	https://cyberduck.io/
FileZilla	https://ja.osdn.net/projects/filezilla/
Fetch	https://fetchsoftworks.com/fetch/

アプリケーション名	対応OS	価格
FFFTP	Windows	無料
Transmit	Mac	5,400円（税込）※新規購入時
NextFTP	Windows	2,728円（税込）※新規購入時
Cyberduck	Windows／Mac	無料
FileZilla	Windows／Mac	無料
Fetch	Mac	29ドル※新規購入時

図3 セキュリティのかかったFTP

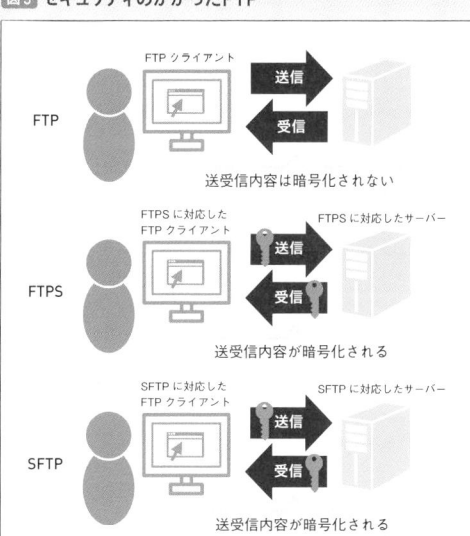

FTPは暗号化されていないが、FTPS、SFTPを利用すれば送受信内容をが暗号化し、安全にデータ通信することができる

SUMMARY まとめ

〔1〕 FTPはデータ通信方式のひとつ
〔2〕 FTPによる通信はFTPクライアントを使用して行う
〔3〕 安全にやり取りするにはFTPSやSFTPを利用する

07 FTPクライアントで データをアップロードする

前節で述べたように、WebサイトのデータをサーバーにアップロードするにはFTPクライアントを使用します。
実際にFTPクライアントを使用して、Webサイトのデータをサーバーにアップロードしてみましょう。

▶ FTPクライアント「FileZilla」

FTPクライアントにはさまざまなものがありますが、ここでは
Windows版の「FileZilla」の使用方法を紹介します。

まず、「FileZilla」をダウンロードできるサイト ❯ にアクセスし
ます。「Download FileZilla Client」ボタンをクリックし、File
Zillaの最新バージョンをダウンロードしてインストールします❗。
インストール時のメッセージは英語ですが、アプリケーションの
メニューなどは日本語で表示されます。

❯ *CHECK_*
FileZillaプロジェクト ダウンロードページ
https://filezilla-project.org/download.php
（2021年4月現在）

❗ *POINT_*
FileZillaには「FileZilla Client」、「FileZilla Pro」、
「FileZilla Server」といったようにいくつかの種類が
あります。ここで利用しているのはFileZilla Clientです。

▶ FileZillaを使用する

FileZillaを起動すると 図1 のウィンドウが表示されます。ま
ずは、データをアップロードするサーバーの設定をしましょう。

図1 FileZilla起動画面

図2 サイトマネージャー「一般」タブ画面

「一般」タブ画面でサーバーの設定を
行う

図3 サイトマネージャー「詳細」タブ画面

「詳細」タブ画面で作成したWebサイ
トのあるディレクトリを指定する

WHY?: サーバーの情報

サーバーの情報は、ホスティングサービス提供会社とサーバーのレンタル契約をした際に、電子メールや郵送で届きます。FTPの設定情報は、ホスティングサービス提供会社が設定・発行してくれる場合がほとんどですが、サーバーによっては自分でFTPアカウントやパスワードを設定・発行する必要があります。契約時の情報や提供されるマニュアルなどを事前に確認しましょう。

「ファイル」メニューから「サイトマネージャー」を選択し「新しいサイト」をクリックして、サイト名を入力します。サイトマネージャーの「一般」タブ画面でサーバーやログインの情報を入力していきます。サーバーの情報は、ホスティングサービス提供会社から事前に通知されます。「ホスト」を入力し、「プロトコル（T）：」や「暗号化（E）」はホスティングサービス提供会社から指定される設定値を選びます。ログオンタイプは「通常」にして、ユーザー名とパスワードを入力します 図2 。

　続けて「詳細」タブ画面に切り替え、「標準のローカルディレクトリー」の「参照」ボタンをクリックして、作成したWebサイトのデータがあるディレクトリ（フォルダ）を指定します 図3 。

　設定が完了したら「接続」をクリックします。サーバーに接続された旨のメッセージが出て、右側にサーバー上にあるファイルやフォルダが表示されます 図4 。左側がローカル（使用しているコンピューターの中）、右側がサーバー（リモートサイト）です。

　データをアップロードをするには、左側のローカルにあるファイルやフォルダを、右側のリモートへドラッグアンドドロップします。ファイルやフォルダが右側に表示されたら、アップロードは完了です 図5 。

　一度ファイルをサーバーにアップロードしたあと、ローカル上のファイルで修正や更新を行い、サーバー上のファイルを上書きする際には、間違って変更前の古いファイルを上書きしたりなどのミスが起こりやすいため、注意しましょう。

図4 サーバーに接続した画面

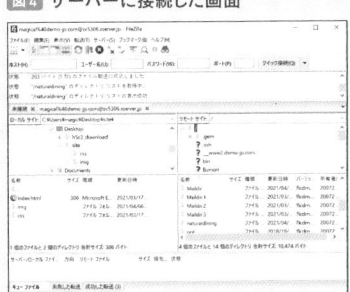

接続直後のウィンドウ。左側がローカルのディレクトリ、右側がサーバーのディレクトリ

図5 サーバーにアップロード

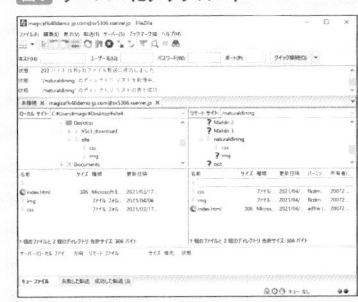

アップロードが完了すると、右側にアップロードしたファイルやフォルダが表示される

SUMMARY
まとめ

〔1〕 FTPでのアップロードには専用アプリケーションを使う
〔2〕 サーバーとローカルの設定を行ってから接続する
〔3〕 データのアップロード時、ファイルの上書きは慎重に行う

Lesson 7

08 Webブラウザで表示を確認する

FTPクライアントを利用してWebサイトのデータをアップロードしたあとは、実際にWebブラウザで確認してみましょう。Webブラウザで確認する際には、どんなことをチェックすればいいのかを紹介します。

THEME
テーマ

▶ Webブラウザで表示をチェックする理由
▶ Webブラウザで表示確認する際のポイント
▶ プログラムの動作確認

▶ なぜWebブラウザでチェックするのか

WebサイトのデータをFTPクライアントでサーバーに転送したら、実際にWebブラウザでWebサイトを表示してみましょう。その際、一般的に利用されている数種類のWebブラウザで確認するようにします。

Webサイトを閲覧するためのWebブラウザにはさまざまなものがあり、種類やバージョン、使用しているOSによって表示が異なる ▶ 場合があります。例えば、Microsoft Edgeは、Windowsに最初からインストールされていることもあり、最もよく使用されているWebブラウザです。しかしほかのWebブラと見比べたとき、表示の状態が若干異なることもあります。ブラウザごとの特性でもあるため、ここでは大きな崩れがないか、情報がきちんと読み取れるかといった観点でチェックします 図1 。

ユーザーが、どのWebブラウザを使用してWebサイトにアク

WHY?: **表示が異なる理由**

Webブラウザによって表示が異なる理由には、さまざまなものがあります。代表的なものでは、サポートしていないCSSがある、特定のCSSのプロパティの使用に関してバグがある、HTMLの解釈が異なる、などです。対象とするWebブラウザを決定して特定のバージョンには対応しないことにしたり、HTMLやCSSを調整することで、ブラウザの種類が違っても表示に大きな差が出ないようにできます。

▶ CHECK_
14ページ、Lesson1-03参照。

図1 異なるブラウザでの表示確認

 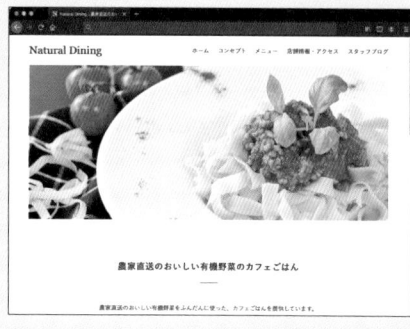

WindowsのMicrosoft EdgeとMacのFirefoxで同じWebサイトを表示する。表示崩れはないが、書体の印象が若干異なる。

250 *Lesson 7-08_* Webブラウザで表示を確認する

セスしてくるのかはわかりません。どのWebブラウザでも問題なく表示されているか、必ず確認しましょう。確認したほうがよい主要なWebブラウザとして、「Microsoft Edge」、「Firefox」、「Google Chrome」、「Safari」が挙げられます。最低限これらのWebブラウザで正常に閲覧できるようにします。

▶ Webブラウザでチェックすべき内容

本番環境のサーバーにデータをアップロードしたら、ローカル環境やデモサイトで確認を済ませたことも、改めて確認しましょう 図2 。

まず、画像が壊れていないかを確認しましょう。データをサーバーにアップロードしている途中で、データが破損することが稀にあり、破損した画像ファイルは正常には表示されません。必ずすべての画像が表示されているか、チェックしましょう。

また、文字化けをしていないかを確認しましょう。CGIやPHPなどのプログラムは、サーバーによって文字コードの扱いが異なる場合もあるため、特に気をつけましょう。

CGIやPHPなどのプログラムを確認する際は、まずプログラムが正常に動くかどうかを確認しましょう。デモ環境が本番と同じ環境やサーバーであれば問題はありませんが、違うサーバーを使用していた場合は、プログラムが動かないケースも多々あります。最終的には、本番環境のサーバーでプログラムの動作をしっかりと確認しましょう。本番環境でのチェックが完了して、はじめてWebサイトは公開できます。

図2 Webブラウザで表示して確認する主な項目

主なチェックポイント	
ページの読み込み	ページが正しく読み込めるか／読み込みスピードに問題はないか
表示	表示が崩れていないか／不要な横スクロールが出ていないか／画像が正しく表示されているか
文字・文章	文字化けを起こしていないか／指定したフォントで表示されているか／文章の誤字脱字がないか
動作確認	リンクが切れていないか／プログラムが正常に動作するか

SUMMARY
まとめ

［1］ Webブラウザによっては表示が異なる場合がある
［2］ ローカルやデモサイトで確認したことも改めて確認する
［3］ ユーザーのさまざまな閲覧環境でもWebサイトが正しく表示されるようにする

09 Webサイトデータの バージョン管理

Webサイトを制作・公開する過程では作業をチームで行ったり、運用のフェーズに入ってからも更新作業などが発生します。そのため間違いがないよう、ファイルのバージョン管理もしっかりとしておく必要があります。

THEME
テーマ
▶ ファイルのバージョンを管理するには
▶ バージョン管理システムの導入
▶ Gitを使ったバージョン管理と更新

▶ ファイルのバージョンを管理する

Webサイト制作の過程ではさまざまなファイルを制作します。HTMLやCSS、JavaScriptなどのテキストファイルを処理する機会が多く、制作途中だけでなく公開後の運用時には更新などの作業も発生することでしょう。サイト制作過程をひとりで請け負っていようがチーム単位で作業にあたっていようが、サイト内のファイルは必要に応じて修正、または変更されていきます。

そこでWebサイト制作の現場では、古くからVCS（Version Control System）というバージョン管理システムが導入されています。VCSにはいくつか種類があり、有名どころでは「Subversion」や「Git」、「Mercurial」といったものがあります。最近のWeb開発の現場では、直接コーディングやプログラミングを担当するエンジニアだけでなく、デザイナーやディレクター

WHY?: バージョン管理の必要性

1つ前の状態のファイルをいったんコピーしてバックアップして作業にあたる、という方法でも問題はありませんが、ファイルが増えれば増えるほどその作業は間違いも起こりやすくなり、複数人で作業にあたる場合は1つのファイルを同時に編集するということもできません。VCSを使うことでバージョン管理を効率的に行えます。

Word Subversion

古くから使われているバージョン管理システムのひとつ。クライアント・サーバー型のシステムで集中管理を行うもの。

Word Git

近年、エンジニアだけでなく幅広い職種でも利用者が増えているバージョン管理システム。Subversionと異なり分散型のシステムであり、ネットワークから切断されていても利用可能。

図1 「Git」のWebサイト

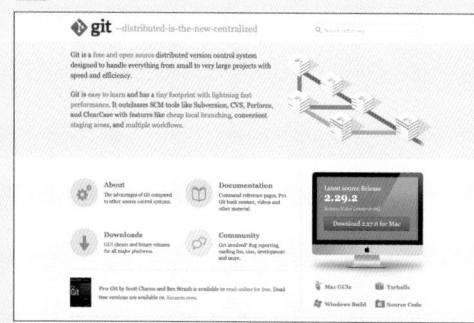

Gitは、世界中のエンジニアが利用するバージョン管理システム
https://git-scm.com/

図2 Gitで作業履歴を表示

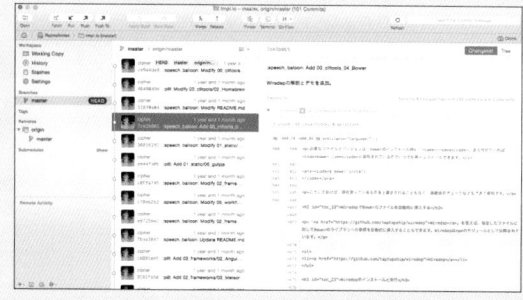

Git自体はCUIで提供されるソフトウェアだが、GUIのアプリケーションを使えば誰でも簡単に作業履歴を管理できる（画面はTowerのもの）

Word Mercurial

Gitと同じような分散型のバージョン管理システムのひとつ。

WHY?: 1つのファイルを同時に作業できる

VCSのひとつであるGitに注目が集まるのには理由があります。従来型のVCSは、中央にバージョン管理用のサーバーがありバージョンの変更履歴などはそこで管理されているため、複数人がそれぞれの手元のマシンで、同時に1つのファイルの作業を行うことが困難でした。しかしGitの場合は、変更履歴を含んだデータの集合体の全コピーを、それぞれのマシンに持った状態になるため、各自の環境において作業をして最後にそれを結合するといったことが可能になっているのです。

Word CUI

テキスト（文字、キャラクター）で操作するタイプのユーザーインターフェース。

! POINT_

Gitはコマンドプロンプト（Windows）やターミナル（Mac）などの画面からコマンドラインで操作するソフトウェアですが、GUIのアプリケーションと組み合わせて使うこともできます。
SourceTree
https://www.sourcetreeapp.com/
Tower
https://www.git-tower.com/

> CHECK_

Gitによるバージョン管理の中央サーバーを置きながら、サイトへの転送処理までを1つの場所で管理できる。
Beanstalk
https://beanstalkapp.com/

といった立場の人も巻き込んで、Gitを使ったファイルのバージョン管理を行う人たちが増えています 図1 。

▶ Gitを使ったバージョン管理

GitはCUI（キャラクター・ユーザー・インターフェース）で提供されているソフトウェアですが、「SourceTree」や「Tower」のようなGUIのアプリケーションを使って ! 利用することができます 図2 。また、Gitは基本的にテキストファイルをベースにバージョンを管理するものですが、Webの画像素材などを「Folio」のような別のソフトウェアを使って管理することも可能です 図3 。複数人で作業履歴を共有する場合は、専用のGitサーバーやサードパーティのWebサービスを使って管理するとよいでしょう。

▶ Gitを使ったサイトの更新処理

Webサイトのデータを更新する処理は先に紹介したFTPなどを使ってファイル転送するだけでなく、このGitを使ってバージョンの変更管理と同時にサイトの更新処理を行うこともできます。Gitでの作業と同時にサイトの更新処理をするためには、GitのサーバーをWebサイト上で稼働させたり、「Beanstalk >」のようなオンラインサービスを使うことでも可能です。どのファイルを更新して転送すべきなのかを確認することなく、変更分だけを転送するなど手間がかからず間違いも起きにくいので、Gitを使った更新処理も専門書などでマスターしましょう。

図3 「GitHub」のWebサイト

Gitを使ってソースコードなどを一元管理できる「GitHub」は、世界的にも利用者が多いサービスのひとつ
https://github.co.jp/

BOOK GUIDE

**Gitが、おもしろいほどわかる
基本の使い方33 改訂新版**

Gitを初めて使う人も実際の業務に取り入れやすいよう、GUIツールであるSourceTreeを使った利用方法を解説した入門書。

DATA：大串 肇　久保靖資
　　　豊沢泰尚（著）
定価：2,200円
ISBN978-4-8443-6868-7
エムディエヌコーポレーション

**SUMMARY
まとめ**

〔1〕 作業中のミスを減らすためにもバージョン管理は有効
〔2〕 Gitを使ったバージョン管理は多くの組織で採用中
〔3〕 Gitを使ってサイトそのものの更新も可能

ファイルには「アクセス権（パーミッション）」が存在する

　Webサイトで主に使用されるプログラムはPHPの、重要な設定のひとつが「パーミッション」です。パーミッションは「許可」という意味ですが、Webサイト制作においては「ファイルのアクセス権」という意味を持ちます。

　例えば、問い合わせフォームでメールを送信する際に、送信された内容をサーバーにデータベースとして蓄積していくとします。PHPプログラムは、蓄積用のファイルに書き込みをする必要があります。書き込みをするには、PHPプログラムには「実行する権限」、保存するファイルには「書き込みをするための権限」を与える必要があります。権限が正しく設定されていない場合、プログラムは動作せず、意図した通りの結果にはなりません。

　パーミッションの設定は、FTPクライアント上で個々のファイルやプログラムに対して行え、対象になるユーザーごとにアクセス権の範囲を設定できます 図1 。

　パーミッションの対象は、所有者・ユーザー（ファイルやディレクトリの所有者、FTPクライアントのユーザー）、グループ（ネットワークのグループ、同じサーバーの利用者）、その他（所有者とグループ以外、Webサイトを閲覧

する一般ユーザー）の3つに分かれます。それぞれに対して「読み込み可能」、「書き込み可能」、「実行が可能」といったアクセス権限の有無を設定できます 図2 。

　こうしたアクセス権の設定は、通常3桁の数字でも表されます。よく目にする代表的なものに、HTMLファイルや画像ファイルなどに対して使われる「644」（所有者は読み込み・書き込みができるが、グループとその他は読み込みしかできない）、データのログファイルなどに使われる「666」（所有者・グループ・その他ともに、読み込みと書き込みができる）、PHPの実行ファイルなどに使われる「755」（所有者は読み込み・書き込み・実行ができるが、グループとその他は読み込みと実行しかできない）などがあります。また、3桁の数字をアルファベットに置き換えて、「rwrr」（644に相当する）、「rwrwrw」（666に相当する）などのように指定する場合もあります 図3 。

　FTPクライアントの設定によっては、アップロードの際に自動的にパーミッションを変更してくれる場合もあります。プログラムが動かないような場合、まずはパーミッションをよく確認してみましょう。

図1 FTPクライアント「Transmit」の画面

左側にローカル環境のWebサイトデータを、右側にはサーバーにアップロードしたWebサイトのデータを表示できる

図2 パーミッションの設定パネル

ユーザー（所有者）、グループ、その他（一般ユーザー）の対象ごとに、パーミッションの範囲を設定できる

図3 パーミッションを示すアルファベットが意味するもの

アルファベット	同じ意味の数値	意味
r	4	Read、読み込みが可能
w	2	Write、書き込みが可能
x	1	eXecute、実行が可能
―	0	何もできない

指定の方法はFTPクライアントによって異なるが、数字やアルファベットの示す意味は共通している

8

Lesson

Webサイトを
運用する

Webサイトを公開したあとは、
効果を測定して改善していくことがとても重要です。
ここではWebサイトを運用する上で、
必要になることを見ていきます。

01 ソーシャルメディアと連携する

Webサイトの認知度アップや記事の閲覧数を上げるためにソーシャルメディアを利用することが一般的になりました。自サイトの対象や内容に合わせて、各種ソーシャルメディアと連携させる方法を紹介します。

THEME
テーマ

▶ Webサイトとソーシャルメディアとの連携とは
▶ ソーシャルメディアサイトにはどういうものがあるか
▶ 各種ソーシャルメディアのボタンを設置する

▶ Webサイトとソーシャルメディアを連携させる

「Twitter」図1 や「Facebook」図2 に代表されるソーシャルメディアが近年流行しています。これまでWebサイトへの集客には、検索エンジンの表示結果を最適化するSEOなどの施策が有効だとされてきました。もちろんその手法は今も健在ですが、コンテンツそのものを魅力的にして訪問数を増やそうという動きが見られます。この理由のひとつには、Webサイトを利用する人々の行動が変わってきたことが挙げられます。

従来はアクセス数の多いWebサイトなどに広告を貼って集客したり、メールマガジンを配信して見込み客を誘導するような手法が多く用いられてきました。しかし、インターネットの利用者の行動が変わり、スマートデバイスなどでの閲覧を主にするようになってくると、そういったメディアに接する機会は少なくなって

Word SEO
61ページ、Lesson3-02 参照。

**WHY?: 利用者の行動パターンを
知る必要性**

インターネット人口が増えるほど、インターネットを利用する人たちの行動パターンは多様になっていきます。Webサイトへのアクセス方法ですらPCだけとはいえなくなりました。その中にあって旧来の方法がいつまでも通用すると思っているのは問題です。Webサイトの広告に接する時間が増えて経験値が高くなれば、視界にすら入らないともいわれています。人間の行動パターンや心理学、脳科学的な側面からもWebサイトデザインは考えたほうがよいのです。

図1 ソーシャルメディアの代表格ともいえる「Twitter」

https://twitter.com/

図2 「Facebook」も日本での利用者が増えている

https://ja-jp.facebook.com/

くるでしょう。そこにきてソーシャルメディアの流行です。利用者はソーシャルメディアを使って情報に接し、興味を持てばそのサイトを訪問するでしょう。それも利用者の多くはモバイルデバイスでのアクセスだといわれています。訪問先で内容に共感したり第三者に情報をシェア（共有）したいと思えば、そこからまた新たなリンクが生まれます。このように、これまでの集客の施策だけでなく、新たなメディアであるソーシャルメディアと連携することでWebサイトへの訪問数を上げることも可能なのです。

そうした面を考えて現在のWebサイトでは、各種ソーシャルメディアへ投稿するボタンなどを設置することが一般的になっています。

▶ **ソーシャルメディアの種類とその活用**

ソーシャルメディアを使いこなすには、それぞれのメディアがどのような特性を持っているか調べたほうがよいでしょう。Twitterは、自身がフォローしているユーザーのつぶやきが流れていくタイムラインでのコミュニケーションが中心です。Facebookも同様に友達とのつながりで「フィード」と呼ばれる場所にリンクなどが流れていきます。またFacebookの場合は「Facebookページ」という機能を使って、ブランドや企業のページを作ることもできます 図3 。

Eコマースを運用しているなら、世界最大の写真系ソーシャルメディアと呼ばれる「Instagram」を活用するのもよいでしょう。写真の投稿やストーリー機能からサイトへ誘導したり、直接商品

Word Eコマース
32ページ、Lesson2-01参照。

図3 「Facebookページ」の機能

ビジネスを展開するブランドや個人であっても、専用のページを作ってコミュニケーションを取ることができる。そこに含まれる機能を使って、閲覧数などの状況を把握することも可能だ

を購入できるように進化 ▶ しました 図4 図5 。

　ソーシャルメディアは、Webサイトへの直接的な訪問を誘導するために利用できますし、さまざまなソーシャルメディアに露出することで幅広い層への認知や情報の共有を促進する ❗ ことも可能なメディアなのです。

▶ 各種ソーシャルメディアのボタンを設置する

　Webサイトに各種ソーシャルメディアに情報を共有するボタンを設置するのは比較的簡単です。それぞれのソーシャルメディアには開発者向けの開発用リソースが集まっているページが用意されています。そのページへアクセスすれば必要なボタンを貼りつけるためのコードのジェネレータなどが用意されています 図6 〜 図10 。ソーシャルメディアのボタンは、その利用規約などでデザインを変更することが認められていない場合もあります。注意事項などもよく読むようにしましょう。

　このようなボタンのコードは、不定期にHTMLソースが変更されるケースがあります。ボタンのコードが新しくなっていないか、新しいオプション項目が増えていないかといったチェックも、定期的に行うのがよいといえます。

　WordPressのようなCMSを使っている場合は、自動的に各記事に各種ソーシャルメディアのボタンを埋め込むようなプラグインも公開されています。CMSを利用している場合は、各CMSのプラグインディレクトリなどを検索してみるとよいでしょう。

▶ CHECK_
Instagram のショップ機能など、ビジネス活用に関する詳細は下記のページを参照するとよい。
Instagram for Business
https://business.instagram.com/

❗ POINT_
ソーシャルメディアを使ってアクセスを促すだけでなく、企業やブランドの露出機会を増やすことも、認知度を上げる効果的な方法として期待できます。ファンとのコミュニケーションチャンネルのひとつとして考えられるからです。

Word CMS
52ページ、Lesson2-11参照。

図4 Instagram

写真共有を目的としたソーシャルメディア。直接的にWebサイトにボタンをつけるということはできないが、ソーシャルメディアを使ったブランドの認知度アップを図るチャンネルのひとつとして活用できる
https://www.instagram.com/

図5 Instagramのショップ機能

Instagram は Facebook 社による買収後、写真共有以外のさまざまな機能を追加している。ショップ機能もそのひとつ

図6 Twitterの開発者向けサイト

Twitterと Web サイトをつなげるための各種ツールやボタン類が公開されている。「Twitter for Websites」のリンクからボタンのジェネレータへ進むことができる
https://developer.twitter.com/en/docs

図7 Twitterのコードジェネレータ

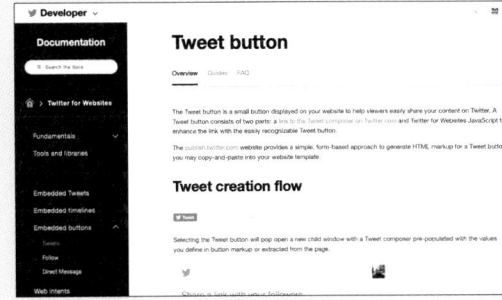

Twitterに Web サイトのタイトルやリンクを投稿するためのボタンは、ジェネレータを使えば簡単にコードを作成できる。ボタンのオプション指定については、Tweet Buttonのページ（https://dev.twitter.com/web/tweet-button）を参照するとよい

図8 Facebookにも同様の開発者サイトが公開されている

サイトに貼りつけるツールは左側のメニューにある「ウェブ」の各種リンクから移動できる
https://developers.facebook.com/docs/facebook-login/web

図9 Facebookの開発者向けサイト

Facebookは、「いいね！」のLike Box だけでなくいろいろなツールをWeb サイトに貼りつけることが可能だ。好みのツールを選択してボタンのジェネレータページへ進んでみよう
https://developers.facebook.com/docs/plugins

図10 Facebookのコードジェネレータ

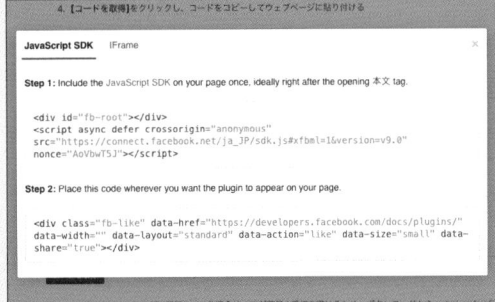

「いいね！」のボタンはこのページから生成できる。設置したいURLを入力してサイズを決めたら、
「コードを取得」ボタンを押してHTMLに登録するソースを入手しよう
https://developers.facebook.com/docs/plugins/like-button

**SUMMARY
まとめ**

〔1〕 ソーシャルメディアをつなげてアクセスアップを図る
〔2〕 ソーシャルメディアのそれぞれの特徴を理解する
〔3〕 ボタンの設置は各ソーシャルメディアの専用サイトで行う

02 Googleにサイトを登録するには？

Webサイトへの流入の形態が変わりつつあるとはいえ、現在でも検索エンジン経由での訪問者は多く存在します。ここでは、検索エンジンの代表格であるGoogleへのサイトの登録方法を解説しましょう。

THEME
テーマ
▶ Googleへ自身のWebサイトを登録する
▶ Search Consoleを使ってみよう
▶ サイトのページ一覧を登録するには

▶ 検索エンジンの結果にサイトが掲載される仕組み

「Googleにサイトが載らないのですが……」といった質問をよく受けることがあります。残念ながら、Webサイトを作って公開しただけでは、すぐにGoogleの検索結果に反映されるものではありません。立ち上げた新規サイトを、もとからある自社サイト内のリンクとしてページ内に埋め込むようなこともありますが、その場合でもサイトにGoogleのクローラーが訪問しなければリンクの存在にすら気づくことはありません。検索エンジンに掲載するのであってもその仕組みを理解するところから始めましょう。

検索エンジンには「クローラー型」と「登録型」の2種類があり、Googleはその双方の特徴を併せ持っています。簡単に説明すると、一般的にクローラー型の場合はWebサイトに埋め込まれたリンクを次から次にたどって更新された情報がないかをチェックします。更新・追加されたものがあれば、それをデータベースに

WHY?: Googleのクローラーには訪問頻度がある

頻繁に更新されるWebサイトは情報が常に書き換わる可能性が高くなるため、Googleのクローラーは1日に何度も訪問します。作ったまま更新されていないようなサイトは、膨大な数の外部サイトからリンクされているなど、よほどの理由がなければクローラーの訪問頻度はたかが知れています。クローラーの訪問しないサイトにリンクを貼ってもなかなか気づいてもらえないため、先にサイトを登録するほうが効果的です。

Word クローラー

検索エンジンに登録するデータを収集するロボット。HTMLの中に記述されたリンクをたどってWebサイト内の情報を収集し、検索エンジンのデータベースに登録する。検索エンジンに登録したくないものは、robots.txtで除外できる。

図1 Google Search Console

使用するためには、Googleのアカウントでログインする必要がある
https://search.google.com/search-console/about?hl=ja

⚠ POINT_

クローラーを早々に迎え入れてサイト内をくまなく巡回させるには、サイトマップのXMLファイルを登録するとよいでしょう。サイトマップのファイルはクローラーの巡回の手助けをするものだと考えましょう。

✎ MEMO_

Google Search Consoleは、以前は「Google ウェブマスターツール」と呼ばれていました。ツールの名称は変わりましたが、基本的な機能や使い方などは変わっていません。

Word サイトマップ

Webサイト制作で使われる「サイトマップ」という言葉にはいくつかの意味がある（18ページ、Lesson1-05参照）。ここでは、サイト内のページのURLが一覧として記載されたXML形式のファイルを指す。sitemap.xmlの作り方は、Google社のマニュアルを参照してほしい。

登録する仕組みです。つまり、Webサイトにクローラーそのものが訪問する頻度が低ければ、いくらリンクを掲載しようとも気づかれることはない❶ということになります。

Googleの場合は、サイトの公開に合わせて「Google Search Console❷」（グーグル・サーチ・コンソール）を使ってサイトを登録することが可能です 図1。

▶「Google Search Console」を使ってみよう

Google Search Consoleでは、Webサイトの運営に有益な情報の提供はもちろん、サイトで起こっている問題（ファイルが存在しない、レスポンスがないなど）を表示したり、サイトを最適化するための方法が提供されています。このツールを使って公開するWebサイトの登録を済ませれば、Googleの管理下に置かれるというわけです。Googleは先に述べたクローラーを巡回させるので、その頻度などを指定したり、検索結果から不要なコンテンツを除去したりといったことも実行可能です。

Webサイトを登録する際、サイトを追加するには「ドメイン」もしくは「URLプレフィックス」のいずれかで、サイトの所有者の証明をする必要があります 図2 図3。指示に従って作業を済ませればサイトの登録は完了です。さらにサイトマップ（sitemap.xml）と呼ばれるXML形式のURLリストを登録することで、Webサイトにあるコンテンツを一度に登録することができます 図4。XMLの記述は一定のルールに従って書くか、自動生成ツールを使ってもよいでしょう。WordPressなどのCMSには自動で生成するプラグインも公開されています。

図2 ドメイン名を追加する画面

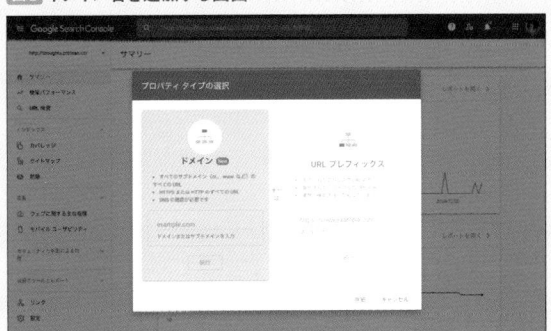

「新しいプロパティを追加する」から、自身で設定できるプロパティタイプを選択して登録する

図3 Webサイトの保有者を確認する画面

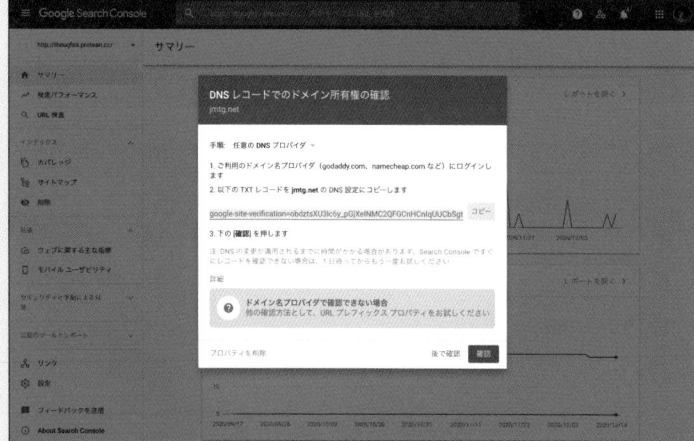

ドメイン名で登録する場合は、指定された
DNSレコードを追加する

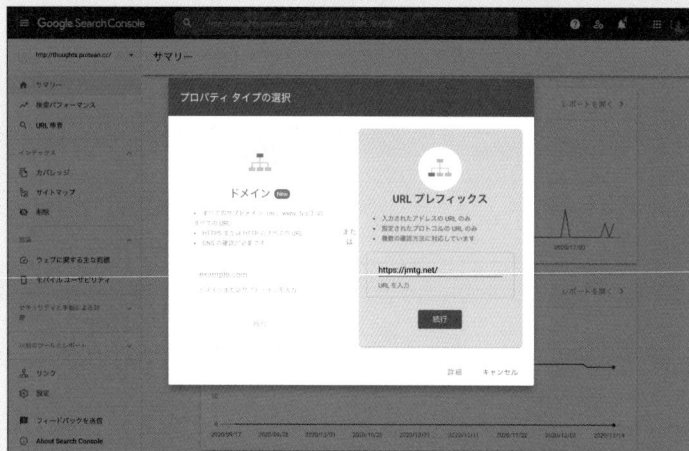

レコードの更新ができない場合は、「URL
プレフィックス」で登録しよう

URLプレフィックスを使って登録する場合
は、HTMLファイルをダウンロードしてサ
イトのルートディレクトリにアップロードし
て所有者を確認する

もしくは、「その他の確認方法」から取得
できるHTMLタグを、Webサイトのhead
要素内に追加する

図4 サイトマップ(sitemap.xml)を追加する画面

サイトマップの登録は左のメニューから「サイトマップ」を選択し、サイト内のサイトマップファ
イルのURLを登録する

SUMMARY
まとめ

〔1〕 Google Search Consoleを使って登録する
〔2〕 サイトマップのXMLファイルを登録する
〔3〕 クローラーの訪問を促すことが重要

03 アクセス解析で Webサイトの効果を測定する

Webサイトは「公開してからがスタート」ということが、よくいわれます。Webサイトを制作している間はまだ準備期間にすぎません。公開後にサイトの目的が達成できているかをチェックする必要があるのです。

THEME テーマ	▶ Webサイトの公開後になすべきこと
	▶ アクセス解析の種類を知る
	▶ アクセス解析ツールを導入する

▶ サイトは公開してからが始まり

Webサイトを構築する際の目標やクライアントのビジネス目的が達成できているかどうかは、サイトを稼働してはじめてわかることです。ですから、極端にいえばWebサイトを制作している期間は公開までの準備をしているようなもので、本当の勝負は公開してから始まります。なかには、サイトを立ち上げるだけで、納品すれば終わりという契約もありますが、やはりWebサイトは作ってからが始まりです。常に状況をチェックし改善していく必要があります。

しかし、ただ黙ってWebサイトを見ていても目標が達成できているかはわかりません。Eコマースのように直接的な売り上げの数字が目に見えるものであればまだしも、サイトに情報を求め

WHY?: 自分で見ても答えは出ない

Webサイトにどれぐらいの人が訪問しているかなどの数字は、自分のWebブラウザで見ていてもわかりません（仮にサーバーにログインしても正確にはわかりません）。アクセス数だけでなく、訪問者のWebブラウザでは何秒で表示されているかなどは見当もつきません。このようなアクセス数や閲覧されているページの情報は、専用のツールを使って集計、表示したほうが問題の発見も簡単にできるのです。

図1 Google アナリティクス

世界中のWebサイトで利用されているGoogle アナリティクスは、無償で利用できるアクセス解析ツールの定番
https://marketingplatform.google.com/about/analytics/

アンケートや資料請求などには、情報を入力したあと内容を確認、送信と、複数のステップを経て終了するケースがあります。項目が多いなどの理由から、途中でWebブラウザを閉じることもよく起こりえます。

Word アクセス解析
Webサイトへのアクセス数やサイトのコンテンツの閲覧数など、訪問者の行動を取得して解析をすること。または、その解析を行うツール。

Word PDCA
Plan（計画・改修）、Do（実行）、Check（評価）、Act（改善）の4つのステップを繰り返すこと。

BOOK GUIDE

「やりたいこと」からパッと引ける
Googleアナリティクス分析・改善のすべてがわかる本 改訂版

Googleアナリティクスを、収益アップにつながるデータの見方、分析の手法、改善方法といった観点から解説。分析したデータから改善施策へとつなげる具体例を豊富に掲載している。

DATA：小川 卓（著）
定価：2,970円｜税
ISBN978-4-8007-1270-7
ソーテック社

てくる人たちの動向までは確認できません。アンケートや資料請求のようなフォームが入るものなどは、実際の訪問者と最後までそのステップを通過した人の数に差が出ることもある❗でしょう。途中で離脱していることも大いにありえます。

Webサイトがうまく動いているか、意図したような結果が得られているかといったことは、アクセス解析などのツールを使えばある程度の判断材料を集めることができるでしょう。もし、その結果が得られていないのであれば、デザイン上何か問題があることも考えられますから、その際はWebサイトの構造やナビゲーションのデザインなどを改善する必要があるかもしれません。こうした企画から制作、運用、改善のサイクルを、Webサイトを使ったマーケティングでは一般的に「PDCA」ということがあります。

▶ Webサイトのアクセス解析を行うには

Webサイトのアクセス解析は、専用のアクセス解析ツールやサービスを利用すると簡単に行えます。ツールやサービスには無償で利用できるもの、月額の固定費を支払って利用するものなどがあり、アクセス解析の仕方にも「サーバーログ型」、「ビーコン型」、「パケットキャプチャ型」といった種類があります。

世界中の多くのWebサイトで利用されている「Google アナリティクス」は、無償で利用できる高機能なアクセス解析サービスのひとつです 図1 。ほかにもさまざまなものがあり、「Chartbeat」（チャートビート）図2 のようにリアルタイムでアクセス状況をレ

図2 アクセス解析ツール「Chartbeat」

リアルタイムでのアクセス解析をベースに拡張を続ける「Chartbeat」は、ソーシャルメディアのアカウントと紐づけたり、閲覧者の現在のWebブラウザでの表示位置なども取得できる
https://chartbeat.jp/

ポートするサービス、訪問者のクリックした箇所をヒートマップ
として表示するようなサービスなどもあります 図3 。

まずは、手軽に始められるGoogle アナリティクスを試してみる
のがよいでしょう。

▶ Google アナリティクスを設定してみよう

Google アナリティクスは、訪問数やページビュー数といった
基本的なデータがわかることはもちろんですが、より詳細に設定
を行うことでタスクを実行したかどうかといったこともチェックで
きます。また、最近ではリアルタイムのアクセス状況やページの
ロード時間を表示するなどの機能も追加されています。

Google アナリティクスの利用方法は簡単です。Googleに登
録済みのアカウントでログインしたあと、アクセス解析を行いた
いサイトを登録して、指定されたコードをWebページの任意の
場所に埋め込むだけです 図4 図5 図6 。無償であるため、それ
以外の面倒な手続きなどは必要ありません。指定されたコード
を挿入したら、24時間も経てばその日のアクセス数や閲覧ペー
ジ数などの統計が管理画面に表示されるでしょう 図7 。

Google アナリティクスは無償のサービスですが、管理画面に
はさまざまなメニューが並んでいる、非常に高機能なものです。
サービスでできること、できないことを詳しく知るためには市販
の解説書などを使って勉強することをお薦めします。

図3 ヒートマップの表示画面例

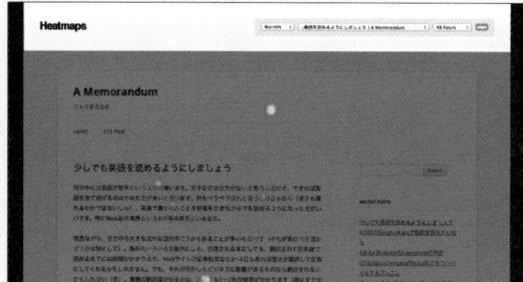

アクセス解析サービスの中にはWebサイトの任意のページを選択して、
訪問者のクリックポイントをヒートマップの形で表示するものも増えてきた

図4 Google アナリティクスの開始画面

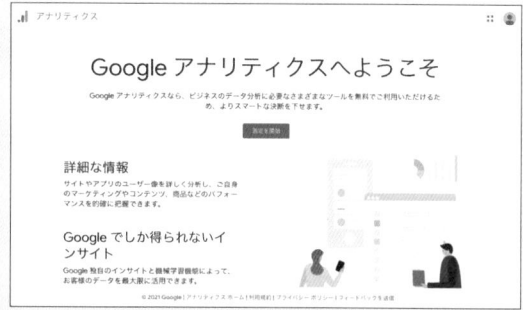

Googleのアカウントを取得してGoogle アナリティクスにログインする。
初回に利用する際には「測定を開始」をクリックすると、アナリティクス
のアカウント設定画面が表示される

図5 Google アナリティクスの登録：アカウント／プロパティの設定

アカウント名に任意の名称を入力し（左図）、プロパティの設定（右図）を行う。1つのアカウントに対して複数のプロパティを作成でき、測定IDはプロパティごとに発行される仕組み

図6 Google アナリティクスの登録：データストリームの設定

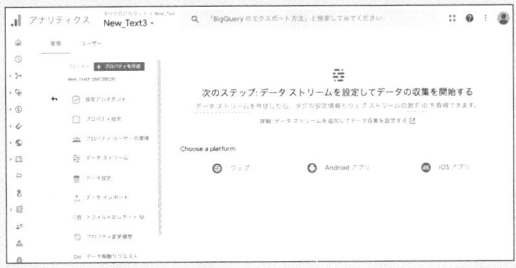

利用規約への同意などを終えると、データストリームの設定画面に遷移する。測定対象をウェブ／Androidアプリ／iOSアプリから選択する。ここではウェブを選択。続く画面（右図）で、測定対象のURLとストリーム名を入力し「ストリームを作成」を押す

図7 Google アナリティクスの登録：ストリームの詳細

測定IDが発行され、「ウェブ ストリームの詳細」が表示される。「タグの設定手順」（右図）にある測定対象のサイトに埋め込むコードを丸ごとコピーし、HTMLの<head> ～ </head>内（</head>タグの直前など）に挿入する

図8 Google アナリティクスの管理画面

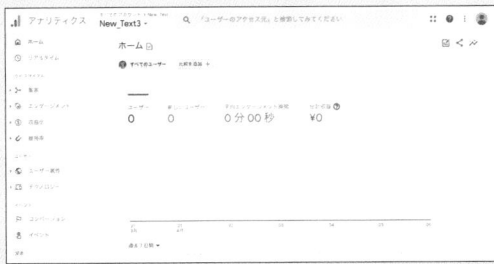

コードの貼り付けを終えたら、データが集計されるのを待てばよい。24時間程度で、さまざまな情報をアナリティクスの管理画面から閲覧できるようになる（図はデータが未集計の状態）

**SUMMARY
まとめ**

〔1〕 Webサイトは公開してからが勝負
〔2〕 アクセス解析にはいろいろな種類がある
〔3〕 導入が簡単なGoogle アナリティクスを設定する

04 Webサイトの調査・改善を 行うには？

アクセス状況などからWebサイトの状態を判断できることは前節で学びました。しかし、Webサイトが「使いやすいかどうか」は数字だけでは判断できません。そうした調査を専門とするサービスやツールを紹介します。

THEME
テーマ

▶ 「使いやすいかどうか」を判断するには
▶ 専門のサービスがあることを知る
▶ ユーザーテストを独自で行う場合には

▶ Webサイトの使い勝手などを調査したい

Webサイトの目的や目標が達成できているかどうかは、アクセス解析ツールなどを使うことで、数字による判断がある程度できます。しかし、実際の使い勝手（ユーザビリティ）やアクセシビリティの要件を満たしているかどうかは、数字だけでは判断できません。この類いの判断をするためには、実際の利用者による**ユーザーテスト**や専門家による**ヒューリスティック評価**といった手法をとることができます。

Webサイトのユーザビリティやアクセシビリティの評価は、その専門のサービスを利用するのが現実的です 図1 図2 。ユーザビリティやアクセシビリティは、それぞれ多方面の視点から判断することが必要になります。制作したWebサイトが実際の訪問者にどう使われているか、といった面から調査をしたい場合は、

WHY?: Webサイトの評価は第三者がよい

Webサイトの評価する手法を専門的に勉強してきた人やその実装に長けた人がいれば話は別ですが、実際にWebサイトを制作する人間やクライアントではどうしても公平な評価は下せません。そこには思い込みといった人間特有の感情が働いてしまうからです。実際のサイトの使い勝手は、できれば第三者の目を通し、意見に耳を傾けてみるのがよいでしょう。しかし、すべての意見や要望を聞き入れればよいというわけではないので、注意したいものです。

図1 「ミツエーリンクス」のWebサイト

この会社では専門家がユーザビリティテストやアクセシビリティ診断を行うサービスを提供している。Webサイトのユーザビリティやアクセシビリティに関してチェックするのであれば、その道の専門家によるヒューリスティック評価をお願いするというのもひとつの方法
https://www.mitsue.co.jp/

Word ユーザーテスト
実際のサイトの利用者などに協力をあおいで、Webサイトの使い勝手などをテストすること。

Word ヒューリスティック評価
特定領域の専門家による調査、評価を行うこと。

一定数のユーザーを集めて実際に操作してもらう、利用者のアンケートを採ってみるなどすると問題点があきらかになるでしょう。特に現状のWebサイトでわかりにくい点や使いにくい点を挙げてもらう、新サービスの導入前に実際に利用してもらうといった方法も考えられます。大手のWebサイトでは、新サービスの導入やリニューアルの前にβ版のサイトをランダムに選んだユーザーに使ってもらい、評価を得るようなところもあります。

▶ 予算がないので自分たちでテストしたい

Webサイトの規模は大小さまざまです。予算が潤沢でいろいろな体制が整っていればよいのですが、大半のWebサイトは限られた予算や人員、体制で運営されています。予算や人員が少ないWebサイトでも、ユーザーテストやアンケートであれば、比較的手軽に実現することができるでしょう。

テストを受けるユーザーに特定のタスクを与えて、それを実行できているかどうかをチェックする❗のは、専用のテストツールを使って実現できます。専用ツールは有料で提供されているものが多いですが、無料の試用期間が設けられている場合もあるので、効果のほどを試してみるのもよいでしょう。

ユーザーテストは、一般のユーザーと近い視点で実際にサイトやサービスを使ってもらうことで、制作・運営側が気づきにくい問題点を見つけ出し、改善へのつなげていくためのものです。周囲に協力をあおぐのであれば、率直な意見を言いやすい環境で実施しましょう。

❗ POINT
実際のサイト利用者でなくとも、家族や友人などで対象になりそうな人がいれば、使ってもらうというのもひとつの方法です。

図2 Webユーザビリティテストの紹介ページ（ミツエーリンクス）

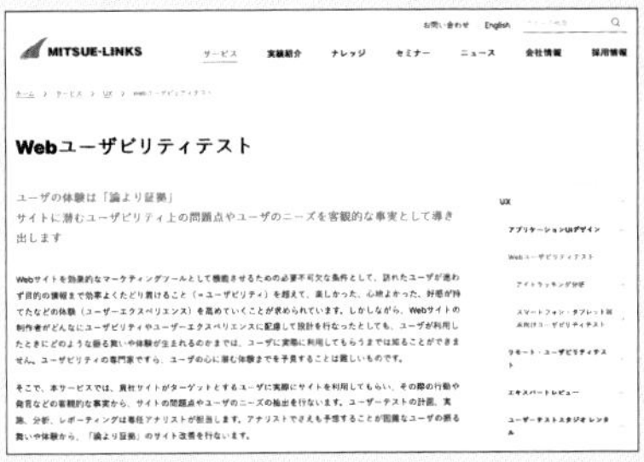

ひと口にユーザビリティテストと言っても、ユーザーの目線の動きを分析するアイトラッキング分析や、スマートフォン・タブレット端末からの閲覧・使用に特化したテストなど、多岐に渡る

SUMMARY まとめ

〔1〕 専門家による判断やツールを利用しよう
〔2〕 ユーザビリティやアクセシビリティの専門家に依頼する
〔3〕 ユーザーテストやアンケートであれば、簡易的に実施できる

05 サーバーソフトウェアの アップデートとセキュリティ対策

Webサイトの公開は、ホスティングサービスを借りて行うことがほとんどです。静的なコンテンツのみが置かれるWebサイトであったとしても、サーバーのセキュリティ対策は考えておいたほうがよいでしょう。

THEME
テーマ
▶ Webサイトを公開すると起きること
▶ ソフトウェアのアップデートを怠るとどうなるか
▶ セキュリティの情報はどこで見つかる?

▶ Webサイトを安全に運用するには

Webサイトを公開するときは、ホスティングサービスを契約してそこにデータをアップロードしたり、CMSのような更新システムを導入することが多いでしょう。いったん公開されたWebサイトは、世界中からさまざまなアクセスを受けます。それが純粋な訪問であれば喜ばしいことですが、それ以上にWebサイトのセキュリティホールを探る目的のアクセスがミリ秒単位であるのが現実です。

一般的な共用ホスティングサービスでは、あらかじめそのような攻撃を受けても防げるような対策が講じられています。しかし、最近ではVPSのような管理者権限を契約者に渡して、契約者側がサーバーそのものを管理する自由度の高いサービスも公開されています。そうしたサービスでは、サーバーのソフトウェアの管理や外部からの攻撃に対する制御を、自分で行う必要があります。

Webサイトを動かすソフトウェアには、ときにサーバーが乗っ取られるほどの深刻なセキュリティホールが発見されることもあります。サイトの更新を効率的に行うために導入するCMSのようなソフトウェアも同様です。そして、それだけではありません。サイトを制作してデータをアップロードする、みなさんのマシンがウイルスに感染して、サーバーのデータが書き換えられるといったことも起きるのです。ユーザーのデータが持ち出された場合は一大事件となって、クライアントにも迷惑がかかります。

そういったことにならないように日々、サーバーはもちろん、自分自身のマシンなどにも気を配らなければならない❶のです。

WHY?: なぜWebサイトが狙われる?

Webサイトへの攻撃は、その中にある貴重なデータを取得するだけが目的ではありません。中にはスパムメールや攻撃の土台となるマシンを作るためであったり、ウイルスを拡散させる目的でマシンを丸ごと乗っ取るということもあります。そういう目的があるからこそ、古いバージョンのままで稼働しているシステムがないかを探ろうとするアクセスが、おびただしい数押し寄せてくるのです。

Word セキュリティホール
特定の操作をすることでサーバーをダウンさせたり、サーバーの管理者権限が得られるような何かしらの実装ミスやバグのこと。サーバーだけでなくブラウザやプラグインなどにも存在する。

Word VPS
Virtual Private Server(ヴァーチャル・プライベート・サーバー)の略。従来の専用サーバーとは異なり、仮想のOS領域を開放して管理者権限まで与えたホスティングサービスの形式。ソフトウェアのインストールやアップデート、サーバーの管理までを自己責任で行わなければならない。

❶ POINT_
サーバーや自分のパソコンが大丈夫だったとしても、FTPによるサーバーへのアクセス権限などを、クライアントに与えている場合は注意が必要です。ウイルスを介してFTPのパスワードを取得し、サーバーのコードを書き換えるようなことは現に発生しています。

▶ 定期的なアップデートと情報の収集をする

　前述したようにWebサイトを公開する際には、Webサイトのデータが置かれている環境やシステムを含めて定期的なアップデートをチェックしておく必要があるでしょう。CMSなどのソフトウェアに更新情報が出た場合は、できる限り迅速なアップデートを行えるよう心がけておくべきです。VPSのようなサービスでサーバーを丸ごと管理している場合は、定期的なアップデートはもちろん、さまざまなセキュリティ系の情報をチェックするようにしましょう。

　深刻なセキュリティホールは、「JPCERT」で日本語による情報提供が行われています 図1 。ここにはサーバーやシステム関連だけではなく、クライアント側のソフトウェアにある脆弱性情報も掲載されますので、使用しているソフトウェアに問題がある場合は早急にアップデートを行いましょう。より最新の情報を取得したい場合は、英語サイトですが、米国の情報セキュリティ対策組織「US-CERT」（https://us-cert.cisa.gov/）や「JVN」の情報を見るようにしておけばよいでしょう 図2 。

図1 「JPCERT」のWebサイト

日本語によるセキュリティホールや脆弱性の情報は「JPCERT」で定期的に公開されている。できれば、これよりも早い情報収集を心がけたい
https://www.jpcert.or.jp/

図2 「JVN」に掲載されている情報

JPCERTによるソフトウェアなどの脆弱性情報は「JVN」で確認できる
https://jvn.jp/

SUMMARY
まとめ

〔1〕 Webサイトは公開すれば攻撃されると考える

〔2〕 サーバーが乗っ取られる問題が起こりえる

〔3〕 最新のセキュリティ情報には気を配る

いろいろな技術を組み合わせ、より魅力的なWebサイトへ

Lesson2-11（52ページ）の最後でも触れたように、これからのWebサイトはいろいろな技術を適切に組み合わせることが求められてくるでしょう。古くから用いられてきた手法が必ずしもよいとは限りません。ときには特定の技術に固執したがために、開発期間やコストがかかったりといったことが問題になるかもしれません。配信するコンテンツの内容と性質、対象となる閲覧者の利用環境、さまざまな要素を考慮して、何が一番最適な手法なのかを考えるほうがよいでしょう。

従来通りクライアントとサーバー間でのデータのやり取りを行うWebサイトに、別のある技術を組み合わせるだけで、それはまったく別の体験を提供できるものに生まれ変わる可能性があります。みなさんが普段利用することも多い「Google マップ」や「Gmail」などがよい例でしょう。これらのサービスは、これまでの仕組みにJavaScriptの非同期通信の仕組みを採り入れたものです。データを人の目には見えないバックグラウンドでやり取りすることで、ページ遷移なしに別のページを表示したりといったことが可能になりました。

既存のWebサイト制作の手法にとらわれすぎず、「どうすればより魅力的になるか」、「使い勝手がよくなるか」といった視点でWebサイトを見直してみれば、さらに新たな体験や価値を生むWebサイトを作り上げることができるかもしれませんね 図1 図2 。

図1 米国の音楽系サイト「Pitchfork」

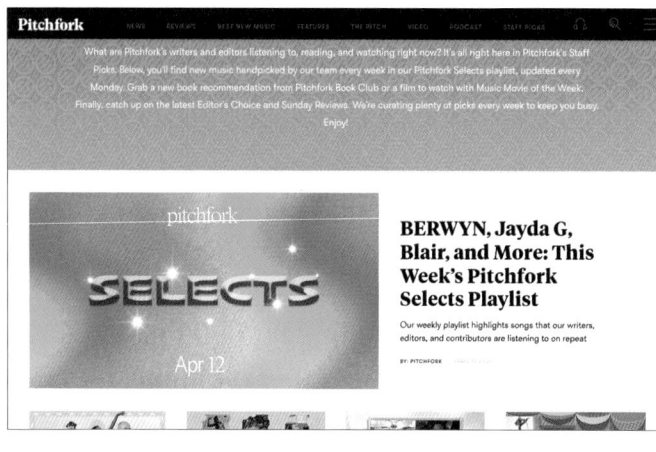

「Pitchfork」は、サイトのデータをWord PressというCMSを使って構築し、ページのテンプレートや遷移などの仕組みをBackbone.js（＋Underscore.js）というJavaScriptライブラリで実装している。音楽を再生しながらリンクをクリックすると、音楽の再生が途切れることなく動的にページが切り替わるようになっている
https://pitchfork.com/

図2 MVフレームワーク「Angular」**

JavaScriptを使いユーザー操作に合わせて画面を書き換えたり、サーバーと通信してデータを置き換えるために「MV*（またはMV**）フレームワーク」を使う機会も増えている。代表的なフレームワークに「Angular」などがある
https://www.madewithangular.com/

9

Lesson

Webサイトを
制作する

ここまで学んできた知識や考え方を生かして、
レスポンシブWebデザインに対応したWebサイトを
実際に作ってみましょう。

01 HTMLをコーディングする前の制作準備

本書で紹介してきたWeb制作の考え方やワークフロー、そしてHTMLとCSSのコーディング手法を使い、実際に近い状態のWebサイトを作っていきましょう。まずは、制作に入る前にデータの確認や準備を行います。

THEME
テーマ

▶ レスポンシブWebデザインの考え方
▶ レスポンシブに対応するカンプの制作
▶ 制作に必要な素材の書き出しと準備

▶ 近年のレスポンシブWebデザインの傾向

本書で解説してきたように▶スマートデバイスの登場以降、Webサイトはデスクトップ PCだけでなくスマートフォンやタブレット端末をはじめとしてさまざまなデバイスで閲覧されることを前提に考えるようになりました。従来型のデスクトップ PCとスマートフォンのサイトを切り替え、それぞれのブラウザに合わせたサイトを制作することもありますが、近年は1つのHTMLソースをもとにしてさまざまなデバイスへ対応するレスポンシブWebデザインでWebサイトの実装を行う機会が増えています。まずは、レスポンシブWebデザイン手法を実装するための基本的な考え方から解説していきましょう。

⊘ CHECK_
54ページ、Lesson2-12参照。

▶ レスポンシブに対応したWebデザインワークフロー

レスポンシブWebデザインを使ったサイトを制作するには、さまざまなデバイスの解像度（ディスプレイサイズや形状を含む）⊘を考えておく必要があります。そこで、実制作に入る前のワイヤーフレームやデザインカンプを作る段階から、このさまざまなデバイスにおける「コンテンツの表示のされ方」を考慮しなければなりません。最近ではワイヤーフレームだけを作ってすぐにWebブラウザでモックアップを作りながらデザインを進めていく「インブラウザ・デザイン」のような手法もありますが、まだWeb制作に慣れていない初心者のみなさんは、従来行われてきたような通りの「デザインカンプ作成→素材の書き出し→HTMLコーディング→CSSコーディング」の順番で進めるワークフローを採用するほうがよいでしょう 図1。

❶ POINT_
従来のようにデスクトップ PCで限られた数のWebブラウザだけを対象にするのとは異なり、横幅が320pxしかない縦長のディスプレイから、横幅が480pxや540pxと広くなっているもの、またタブレットデバイスのようにもう少し大きめで、縦横の表示を切り替えられるものまで実にさまざまです。

Word インブラウザ・デザイン
英語では「Designing in the Browser」と呼ばれる手法。デザインカンプなどはラフ程度にしておき、早い段階でコーディングしながらデザインを仕上げていくやり方のこと。レスポンシブを前提とすると、デバイス幅や表示領域が変化するため、リアルタイムに状態を確認しながらデザインする手法が用いられる。

Word コーディング
18ページ、Lesson1-05参照。

レスポンシブを考慮したデザインカンプができたら、Webサイトに必要な画像を最適な画像形式で書き出して、それをHTMLとCSSを使って実装していくという流れになります。これから解説するサンプルでは、レスポンシブに対応するコーディングの調整は主にCSSで行います 図2 。

図1 今回採用するワークフロー

図2 ここで制作していくWebサイトの完成サンプル

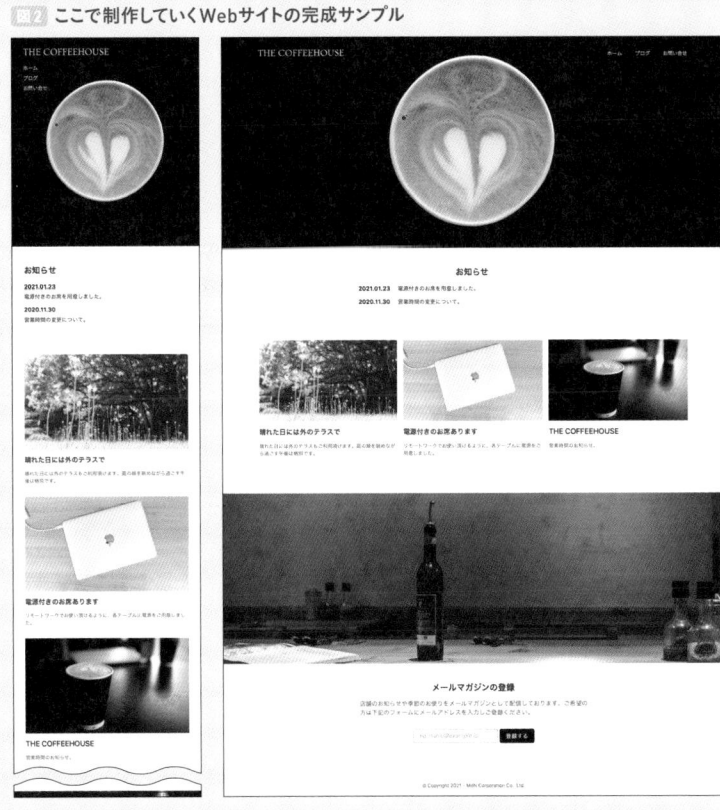

同じHTMLソースを使い、スマートフォンサイズ（左）とタブレット＆デスクトップPCサイズのページを作ってみよう

▶ レスポンシブに対応するカンプの制作

制作するワイヤーフレームやデザインカンプは、Illustrator
やSketchのようにアートボードの機能を持ったグラフィックソフ
ト❹を使って、デバイスサイズごとにデザインカンプを作るので
はなく、複数のデバイスサイズを想定して横に並べて内容を作り
込んでいけば効率よく作業ができます 図3 。レスポンシブWeb
デザインは、複数のデバイスサイズを想定しますが、あまり細か
く画面サイズを元にレイアウトやデザインを変更してしまうと、
その分だけコーディングが難しくなるので注意が必要です。最近
は比較的大ざっぱに切り替えポイント（ブレイクポイント）を設定
して、スマートフォン向け、タブレット＆デスクトップPC向けの2・
3パターンぐらいで考えることが多いようです。

デザインカンプ内では実際に使用する写真などの素材を埋め
込みますが、最終的な素材となるファイル（コーディングで使用
するために書き出すファイル）も、必ずしも原寸で表示されるわ
けではありません。特にスマートフォンではデバイスごとに横幅
が変わるため画面サイズに合わせて横幅を広げると画像幅が変
化することもあります。また、最近のデバイスはより高精細なディ
スプレイを搭載しているため、実際に使用する横幅そのままのサ
イズで画像を書き出すと、従来のデバイスではきれいに見えてい
ても高精細なディスプレイではぼやけた画像になってしまいま
す。ロゴなどの素材はベクター形式のSVG❺で用意すれば、横
幅が変わっても高精細なディスプレイでも表示に問題はありませ
んが、ビットマップである写真素材は問題になります。

デザインカンプはあくまでも「デザインの最終確認ファイル」で
しかないと考えて、写真素材などが含まれる場合は別の素材とし
て、元データから実際に使用するサイズの2倍もしくは3倍ぐら
いのサイズで書き出したほうがよいでしょう 図4 図5 。

▶ 画像書き出し時の形式やサイズ

前述したようにレスポンシブWebデザインを主体に考えた場
合は、Webサイト中で使用する画像などの素材のファイル形式
やサイズに注意を払う必要が出てきました。ロゴやアイコンなど
のベクター形式で作られていることの多いものや、サイト内の見
出しテキストなどで画像化の必要があるものはSVG形式、写真
はビットマップのJPEG形式といったように、デザインカンプから

POINT

Webサイトの閲覧環境が多様化しているため、デザインカンプはIllustratorなどの複数サイズで考えられるツールを使うと効率的です。サンプルでは制作ツールとして「Figma（フィグマ）」を使用しました。Figmaは、WebサイトやWebアプリのUIデザインに使われており、主に個人利用向けの無料プランと、チームやプロジェクト単位での利用に適した有料プランがあります。
・Figma
https://www.figma.com/

Word ブレイクポイント

レスポンシブWebデザインに対応したWebサイトで、レイアウトが変わる切り替えのポイントとなるピクセルサイズのこと。

CHECK
220ページ、Lesson5-07参照。

図3 サンプルのデザインカンプ

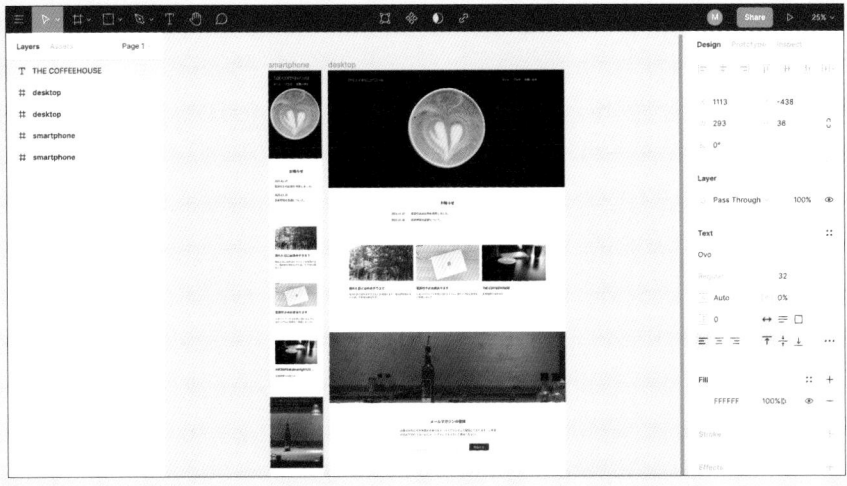

ベクター形式でカンプを作っておけば、ロゴの素材などはそのままSVG形式のファイルとして書き出せる（画面はFigma）

図4 サンプルの中で使用する画像の元データ

左上がサイトロゴ。右上はヘッダー部分に使用する写真素材。そのほかはコンテンツ部分に使う写真素材。写真素材については元データから実際に使用するサイズの2〜3倍のサイズで書き出すのが一般的

直接書き出せるものもあれば、元素材から大きめに書き出したほうがよい写真素材もあります。

　本章で制作するサンプルではロゴはSVG形式で書き出し、サイト内に配置されている写真画像は貼り込むサイズよりも大きめのサイズとして書き出します 図5 。写真画像は大きくなればなるほどデータサイズが大きくなるため、あまりにも大きなものは実際のサイトが完成した際にデータのダウンロードに時間がかかってしまいます。大きめに書き出す画像がある場合は、最終的に画面に表示される際には表示サイズが縮小されると考えて、JPEG形式の圧縮率◎を高くしてデータサイズを小さくしておきましょう 図6 。

　画像の書き出しまで終わったら、Webサイトを作っていくための任意のディレクトリを用意します。HTMLファイルはindex.htmlとして用意し、画像を保存しておく「images」ディレクトリ、CSSを保存する「css」ディレクトリ、ここでは使用しませんがJavaScriptを保存する「js」ディレクトリなどを作って、各素材をそのディレクトリ内に保存するようにします 図7 。

● CHECK＿
216ページ、Lesson5-06参照。

COLUMN

JPEGの画質とデータサイズ

　JPEGに書き出す際の圧縮率の違いでデータサイズは大きく変わります。本章のサンプルで使われているヘッダー画像（サイズは2560×1446px程度）を例にとると、「高画質」（画質：80%）で書き出すと容量は約425KBですが、「中画質」（画質：40%）で書き出した場合は125KB程度です 図1 。画像を原寸で表示すると画質の違いがわかりますが、縮小して表示されると見た目の差はほとんどわからなくなります。

図1 圧縮率を変えて書き出したJPEG画像

Photoshopの「書き出し形式」の機能を使って、「画質:80%」（左）と「画質：40%」（右）でそれぞれ書き出した。縮小して表示されると見た目の差はほとんどわからないが、容量は大きく違う

SUMMARY
まとめ

〔1〕 さまざまなデバイスに対応するWebの考え方を覚える
〔2〕 レスポンシブWebを前提としたカンプ制作の方法を覚える
〔3〕 レスポンシブWebでの画像の使い分けをマスターする

図5 サイトロゴの書き出し

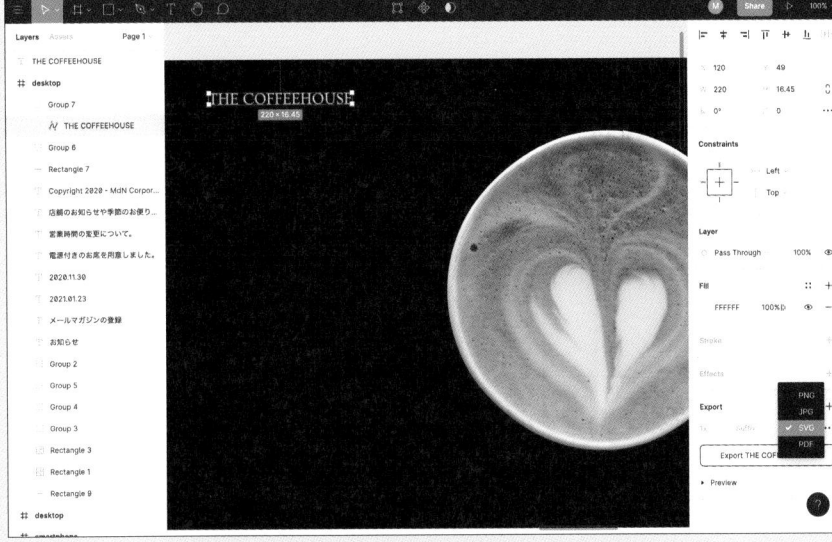

サイトのロゴやアイコン画像など、ベクター形式を活用できる素材はSVGで書き出す（画面はFigma）

図6 写真素材の書き出し

写真画像などベクターでは表現できない素材は従来通りのJPEG形式で書き出す。サイズが大きくなればそれだけデータサイズが大きくなることを考慮して、圧縮率を上げてデータサイズを軽くすることで転送時の待ち時間を減らすことができる（画面はPhotoshop）

図7 サンプルのディレクトリ構造

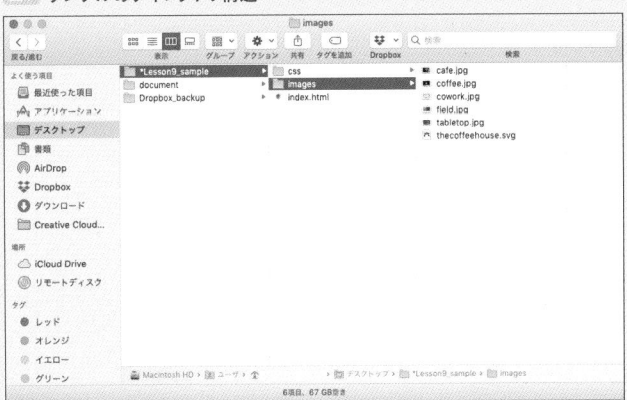

サイト内で使用する写真素材はJPEG形式、ロゴの素材はSVG形式で書き出して保存しておこう

02 ページのHTMLファイルを制作する

本章で制作するサンプルサイトは1ページで展開される「シングルページ」と呼ばれるタイプのWebサイトです。デザインカンプと照らし合わせながら、テキスト原稿をHTMLページとしてコーディングしていきます。

THEME
テーマ

▷ **デザインカンプをもとにHTMLページをマークアップ**
▷ **マークアップを行う際のポイント**
▷ **id属性とclass属性の使い方**

▷ テキスト原稿を用意する

HTMLページのベースとなるテキスト原稿❶を用意する場合は、誰が見てもわかるようにコンテンツのブロックや要素が区別しやすいようにしておくのがポイントです。

テキスト原稿のフォーマットは特に決まっておらず、Wordなどの Microsoft Office 系ドキュメントやテキスト形式のファイルが多く用いられますが、最近はテキスト原稿中の見出しやリストなどを共通化するために Markdown（マークダウン）と呼ばれるテキスト形式の記述を採用する人たちも増えています **図1**。

▷ HTMLのマークアップ

テキスト原稿の準備ができたらいよいよWebサイト制作の本編に入ります。ここで制作するサンプルでは、HTML5の文書型を用いてレスポンシブWebデザインの手法を採用します。コンテンツの内容に合わせてHTMLで定義された最適な要素を選択しながらマークアップをしていけばさほど難しいものではありません。

HTMLの基礎となる<html>タグやhead、bodyの要素をあらかじめフォーマット的❷に作っておけば、仮にページが増えたときにもそのページをベースとして量産できるので、まずはじめに全体のフォーマットを整えましょう。「index.html」ファイルを作成して、フォーマットとなるHTMLの骨組みを作成します **図2**。

ここで注意が必要なのは、head要素内のmeta要素です。レスポンシブWebデザインを実装する際は、表示されるデバイスの横幅に合わせてページ全体を表示させることが慣習的に行わ

❶ **Point**
実際のWebサイトの制作ではデザインカンプのほかにテキスト原稿が用意されている場合と、Photoshopや Illustrator で作成されたデザインカンプのデータから直接テキストを抽出する場合が考えられます。

Word **Markdown**
テキストファイルに指定された文字列をマークアップすることで、それに続く入力内容に意味を持たせる記法のこと。「#」は「h1」の見出し、「##」は「h2」の見出し、「*」は「ul & li」のリスト項目などのように、マークアップする文字が決まっており、ファイルを変換することでHTMLにすることも可能。

❷ **Check**
104 ページ、Lesson3-21参照。

「width=device-width」は横幅をデバイス幅に合わせる指定、「initial-scale=1.0」は初期表示を100%の原寸表示にするための指定です。

れています。そのため、文字コードの指定以外に「\<meta name ="viewport" content="width=device-width, initial-scale=1.0">」の記述をhead要素内に書き込んでおきます。

図1 HTMLページのもとになるテキスト原稿

```
【テキスト】
# The Coffeehouse（※ロゴ）

（ナビゲーション）
* ホーム
* ブログ
* お問い合せ

## お知らせ

* 2021.01.23 電源付きのお席を用意しました。
* 2020.11.30 営業時間の変更について。

## From The Coffeehouse（※完成時には非表示）

### 晴れた日には外のテラスで

晴れた日には外のテラスもご利用頂けます。庭の緑を眺めながら過ごす午後は格別です。

### 電源付きのお席あります

リモートワークでお使い頂けるように、各テーブルに電源をご用意しました。

### THE COFFEEHOUSE

営業時間のお知らせ。

## メールマガジンの登録

店舗のお知らせや季節のお便りをメールマガジンとして配信しております。ご希望の方は下記のフォームにメールアドレスを入力しご登録ください。

（フッター）
© Copyright 2021 – MdN Corporation.
```

フォーマットは特に問わないが、誰が見てもどの部分に何が入るのかが、わかるようにしておくことが大事。ここでは Markdown 形式で作成した

図2 HTMLのベースになるフォーマット

```
【HTML】
<!DOCTYPE html>
<html lang="ja">
<head>
 <meta charset="UTF-8">
 <meta name="viewport" content="width=device-width,
initial-scale=1.0">
 <title>The Coffeehouse</title>
 <meta name="description" content="文京区にある電源ありの
カフェ、THE COFFEEHOUSE">
 <link rel="stylesheet" href="css/styles.css">
</head>
<body>
（ここにHTMLを記述していく）
</body>
</html>
```

フォーマットとなるHTMLの骨組みから記述を始めて保存する

▷ 原稿をペーストしてマークアップをする

　HTMLの骨組みができたら、原稿をbody要素内にペーストしてマークアップを仕上げていきます。コンテンツの内容に合わせて、適切なHTMLの要素を選択してマークアップをしていけばHTMLファイルができあがります。

　ここでのポイントは、デザインカンプ中で配置されている画像をどの方法で貼り込むかです。例えば、ページ上部に位置するバナー画像はイメージ的な要素が強いため、img要素よりもCSSの背景画像として扱うほうが適しているでしょう ❶。その場合は、いったん画像が入ることを前提にしてコメントなどで位置を記述しておき、それ以外のマークアップを進めます。

　情報構造上必要な画像、このサンプルの中では「From The coffeehouse」の下に並んだ3つの写真などは、img要素を使って配置しましょう。その際、alt属性の指定を忘れないようにします。

　form要素は<form action="#">としています。action属性は、フォームデータの送信先となるURLを指定する属性です。サンプルでは送信先のURLが存在しないため、ダミーとして「#」を記述しています。フォーム部分にはメールアドレスの入力欄があるため、input要素のtype属性は「email」にします。

▷ ブロックのアウトラインを追加してid属性とclass属性を指定

　HTML文書中の情報のアウトラインが明確になるように、HTML全体の構造を「header」や「footer」、「main」、「section」などの要素を使ってマークアップします。ここでは「section」要素を中心に情報ブロックのアウトラインを作成していますが、ブログの記事のようなコンテンツの場合は「article要素」に置き換えるなど、その内容に応じて適した要素を使うようにしましょう。

　また、HTMLページ内で特定のあるブロックなど、場所の特定が必要な場合はid属性を使い、CSSの装飾などで必要な箇所がわかっている場合や共通化して名前をつけておきたいブロックなどにはclass属性を割り当てるようにします。どこもかしこもid属性を割り当てると、CSSのスタイル指定が難しくなる ❹ 場合もあるため注意しましょう。id属性やclass属性は、CSSを使ってレイアウトやデザインを実装する際に増えていく可能性がありますが、いったんはこの状態で止めておきます 図❸ 図❹。

❹ POINT_

イメージ画像だけを貼り込みたいからと、要素の中身を空にする「空タグ」を用いた手法は本来であれば推奨されません。できるだけ文書構造を利用した配置方法を用いるほうが適切です。

Word コメント

HTMLでは「<!--」と「-->」で囲まれたエリアは「コメント」と呼ばれ、Webブラウザには表示されないエリアになる。ここではあとからヘッダー画像の挿入位置がわかるようにコメントとして記述する。

WHY?: 全体の文書構造を先にマークアップしていく

文書の全体構造（アウトライン）を先にマークアップすることで、情報の区分けやブロックの区別がつけやすくなります。中に内包される要素のマークアップは大まかな箱ができてからで問題ありません。スタイリングにいたってはCSSでコントロールするため、この段階でスタイルのことを気にする必要もないでしょう。

❹ POINT_

id属性やclass属性を使うセレクタには、セレクタの優先順位の計算式（135ページ、Lesson4-07参照）があてはまるため、idを多用すると細かいスタイル指定に複雑なセレクタ指定が必要になることもあります。

図4　**body要素内に原稿をペーストしてマークアップを仕上げる**

```
【HTML】
<!DOCTYPE html>
<html lang="ja">
<head>
  <meta charset="UTF-8">
  <meta name="viewport" content="width=device-width, initial-
scale=1.0">
  <title>The Coffeehouse</title>
  <meta name="description" content="文京区にある電源ありのカフェ、The
Coffeehouse">
  <!-- CSSのリンクを記述 -->
</head>
<body>

<!-- ヘッダー -->
<header>
  <h1><img src="images/thecoffeehouse.svg" alt="The Coffeehouse"></
h1>
  <!-- ナビゲーション -->
  <nav class="header-nav site-header-section">
   <ul>
    <li><a href="#">ホーム</a></li>               ①
    <li><a href="#">ブログ</a></li>
    <li><a href="#">お問い合せ</a></li>
   </ul>
  </nav>
</header>

<main>

  <!-- お知らせ -->
  <section id="news">
   <h2>お知らせ</h2>
   <dl>
    <dt>2021.01.23</dt>
    <dd>電源付きのお席を用意しました。</dd>          ②
    <dt>2020.11.30</dt>
    <dd>営業時間の変更について。</dd>
   </dl>
  </section>

  <section id="blogs">
   <h2>From The Coffeehouse</h2>
   <!-- ブログのアイテム1 -->
   <div class="blog-items">
    <a href="#">
     <img src="images/field.jpg" alt="サムネイルイメージ">
     <h3>晴れた日には外のテラスで</h3>
     <p>晴れた日には外のテラスもご利用頂けます。庭の緑を眺めながら過ごす午
後は格別です。</p>
    </a>
   </div>
   <!-- ブログのアイテム2 -->
   <div class="blog-items">
    <a href="#">
     <img src="images/cowork.jpg" alt="サムネイルイメージ">
     <h3>電源付きのお席あります</h3>
     <p>リモートワークでお使い頂けるように、各テーブルに電源をご用意しました。
</p>
    </a>
   </div>
   <!-- ブログのアイテム3 -->
   <div class="blog-items">
    <a href="#">
     <img src="images/cafe.jpg" alt="サムネイルイメージ">
     <h3>The coffeehouse</h3>
     <p>営業時間のお知らせ。</p>
    </a>
```

```
    </div>
   </section>

   <div class="divider"></div>        イメージ写真を背景画像として
                                     読み込む<div>タグ
   <!-- メールマガジンの登録 -->
   <section>
    <h2>メールマガジンの登録</h2>
    <p>店舗のお知らせや季節のお便りをメールマガジンとして配信しております。ご
希望の方は下記のフォームにメールアドレスを入力しご登録ください。</p>

    <form action="#">
     <label for="mailaddress">メールアドレス</label>
     <input type="email" name="mailaddress" id="mailaddress"   ③
placeholder="eg: name@example.jp">
     <input type="submit" value="登録する">
    </form>
   </section>

  </main>

  <!-- フッター -->
  <footer>
   <small>&copy; Copyright 2021 - MdN Corporation Co., Ltd.</small>
  </footer>

</body>
</html>
```

ナビゲーションのブロックは、nav要素を使いマークアップする（①）。
「お知らせ」のブロックは、dl・dt・dd要素を使ってリストとして記述（②）。
その下に続く写真と見出し・文章がセットになったブロック（ブログのアイテム）
は、<div class="blog-items">として3つのブロックにマークアップして
いる（青字部分）。CSSで同じスタイルを適用するブロックになるため、そ
れぞれのブロックにはあらかじめclass属性で「blog-items」を割り当てお
けば、スタイル指定が共通化しやすくなって作業が楽になる。
フォーム部分の要素はメールアドレスが入力されるため、input要素のtype
は「email」にしている（③）。情報のアウトラインがわかるようにsection要
素などを使ってブロックを分けて完成。id属性やclass属性は必要に応じ
て付与する

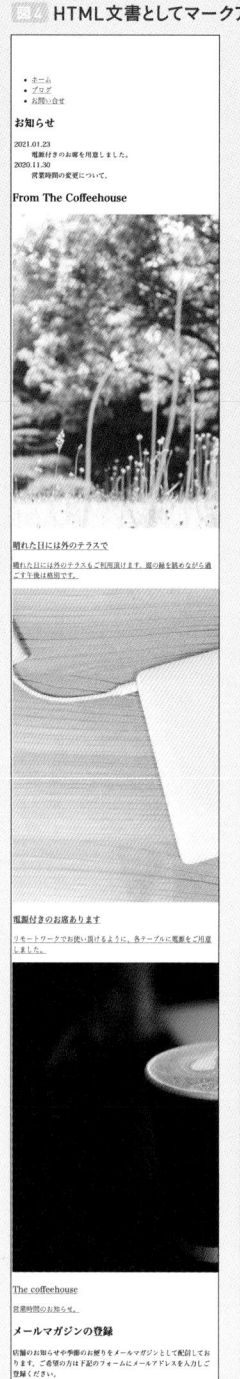

完成したHTMLをSafariで表示。画像の横幅が1280px程度あるため、表示幅の狭い状態では画面からはみ出して表示される（左図）。この時点ではCSSが適用されていないため、上からマークアップした要素の順に応じて表示されているのがわかる

対象ブラウザのサポート範囲はどう考える？

Webサイトをグラフィカルな状態で閲覧するにはWebブラウザが必要ですが、各社からリリースされるWebブラウザには決まって差異が生じます。それぞれのWebブラウザにおけるHTMLやCSS、JavaScriptの技術仕様の実装（サポート）の具合が異なること、また実装はされているものの場合によっては解釈が異なることによって、表示上のバグとなってしまう場合もあります。

各Webブラウザのバージョンごとの技術仕様のサポート状況は、Lesson2-09（49ページ）でも挙げた「Can I use...」で一覧できるようになっています 例1。GoogleChromeやFirefoxのように頻繁にバージョンが上がっていくWebブラウザもあれば、SafariやInternet ExplorerのようにどちらかといえばOSのバージョンに併せた形でバージョンが大きくあがるものもあります。このような差異をできるだけなくすため、CSSのサポート

状況やブラウザの利用状況に合わせて差異をなくすベンダープレフィックス（186ページ、Lesson4-27参照）を付け足す「autoprefixer」のような自動化ツールも存在しています 例2。

これまでWebブラウザの代表的な存在でもあったInternet ExplorerはWindows 10のサポート終了とともにいよいよ終わりをむかえ、新しいGoogle Chromeと同等のレンダリングエンジンを積んだ「MicrosoftEdge」に入れ替わっていくことでしょう。しかし場合によっては、古いWebブラウザや多くの環境での閲覧をサポートしなければならないケースがまだまだあるかもしれません。ただ、よほど特殊な実装でもしない限り、ひと昔前ほどのWebブラウザごとの差異に悩まされることはないと考えられます。

例1 Can I use...

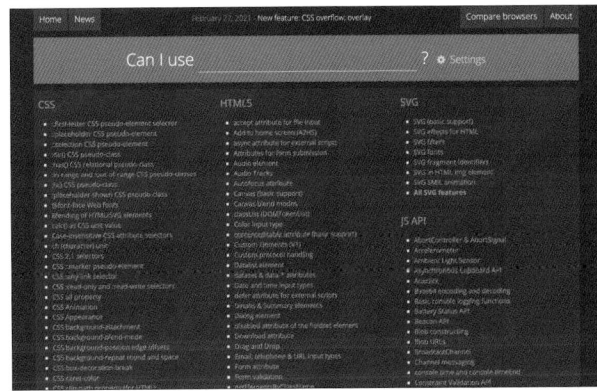

HTML5やCSS3、JavaScriptなどの最新の技術仕様について、主要なWebブラウザにおけるバージョンごとのサポート状況を確認できる
https://caniuse.com/

例2 「autoprefixer」のダウンロードページ(GitHub内)

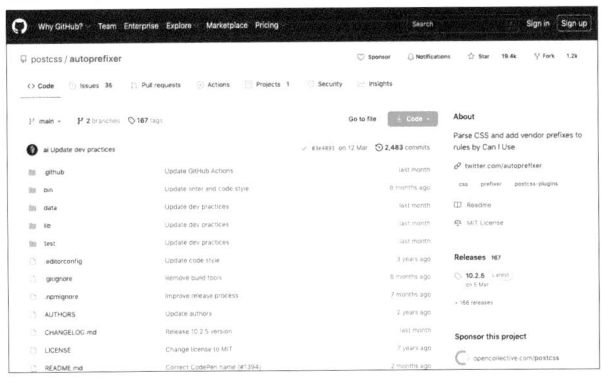

サポート対象としたいブラウザを設定することで、自動的にベンダープレフィックスを付与するツール
https://github.com/postcss/autoprefixer

03 ベースとなる モバイル用のCSSを作る

HTMLのマークアップが終わったら、次はいよいよCSSを使ったレイアウトと装飾です。レスポンシブWeb デザインを前提としている場合、先にモバイル向けのCSSを作成してデスクトップPCのCSSを追加します。

THEME
テーマ

▶ Rebootの導入
▶ 基本となるモバイル版のスタイル指定
▶ CSS3を使ったボタンの装飾

▶ Reboot CSSのダウンロードと導入

CSSによるスタイリングを始める前に、異なるWebブラウザ間での見た目の統一のためのCSS「Reboot（リブート）」を導入します。このCSSを先に読み込ませることで、Webブラウザの違いによるスタイル指定の違いを吸収できる○ だけでなく、特定のブラウザのみで起こる問題も回避することができます。

Rebootの導入は簡単で、サイトからダウンロードリンクをクリックして表示されたCSS全体をコピー＆ペーストして、CSSファイルとして保存します 図1 図2 。CSSのディレクトリに保存したら、HTMLのhead要素内でlink要素を使った参照指示を入れましょう 図3 図4 。

◉ CHECK_
137ページ、COLUMN参照。

▶ スタイル指定のその前に

レスポンシブWebデザインでは、複数のデバイスに応じてスタイルを指定します。デスクトップPCだけに限定してWebサイトのレイアウトやデザインを実装するのとは異なり、双方でうまく表示されることを前提に考えないといけません。スマートフォンはPCと異なり非力なデバイスであり、かつWebサイトのデータが届く回線速度が不安定なことなどを考慮すれば、大きなものから小さな対象に向けて処理を付け加えるよりも、小さいものをベースにして考えたものを大きい対象に向けて要素を拡充するほうが簡単です。

例えば、本章のサンプルではスマートフォン向けのカンプは1カラムのレイアウトになっていますが、タブレットやデスクトップ向けには3カラムのブロックが登場しています。また、上部にあ

WHY?: デスクトップPCを優先して 設計すると……

例えば、従来のようにデスクトップPCに向けたレイアウトやデザインが先にあって優先されている場合は、コンテンツの分量が多くなりがちです。そこからスマートフォンでの表示を実現するために、CSSを使って非表示にする要素を追加するといったことにもなりかねません。実際にはCSSで非表示にしても、データはダウンロードされるわけですから、それ以前の設計工程が非常に大事だといえます。

るメニューも位置がスマートフォンとタブレット・デスクトップ PC
では異なります。このような位置合わせはスマートフォンで調整
するよりも、デスクトップ向けのスタイルで付け加える調整をし

図1 「Reboot」の導入

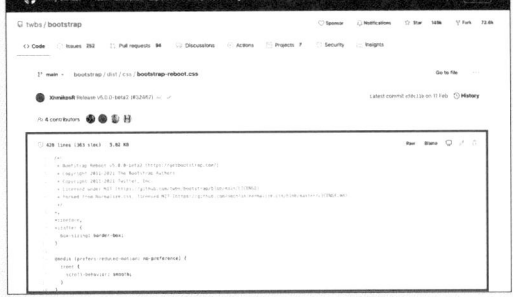

Rebootは「Bootstrap」というCSSフレームワークでメンテナンス
されている。画面はBootstrapのサイト内にあるRebootのページ。
Bootstrapのサイトを経由せず、右図のGitHub内のダウンロードページ
に直接アクセスしてかまわない
https://getbootstrap.com/docs/5.0/content/reboot/

直接のダウンロードは、GitHub内のページから行える。ソースコードは
400行以上あるので、画面下にスクロールして、表示されるソースコー
ド全体をコピー&ペーストする。
RebootのCSSの中身は随時アップデートしており、基本的にはその時
点での最新版をダウンロードすればよい
https://github.com/twbs/bootstrap/blob/main/dist/css/
bootstrap-reboot.css

図2 ダウンロードした「bootstrap-reboot.css」を保存

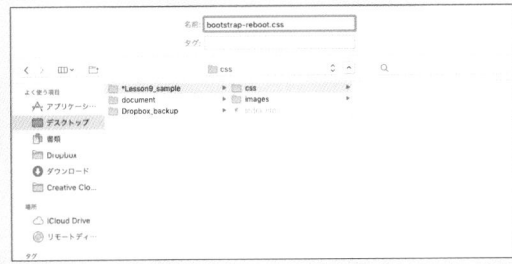

ダウンロードしたCSSファイルは、CSSのディレクトリに名前をつけて
保存

図3 「Reboot」を参照させるlink要素を追加

```
【HTML】
<!DOCTYPE html>
<html lang="ja">
<head>
  <meta charset="UTF-8">
  <meta name="viewport" content="width=device-width,
initial-scale=1.0">
  <title>The Coffeehouse</title>
  <meta name="description" content="文京区にある電源ありのカ
フェ、The Coffeehouse">
  <link rel="stylesheet" href="css/bootstrap-reboot.css">
  <link rel="stylesheet" href="css/styles.css">
</head>
```

図4 Rebootを導入したサンプルサイト

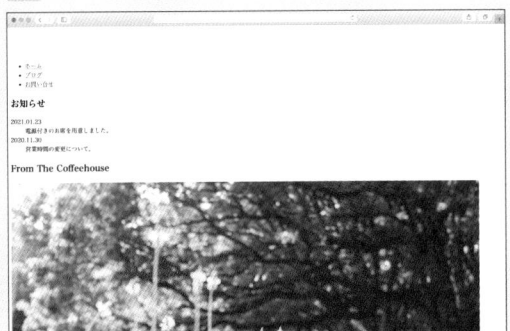

左がRebootの導入前、右が導入後。文字周りやマージン、余白などが調整される（誌面だとわかりづらいが、
左側についていた余白が導入後の表示ではなくなっている）

たほうが簡単なのです。ここでは、まずスマートフォン向けのスタイル指定を行ってから、タブレットやデスクトップPC向けのレイアウトを追加してみましょう。

▷ スマートフォン向けの基本スタイルを指定する

次に、「styles.css」というファイル名で、ここで作成するサンプル独自のCSSを記述していきます。先にスマートフォン向けのスタイルを記述したあと、タブレット・PC表示に適用するCSSを記述する流れになります。また、CSSを記述する過程で、いったんマークアップを終えたHTMLに、必要に応じてclass属性を追加して、ブロック単位でのレイアウトの調整なども行います 図5。

では、スマートフォン向けのCSSの記述を見ていきましょう。まず、HTMLの各要素の初期設定を行います。HTML要素の各々の基本となる文字サイズやマージン、余白など、一括で変更しても問題ないものは、スタイル指定の冒頭でまとめて調整しておくと簡単です ② 図6。デザインカンプに合わせることを考えると最終的にページ内に配置される個々のHTMLの要素は再度調整する必要がありますが、それは必要に応じてclass属性を使ったclassセレクタで上書きしていけばよいでしょう 図7 図8。

▷ カンプに合わせてレイアウトやデザインを調整

スマートフォンサイズのデザインカンプの指定を確認しながら全体のレイアウトやデザインを調整 ③ します。最初に全体のアウトラインで使用しているheaderやmain、section、footerのレイアウト調整をし、個々の要素の文字サイズや配色などの装飾を行ってみましょう。スマートフォンでの閲覧時に適度な余白がないと読みにくい ④ ため、main要素に内包されているsection要素同士の間隔はmarginプロパティで「margin: 2em 0」を指定して、上下に2文字分の余白が必ず適用されるようにしています 図9。

写真画像は、スマートフォンではデバイスの横幅に合わせて写真自体の大きさが伸縮するようにしましょう。写真の入る要素（.blog-items）のブロックの横幅いっぱいにimg要素の横幅が合うように、「.blog-items img」セレクタに「max-width: 100%;」を追加します 図10。

⚡ **POINT_**
図6 のCSSに記述されている「:root疑似クラス」は、行間（line-height）の指定に単位「rem」を使用しています。:root疑似クラスは、文書のルートとなる要素にスタイルを適用するものです。ルートは根（ね）の意味で「一番上の階層の親要素」を指しています。つまり、HTML文書ではhtml要素にあたります。remは「root em」を略したものです。em（147ページ、Lesson4-12参照）と同じく相対指定の単位ですが、emが親要素の指定が基準になるのに対し、remはルート（一番上の階層の親要素）の指定が基準となります。

WHY?: 単位の使い分け

図6 のCSSでは、:root疑似クラス（対象はhtml要素）を使って文書全体の文字サイズ（font-size）と行間（line-height）を単位pxで絶対指定しています。続くbodyでは、:rootの指定を基準として、行間を単位remで相対指定しています。すべてをpxで指定していると、サイト全体の文字サイズや行間、余白（margin）などを調整する際、ひとつ一つの数値を変更しなければなりませんが、基準となる大きさをpxで指定し、それ以外はremやemで相対指定しておけば、基準のpxの数値だけ変えれば全体が調整されます。

📝 **MEMO_**
図6 では、line-heightに小数点を使った数値が指定されていますが、これはツールを使用してpxの数値をremに置き換えているためです。「Gridlover」というツールを用いて、文字サイズや行間、余白などを、ブラウザの表示を確認しながら設計しており、pxの数値を自動でremやemに換算してくれる機能も備わっています。
Gridlover
https://www.gridlover.net/try

⚡ **POINT_**
CSSを学び始めの頃には、marginとpaddingの使い分けで混乱しがちです。marginはブロックの外側、paddingはブロックの内側につく余白だと考えましょう。

手順5　必要に応じて、HTML中にclassを追加指定しておく

```
【HTML】
<!-- お知らせ -->
<section id="news" class="container">
  <h2>お知らせ</h2>
  <dl>
    <dt>2021.01.23</dt>
    <dd>電源付きのお席を用意しました。</dd>
    <dt>2020.11.30</dt>
    <dd>営業時間の変更について。</dd>
  </dl>
</section>
(省略)
<!-- フッター -->
<footer>
  <div class="container">
    <small>&copy; Copyright 2021 - MdN Corporation Co., Ltd.</small>
  </di>
</footer>
```

例えば、コンテンツごとに余白などの調整が必要な場合は、それらを丸ごと囲ってしまうブロックを追加しておくと楽になる。ここでは余白を調整するための共通classとして「container」を設定し、HTMLの<section>に追記したり、<div class="cointainer"> 〜 </div>を加えてブロックを囲んだりしている

手順6　body要素に文字の色や行間などを指定

```
【CSS】
@charset "UTF-8";

:root {
  font-size: 15px;
  line-height: 25px;
}

body {
  line-height: 1.6666667rem;
}
```

ページ全体の基本となる文字サイズや行間などをセレクタで指定

手順7　リンクカラーの初期設定を行う

```
【CSS】
a {
  color: #333333;
  text-decoration: none;
}

a:hover {
  color: #FFCC00;
}

a img {
  border: none;
}
```

このサンプルでは、リンクのa要素の罫線をつけないために「border: none」を指定しており、リンク下の罫線は表示されなくなる

手順9　header、section、footerの調整

```
【CSS】
header {
  height: 520px;
}

section {
  margin: 2rem 0;
}

footer {
  background-color: #F6F6F6;
}
```

最初に全体のブロックのレイアウトを整える

手順8　ページ内で使用するHTMLの要素を一括で変更

```
【CSS】
h2 {
  font-size: 1.5333333rem;
  margin: 0 0 1rem;
}

h3 {
  font-size: 1.2666667rem;
  margin: 0 0 1rem;
  text-transform: uppercase;
}

p {
  font-size: 1rem;
  margin: 0 0 1rem;
}

img: {
  width: 100%;
  max-width: 100%;
  border: none;
}

.container {
  padding: 1rem 2rem;
  max-width: 100%;
}
```

カンプに合わせた要素の個々の調整が必要な場合は、個別にclassセレクタを用意して上書きすればよい。HTMLの要素を全体で一括調整すれば、マージンや余白、行間などをまとめて変更できる

全体のレイアウト調整ができたら、個々のHTMLの要素をスタイリングします。スタイルを適用する要素の特定には、要素セレクタやclassセレクタ、idセレクタ、子孫セレクタや属性セレクタ❶を使い分けます。場合によってはHTMLに新しいclass属性を追加してもよいでしょう。

ここでは誌面スペースの都合上、CSSのすべてのソースコードを載せることができませんが、詳しくはサンプルのCSSファイルを参照してください。

▶ 細部を作り込んで仕上げへ

全体のレイアウトと大まかな装飾ができたら、あとは最後の仕上げへと入りましょう。ヘッダーの背景画像を挿入し、個々の要素のサイズやマージンを調整します。

メールマガジンの登録のボタンとフォームの送信ボタンをCSSで装飾します。ここではborder-radiusプロパティ❷を使ってボタンに角丸を適用し、それぞれにスタイルを適用します図11。

ヘッダーには背景画像を表示するために、CSSでheaderを対象に、「background-sizeプロパティ」の値を「cover」とキーワード指定❸しています。背景に使用しているヘッダー画像（coffee.jpg）の縦横比を保ちながら、デバイスごとの表示領域に応じて横幅全面のサイズで表示されます図12。同じように、ページ中段の画像イメージ（tabletop.jpg）は、classセレクタ「.divider」を対象に背景画像として設定します図13。

WHY?: スタイリングは全体の設定から行うとよい

細部からスタイル指定を行うと、個々の要素のスタイル指示が多くなり重複した指定が増えてしまいます。全体の設定をしたうえで、流用できるものは流用し、アレンジが必要な部分だけを上書きするほうが記述も少なく全体の見通しがよくなるでしょう。

❶ POINT_
属性セレクタは要素名[属性名]、要素名[属性名="値"]のように記述します。サンプルのCSSでは属性セレクタとしてinput[type=email]とinput[type=submit]を使用しています。input要素のtype属性の値に「email」「submit」が記述されているもの、つまりメールマガジンの「登録する」ボタンに対してスタイルを適用するセレクタです。

❷ CHECK_
200ページ、Lesson4-33参照。

❸ POINT_
background-sizeプロパティは背景画像のサイズを指定するプロパティです。初期値は「auto（自動的に算出）」ですが、値に「cover」を指定すると、背景に使用している画像の縦横比を保ちながら、デバイスごとの表示領域に応じて背景領域の全面を覆うように表示されます。登録フォームの上にあるイメージ画像にも同様の指定を行っています。

図10 写真と文章のブロックのレイアウト調整

```
【CSS】
.blog-items img {
 margin: 0 0 1rem;
 max-width: 100%;
 height: auto;
}

.blog-items h3 {
 color: #333333;
}

.blog-items p {
 font-size: 0.9rem;
 line-height: 1.35;
 color: #555555;
}
```

写真とタイトル、概要文が入るブロックは、マージンを設定しておこう

図11 フォームの要素の装飾

```
【CSS】
input[type=email] {
  border-radius: 0.3rem;
  border: 1px solid #999999;
  line-height: 1;
  padding: 0.5rem 1rem;
}

input[type=submit] {
  border-radius: 0.3rem;
  border: 1px solid #333333;
  background-color: #111111;
  color: #FFFFFF;
  padding: 0.3rem 1rem;
}
```

装飾前、デフォルトのスタイルで表示されている

装飾後、背景色や角丸のスタイルが適用された

form内の各要素の装飾を行う。属性セレクタを使えば、<input>タグの内容に応じてCSSを切り替えられる

図12 ヘッダー部分のバナー画像の設定

```
【HTML】
<header>
  <div class="container site-header">
    <h1 class="header-logo site-header-section"><img src="images/
thecoffeehouse.svg" alt="The Coffeehouse"></h1>
    <nav class="header-nav site-header-section">
    <ul class="">
      <li class="nav-items"><a href="#">ホーム</a></li>
      <li class="nav-items"><a href="#">ブログ</a></li>
      <li class="nav-items"><a href="#">お問い合せ</a></li>
    </ul>
    </nav>
  </div>
</header>
```

HTMLではヘッダ部分の要素の背景として追加する

```
【CSS】
header {
  background-image: url(../images/coffee.jpg);
  background-repeat: no-repeat;
  background-size: cover;
  background-position: center center;
  height: 520px;
}
```

background-imageプロパティで背景画像として表示するファイルを指定している。高さを「520px」で固定し、「background-size: cover」を適用したスタイルを指定して完成できる

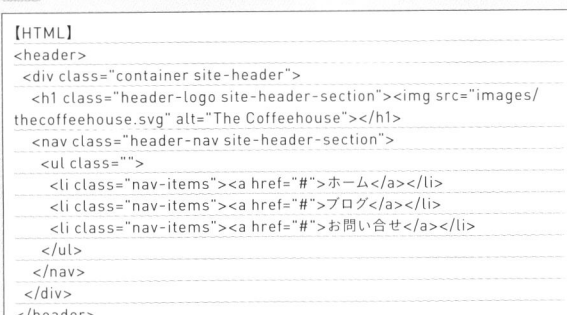

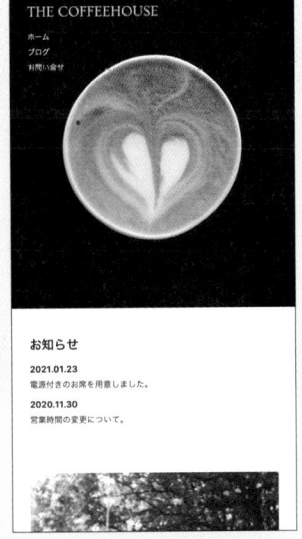

ヘッダー部分にバナー画像が表示される

図13 ページ中段の画像イメージのソースコード

```
【HTML】
<div class="divider"></div>
```

```
【CSS】
.divider {
  width: 100%;
  height: 420px;
  background-image: url(../images/tabletop.jpg);
  background-size: cover;
  background-position: center center;
}
```

<div>はテキストを入れない空要素として扱い、背景に画像を表示している

**SUMMARY
まとめ**

〔1〕 レスポンシブを前提としたスタイル指定では、小さいデバイスをベースに大きい対象に向けて拡充する

〔2〕 個々の要素のスタイル指定も、まず全体の設定をしたうえで、必要な部分だけ上書きするのが効率的

04 タブレットとPCサイズの
スタイルを指定する

スマートフォンサイズの画面ができたところで、最後にタブレットサイズとデスクトップPCサイズで適用されるレイアウトを追加します。CSSのMedia Queriesを使ってレイアウトの切り替えを実現します。

THEME
テーマ
▶ Media Queriesを使ったブレイクポイントの指定
▶ タブレット&PC向けのスタイルの追加
▶ 書体サイズなどの微調整

▶ **Media Queriesを使ったレイアウトの切り替え**

スマートフォンサイズのWebデザインができたところで、次はタブレットとデスクトップPC向けのレイアウトを追加します。レスポンシブWebデザインでは、画面幅などでのレイアウト切り替えにはCSSの「Media Queries」を使用して、ブレイクポイントと呼ばれる切り替えポイントを設定し、スマートフォンサイズとそれ以外を区別してスタイルが適用されるようにします。

CSSは上から下に順番に読み込まれて適用され、あとからできたものは上書きされるという特性があります。そのため、スマートフォン向けのスタイルを記述したあとにMedia Queriesを使った指定を追加することで、任意の条件に合致する場合はスタイルをあとから上書きして適用できるようになります。

Media Queriesは@media規則を使い「@media(min-width: 767px) {}」のような形で記述します。この場合は、767pxまではスマートフォン向けのスタイルが適用され、768pxを超えると{}内に書かれたスタイルが適用されるようになります。

▶ **タブレットとデスクトップ向けのスタイルを追加**

ここまでの過程でスマートフォン向けのスタイルがすでに記述されているので、Media Queriesの{}内には基本的にタブレットとデスクトップPC向けのスタイルとして上書きして適用したい分だけを記述すればよくなります。

例えば、スマートフォン向けのレイアウトとタブレット・デスクトップPC向けで異なる部分は、Webサイト全体の横幅であったり、ヘッダーのナビゲーション、ヘッダーのバナー画像の大

Word Media Queries（メディアクエリー）
デバイスの幅や解像度などをもとに条件分岐をさせる方法。@media規則を使うことで、○○px以上はこのスタイルを適用する、といったことが可能になる。56ページ、Lesson2-12も参照。

CHECK
134ページ、Lesson4-07参照。

WHY?: @media規則の使用例
@media規則は適応する条件を設定するためにさまざまな記述が可能になっています。例えば、「min-width」でブラウザの幅が指定値より大きい場合にルールを適用、「max-width」でブラウザの幅が指定値より小さい場合にルールを適用、「orientation=portrait」または「orientation=landscape」でデバイスの向きに応じてルールを適用、といった条件分岐が可能です。

図1 Media Queriesの記述

```
【CSS】
@media(min-width: 768px) {
  /* ここにタブレットとデスクトップPC向けのスタイルを記述 */
}
```

「styles.css」の最後の行にMedia Queriesの指定を追加する

```
【CSS】
@media (min-width: 768px) {
  .site-header {
    display: flex;
    justify-content: space-between;
    max-width: 90%;
    margin: 0 auto;
  }

  .site-header-section {
    display: flex;
    align-items: center;
  }

  .site-header-section li {
    margin: 0 0 0 1rem;
  }

  #news[class="container"] {
    max-width: 50%;
    margin: 2rem auto;
```

```
  }

  #news>h2 {
    text-align: center;
  }

  .news-list {
    display: grid;
    grid-template-rows: 1fr 1fr;
    grid-template-columns: 100px 1fr;
  }

  #blogs[class="container"] {
    max-width: 90%;
    margin: 2rem auto;
  }

  .blog-grid {
    display: grid;
    grid-template-rows: 1fr;
    grid-template-columns: 1fr 1fr 1fr;
```

```
    grid-column-gap: 1rem;
  }

  #mail-magazine[class="container"] {
    max-width: 50%;
    margin: 2rem auto;
  }

  #mail-magazine h2 {
    text-align: center;
  }

  #mail-magazine p {
    font-size: 1.1rem;
  }

  #mail-magazine form {
    text-align: center;
  }
}
```

横幅768px以上で適用されるスタイル

図2 Media Queriesを使ってブレイクポイントを設定

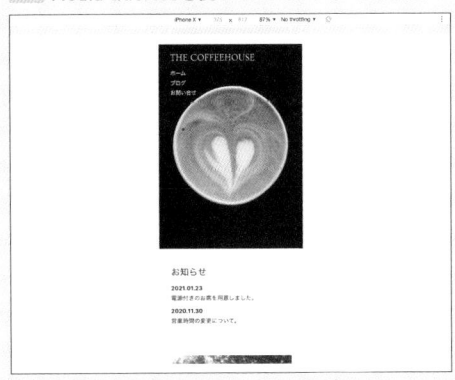
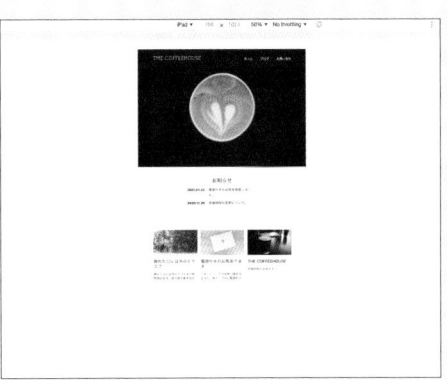

Google ChromeのDeveloper Toolsでデバイスをシミュレートした表示。左がスマートフォン（iPhone X）を想定した横幅375pxでの表示、右がタブレット（iPad）を想定した横幅768pxでの表示（画面はスタイルを追加した最終形）

図3 ヘッダー部分の表示

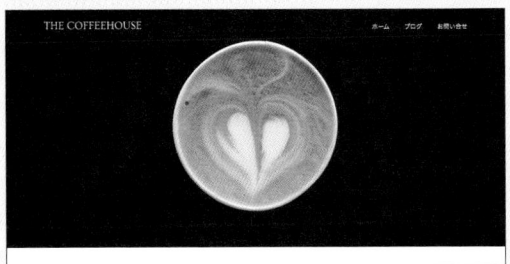

表示幅が768px以上になると、縦置きだったロゴやナビゲーションが横並びに変化する

きさ、メインコンテンツのレイアウトが該当します。それぞれの
セレクタを使って、必要なものから順に上書きしていきましょう。

ヘッダー全体とナビゲーションのブロックには、タイトルロゴ
を含めてFlexboxレイアウトを採用しました 図4 。表示幅が
768px以上となるタブレットやデスクトップPCで閲覧した際に、
タイトルロゴやナビゲーションブロックの項目が横並びになるよ
うにしています。

横並びにしたい子要素であるタイトル（<h1>）やナビゲーショ
ン（<nav>）の親要素となる<div>に「display: flex;」を指定し、
横方向の配置や間隔を指定❹ しています。同じようにして、
「display: flex;」を使ってナビゲーションの項目（<li>）も横並び
にしています。

また、「お知らせ」とその下の写真とテキストがセットになった
3つの情報ブロックは、CSS Gridレイアウトを使って横並びに
なるようにしました 図5 図6 。「お知らせ」は日付と項目が左右横
並びになるように、情報ブロックは3カラムが横並びになるよう
にしています。

グリッドレイアウト❷ は、カラム幅を細かくコントロールした
り、ブロック間のギャップ（隙間）を一度にコントロールすること
もできます。

3つの情報ブロックの下にあるイメージ画像は、HTMLの

❹ POINT_
図4のCSSに記述されている「align-itemsプロパティ」
は、コンテナ（親要素）内のアイテム（子要素）の垂直
方向の揃え位置を指定するものです。ここでは「align-
items: center;」として、子要素の<h1>と<nav>が、
親要素である<div>のブロック内で垂直方向中央揃
えに配置されるようにしています。CSS Flexboxにつ
いては180ページ、Lesson4-26も参照。

❷ CHECK_
184ページ、Lesson4-27参照。

図4 ヘッダー部分はFlexboxで横並びにする

【HTML】
```
<header>
  <div class="container site-header">
    <h1 class="header-logo site-header-section"><img
src="images/thecoffeehouse.svg" alt="The Coffeehouse"></h1>
    <nav class="header-nav site-header-section">
      <ul>
        <li class="nav-items"><a href="#">ホーム</a></li>
        <li class="nav-items"><a href="#">ブログ</a></li>
        <li class="nav-items"><a href="#">お問い合せ</a></li>
      </ul>
    </nav>
  </div>
</header>
```

ヘッダー部分はFlexboxを使って、ロゴとナビゲーションが左右横並び
になるようにする。さらに、ナビゲーションの項目も横並びに配置される
ようにしていく。なお、<li>のclass「nav-items」はCSSでは使用して
いないが、あとから装飾を付加する可能性を考慮して、共通化できる要
素にクラスを付与している

【CSS】
```
                                    子要素である <h1> と
@media (min-width: 768px) {              <nav> を横並びにする
  .site-header { ──── <div> が対象
    display: flex;
    justify-content: space-between; ─── 子要素の間隔が均
    max-width: 90%;                       等になるよう配置
    margin: 0 auto;
  }

  .site-header-section { ─── <h1> と <nav> が対象
    display: flex; ─── <ul> の中身 <li> を横並びに
    align-items: center; ─┐ コンテナ（親要素）内でアイテム
  }                         （子要素）を垂直方向中央揃え

  .site-header-section li { ─── <li> が対象
    margin: 0 0 0 1rem; ─── マージンの指定
  }
```

「justify-content: space-between;」は、最初と最後の子要素（Flex
アイテム）を両端に配置し、子要素同士の間隔を均等にする指定。こ
の場合、子要素が<h1>と<nav>の2つのため、ヘッダー内で両端
に配置される

図6 お知らせと3つの情報ブロックの表示

図4 「お知らせ」はCSS Gridで横並びにする

```
【HTML】
<section id="news" class="container">
  <h2>お知らせ</h2>
  <dl class="news-list">
    <dt class="news-items news-date">2021.01.23</dt>
    <dd class="news-items news-title">電源付きのお席を用意しま
した。</dd>
    <dt class="news-items news-date">2020.11.30</dt>
    <dd class="news-items news-title">営業時間の変更について。
</dd>
  </dl>
</section>
```

タブレットやPCサイズの画面では、お知らせの日付とテキストはCSS
Gridを使って横並びに配置する

```
【CSS】
#news[class="container"]  ──── <section> の中身が対象
  max-width: 50%;  ──── ブロック内で横幅の最大値を指定
  margin: 2rem auto;
}

#news h2 {  ──── <h2> 見出しが対象
  text-align: center;  ──── 水平方向中央揃えに
}

.news-list {  ──── <dl> が対象      垂直（縦）方向の行数
  display: grid;                    を指定
  grid-template-rows: 1fr 1fr;
  grid-template-columns: 100px 1fr;  ──── 水平（横）方向の
}                                          列数を指定
```

図7 3つの情報ブロックを調整

```
【HTML】
<section id="blogs" class="container">
  <h2>From The Coffeehouse</h2>
  <div class="blog-grid">
    <!-- ブログのアイテム1 -->
    <div class="blog-items">
    （中略）
    </div>
    <!-- ブログのアイテム2 -->
    <div class="blog-items">
    （中略）
    </div>
    <!-- ブログのアイテム3   >
    <div class="blog-items">
    （中略）
    </div>
  </div>
</section>
```

```
【CSS】
#blogs[class="container"]  ──── <section> の中身が対象
  max-width: 90%;  ──── ブロック内で横幅の最大値を指定
  margin: 2rem auto;
}

.blog-grid {  ──── 3つの情報ブロックが対象
  display: grid;
  grid-template-rows: 1fr;  ──── 垂直（縦）方向の行数を指定
  grid-template-columns: 1fr 1fr 1fr;  ──── 水平（横）方向の列数を指定
  grid-column-gap: 1rem;  ──── グリッド間のスペースを指定
}
```

3つの情報ブロックの表示もCSS Gridを使って横並びに配置。「grid-template-rows」
は縦方向、「grid-template-columns」は横方向の、それぞれグリッドの大きさと数を
指定するもの。「grid-column-gap」は各グリッド間のスペースを指定している

<div class="divider"><div>の背景画像として表示 ● しているものです。タブレット・PC用のCSSではスタイルの上書きはしていませんが、横幅全面に表示されます。

メールマガジンの登録フォームには、ブロック内の配置やマージンなどのスタイルを上書きしています 図8 図9 。フッターにはスタイルの上書きは行っていません。

全体のレイアウト変更ができたら、最終的にデザインカンプに合わせて、書体サイズを変更して完成です 図10 。

❷ CHECK_
291 ページ、Lesson9-03 図13 参照。

図8 登録フォームやフッターの表示

図9 登録フォームとフッターのスタイル調整

【HTML】
```
<section id="mail-magazine" class="container">
  <h2>メールマガジンの登録</h2>
  <p>店舗のお知らせや季節のお便りをメールマガジンとして
配信しております。ご希望の方は下記のフォームにメールアド
レスを入力しご登録ください。</p>

  <form action="#">
    <label for="mailaddress">メールアドレス</label>
    <input type="email" name="mailaddress" id="mail
address" placeholder="eg: name@example.jp">
    <input type="submit" value="登録する">
  </form>
</section>
```

【CSS】
```
#mail-magazine [class="container"] {    ── <section> の中身が対象
  max-width: 50%;    ── ブロック内で横幅の最大値を指定
  margin: 2rem auto;
}

#mail-magazine h2 {    ── <h2> 見出しが対象
  text-align: center;    ── 水平方向中央揃えに
}

#mail-magazine p {    ── <p> が対象
  font-size: 1.1rem;    ── フォントサイズの調整
}

#mail-magazine form {    ── <form> が対象
  text-align: center;
}

}
```

フォームの説明文（<p>）は、タブレットやPCではフォントサイズが少し大きくなるように調整している

図10 最終的に調整されたWebサイト

タブレットサイズを超えるとこのようなレイアウトに切り替わる

SUMMARY
まとめ

〔1〕 Media Queriesを使ってブレイクポイントを指定しよう
〔2〕 タブレット＆PC向けのスタイルは上書きする分だけ追加
〔3〕 デザインカンプを見ながらレイアウトを完成させる

Index _用語索引

Index _用語索引

AUTHORS _執筆者紹介

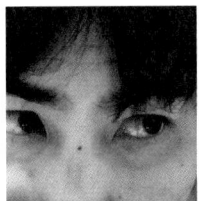

こもりまさあき（こもり・まさあき）

Lesson1・2、8・9＋Lesson5-07、7-09執筆
1972年生まれ。黎明期からWebサイト構築、携帯公式サイト構築などに関わる。現在はWebサイトの企画・制作からサーバー管理、テクニカルライティング、セミナー講師など幅広く活動中。呼ばれる案件により業務内容や立ち位置が異なるため、職域的な肩書きはなし。主な著書に『これからのWebサイト設計の新しい教科書 CSSフレームワークでつくるマルチデバイス対応サイトの考え方と実装』（MdN・共著）、監修書に『プロとして恥ずかしくない 新・WEBデザインの大原則』（MdN）など。Instagramのフォロワーは4万人を超える。HTML5 Experts.jp No.20。

赤間公太郎（あかま・こうたろう）

Lesson3～7執筆
宮城県出身。IT関連の専門学校を卒業後、仙台のデザイン会社に入社。退社後、個人事業を経て2007年に株式会社マジカルリミックスを設立。Web制作だけにとどまらず、社内向けのセキュリティ・IT活用トレーニング、セミナー出演、執筆なども意欲的に手がける。全国からの講演依頼も多数。2005年から仙台の専門学校で、非常勤講師としてWeb制作講義を担当。主な著書に『世界一わかりやすいHTML5＆CSS3 コーディングとサイト制作の教科書』（技術評論社・共著）、『いちばんやさしいJimdoの教本』『いちばんやさしいHTML5＆CSS3の教本』（いずれもインプレス・共著）ほか多数。
仙台商工会議所 エキスパートバンク専門家、岩手県商工会連合会エキスパートバンク専門家、福島県商工会連合会 専門家、みやぎ産業振興機構 専門家アドバイザーにも従事している。

個人サイト：https://www.akamakotaro.com/
ブログ：https://www.kotalog.net/
趣味のサイト：https://www.sendai-sfc.com/

制作スタッフ

装丁・本文デザイン	関口 裕 (hanarenoheya)
編集・DTP	株式会社トップスタジオ
執筆協力	鈴木清敬 (株式会社マジカルリミックス)

編集長	後藤憲司
担当編集	熊谷千春

Webデザインの新しい教科書 改訂3版
基礎から覚える、深く理解できる。

2021年6月 1日 初版第1刷発行

著者	こもりまさあき　赤間公太郎
発行人	山口康夫
発行	株式会社エムディエヌコーポレーション
	〒101-0051　東京都千代田区神田神保町一丁目105番地
	https://books.MdN.co.jp/
発売	株式会社インプレス
	〒101-0051　東京都千代田区神田神保町一丁目105番地
印刷・製本	中央精版印刷株式会社

Printed in Japan
©2021 Masaaki Komori, Kotaro Akama. All rights reserved.

造本には万全を期しておりますが、万一、落丁・乱丁などがございましたら、送料小社負担にてお取り替えいたします。お手数ですが、カスタマーセンターまでご返送ください。

落丁・乱丁本などのご返送先
〒101-0051 東京都千代田区神田神保町一丁目105番地
株式会社エムディエヌコーポレーション
カスタマーセンター
TEL：03-4334-2915

書店・販売店のご注文受付
株式会社インプレス　受注センター
TEL：048-449-8040 ／ FAX：048-449-8041

内容に関するお問い合わせ先
株式会社エムディエヌコーポレーション
カスタマーセンター メール窓口

info@MdN.co.jp
本書の内容に関するご質問は、Eメールのみの受付となります。メールの件名は「Webデザインの新しい教科書 改訂3版　質問係」、本文にはお使いのマシン環境（OSとWebブラウザの種類・バージョンなど）をお書き添えください。電話やFAX、郵便でのご質問にはお答えできません。ご質問の内容によりましては、しばらくお時間をいただく場合がございます。また、本書の範囲を超えるご質問に関しましてはお答えいたしかねますので、あらかじめご了承ください。

ISBN978-4-295-20107-6　C3055